工程数学

主　编　刘青桂　石　宁　牛　铭

主　审　吴素敏

副主编　郝敏钗　宋　菲　李　鑫　李　毅

参　编　张明虎　王书田　敦冬梅　刘绛玉

　　　　张莹莹　陈云尚　杨雪梅　张敏静

北京理工大学出版社

BEIJING INSTITUTE OF TECHNOLOGY PRESS

内容提要

本书根据教育部《高职高专高等数学课程教学基本要求》和《高职高专教育专业人才培养目标及规格》编写而成，围绕高等职业教育工学结合的人才培养模式，以培养工程应用技术型人才为目标，服务通识性理工类专业人才培养目标。

本书共6章，内容包括线性代数初步（行列式、矩阵、线性方程组），概率统计初步，拉普拉斯变换。此外，为了方便读者学习，每一章最后附有典型例题详解，并且在书后附上了常见概率统计分布表、拉普拉斯变换简表和习题参考答案。

本书可用于高职高专院校、本科二级职业技术学院、成人高校的理工类专业数学课程教材，亦可作为工程技术人员的数学参考资料。

图书在版编目（CIP）数据

工程数学/刘青桂，石宁，牛铭主编．—北京：北京理工大学出版社，2014.12（2024.2重印）

ISBN 978-7-5640-9983-1

Ⅰ.①工…　Ⅱ.①刘…　②石…　③牛…　Ⅲ.①工程数学-高等职业教育-教材　Ⅳ.①TB11

中国版本图书馆CIP数据核字（2014）第280524号

出版发行／北京理工大学出版社有限责任公司
社　　址／北京市海淀区中关村南大街5号
邮　　编／100081
电　　话／（010）68914775（总编室）
　　　　　82562903（教材售后服务热线）
　　　　　68944723（其他图书服务热线）
网　　址／http：//www. bitpress. com. cn
经　　销／全国各地新华书店
印　　刷／北京虎彩文化传播有限公司
开　　本／787毫米×1092毫米　1/16
印　　张／10
字　　数／233千字
版　　次／2014年12月第1版　2024年2月第6次印刷
定　　价／29.80元

责任编辑／封　雪
文案编辑／张鑫星
责任校对／周瑞红
责任印制／马振武

前　　言

随着高等职业教育改革的不断深入，各高职专业对于工学结合课程体系的要求越来越翔实且有针对性，以实现既定的专业人才培养目标。而工学结合的课程体系的关键之一就是符合高职教育规律的教材。本书依据教育部《高职高专高等数学课程教学基本要求》和《高职高专教育专业人才培养目标及规格》精神，集合了石家庄职业技术学院、河北工业职业技术学院、石家庄学院、石家庄信息管理学校等多所院校的教师，根据多年教学实践和专业技术工作经验编写而成。力求追寻高职数学课程改革方向，服务专业人才培养目标。

本书将数学知识与实体科学和工程技术标准结合在一起，编写时遵循了三条理念：一是教学内容的选取，打破学科体系的系统性，突出职业体系的应用性。具体说就是去掉或减少不必要的理论推导，重在结论和具体方法的应用；二是理工科专业教师和技术人员参与内容编写，结合专业特点、项目案例和工程生产实际给出例题，给学生示范如何学以致用；三是利用直观的图形、通俗的语言降低学生的学习难度，提高内容的可读性以适应高等职业教育的要求。

本书由刘青桂、石宁、牛铭担任主编，郝敏钗、宋菲、李鑫、李毅担任副主编。参加本书编写的还有张明虎、王书田、敦冬梅、刘绛玉、张莹莹、陈云尚、杨雪梅、张敏静等。全书由刘青桂总策划，承担总体框架结构安排、统稿和定稿，吴素敏对全书进行了审阅。

由于水平有限、时间仓促，书中的不足之处敬请读者斧正。

编　者

目　　录

第一章　行列式

线性代数是工程数学的重要组成部分，具有较强的应用性．而行列式是研究线性代数的一个重要工具．本章主要介绍行列式的定义、性质及其计算方法．此外还要介绍用 n 阶行列式求解 n 元线性方程组的克莱姆法则．

第一节　行列式的定义

一、二阶和三阶行列式

由 $2^2=4$ 个数 a_{11}，a_{12}，a_{21}，a_{22} 排成的 2 行 2 列的式子

$$\begin{vmatrix} a_{11} & a_{12} \\ a_{21} & a_{22} \end{vmatrix}$$

称为二阶行列式，它表示一个算式，即

$$\begin{vmatrix} a_{11} & a_{12} \\ a_{21} & a_{22} \end{vmatrix}=a_{11}a_{22}-a_{12}a_{21}.$$

数 a_{ij}（i，$j=1$，2）称为行列式的元素．下标 i 和 j 分别表示 a_{ij} 所在的行数和列数，如 a_{12} 位于第 1 行第 2 列．

例 1 $\begin{vmatrix} 1 & 2 \\ -3 & 5 \end{vmatrix}=1\times5-2\times(-3)=11.$

类似地，由 $3^2=9$ 个数排成的 3 行 3 列的式子

$$\begin{vmatrix} a_{11} & a_{12} & a_{13} \\ a_{21} & a_{22} & a_{23} \\ a_{31} & a_{32} & a_{33} \end{vmatrix}$$

称为三阶行列式，它也表示一个算式，即

$$\begin{vmatrix} a_{11} & a_{12} & a_{13} \\ a_{21} & a_{22} & a_{23} \\ a_{31} & a_{32} & a_{33} \end{vmatrix}=a_{11}a_{22}a_{33}+a_{12}a_{23}a_{31}+a_{13}a_{21}a_{32}-a_{13}a_{22}a_{31}-a_{12}a_{21}a_{33}-a_{11}a_{23}a_{32}.$$

例 2 $$\begin{vmatrix} 1 & 2 & -1 \\ 3 & 0 & 4 \\ 0 & 1 & -1 \end{vmatrix}=1\times0\times(-1)+2\times4\times0+(-1)\times3\times1-(-1)\times0\times0-2\times3\times(-1)-1\times4\times1=-1.$$

二、n 阶行列式的定义

为了定义 n 阶行列式，先介绍余子式和代数余子式的概念．为了学习方便，不妨以三阶

行列式为例进行讨论.

定义 1　在三阶行列式

$$D=\begin{vmatrix} a_{11} & a_{12} & a_{13} \\ a_{21} & a_{22} & a_{23} \\ a_{31} & a_{32} & a_{33} \end{vmatrix}$$

中，划去 $a_{ij}(i,\ j=1,\ 2,\ 3)$ 所在的第 i 行和第 j 列的元素，余下的元素按原来次序排成的二阶行列式，称为元素 a_{ij} 的余子式，记作 M_{ij}；而 $A_{ij}=(-1)^{i+j}M_{ij}$ 称为元素 a_{ij} 的代数余子式.

例如，三阶行列式中元素 a_{23} 的余子式为

$$M_{23}=\begin{vmatrix} a_{11} & a_{12} \\ a_{31} & a_{32} \end{vmatrix},$$

元素 a_{23} 的代数余子式为

$$A_{23}=(-1)^{2+3}M_{23}=-M_{23}=-\begin{vmatrix} a_{11} & a_{12} \\ a_{31} & a_{32} \end{vmatrix}.$$

例 3　求三阶行列式

$$D=\begin{vmatrix} 1 & 2 & -1 \\ 3 & 0 & 4 \\ 0 & 1 & -1 \end{vmatrix}$$

中，元素 $a_{11}=1$、$a_{12}=2$、$a_{13}=-1$ 的余子式和代数余子式的值.

解　$M_{11}=\begin{vmatrix} 0 & 4 \\ 1 & -1 \end{vmatrix}=-4$，$M_{12}=\begin{vmatrix} 3 & 4 \\ 0 & -1 \end{vmatrix}=-3$，$M_{13}=\begin{vmatrix} 3 & 0 \\ 0 & 1 \end{vmatrix}=3$；

$A_{11}=(-1)^{1+1}M_{11}=M_{11}=-4$，　$A_{12}=(-1)^{1+2}M_{12}=-M_{12}=3$，

$A_{13}=(-1)^{1+3}M_{13}=M_{13}=3$.

不难看出：$D=a_{11}A_{11}+a_{12}A_{12}+a_{13}A_{13}=1\times(-4)+2\times3+(-1)\times3=-1$.

对于一般的三阶行列式，不难得到

$$\begin{vmatrix} a_{11} & a_{12} & a_{13} \\ a_{21} & a_{22} & a_{23} \\ a_{31} & a_{32} & a_{33} \end{vmatrix}=a_{11}\begin{vmatrix} a_{22} & a_{23} \\ a_{32} & a_{33} \end{vmatrix}-a_{12}\begin{vmatrix} a_{21} & a_{23} \\ a_{31} & a_{33} \end{vmatrix}+a_{13}\begin{vmatrix} a_{21} & a_{22} \\ a_{31} & a_{32} \end{vmatrix}$$

$$=a_{11}A_{11}+a_{12}A_{12}+a_{13}A_{13},$$

即一个三阶行列式可以表示成第一行的元素与它们对应的代数余子式的乘积之和，也就是说，一个三阶行列式可以由相应的三个二阶行列式来定义.

仿此，把四阶行列式定义为

$$\begin{vmatrix} a_{11} & a_{12} & a_{13} & a_{14} \\ a_{21} & a_{22} & a_{23} & a_{24} \\ a_{31} & a_{32} & a_{33} & a_{34} \\ a_{41} & a_{42} & a_{43} & a_{44} \end{vmatrix}=a_{11}A_{11}+a_{12}A_{12}+a_{13}A_{13}+a_{14}A_{14},$$

其中 $A_{1j}(j=1,\ 2,\ 3,\ 4)$ 是元素 $a_{1j}(j=1,\ 2,\ 3,\ 4)$ 的代数余子式.

依此类推，一般可用 n 个 $n-1$ 阶行列式来定义 n 阶行列式.

定义 2　设 $n-1$ 阶行列式已定义，则规定 n 阶行列式

$$D=\begin{vmatrix} a_{11} & a_{12} & \cdots & a_{1n} \\ a_{21} & a_{22} & \cdots & a_{2n} \\ \vdots & \vdots & & \vdots \\ a_{n1} & a_{n2} & \cdots & a_{nn} \end{vmatrix}=a_{11}A_{11}+a_{12}A_{12}+\cdots+a_{1n}A_{1n}=\sum_{j=1}^{n}a_{1j}A_{1j},$$

其中 $A_{1j}(j=1,2,\cdots,n)$ 是元素 $a_{1j}(j=1,2,\cdots,n)$ 的代数余子式，是 $n-1$ 阶行列式.

如

$$A_{11}=(-1)^{1+1}M_{11}=\begin{vmatrix} a_{22} & a_{23} & \cdots & a_{2n} \\ a_{32} & a_{33} & \cdots & a_{3n} \\ \vdots & \vdots & & \vdots \\ a_{n2} & a_{n3} & \cdots & a_{nn} \end{vmatrix}.$$

例 4
$$\begin{vmatrix} 1 & 0 & 0 & 3 \\ 2 & -1 & 1 & 0 \\ 1 & 0 & 2 & 1 \\ -1 & 0 & 2 & 1 \end{vmatrix}=1\times(-1)^{1+1}\begin{vmatrix} -1 & 1 & 0 \\ 0 & 2 & 1 \\ 0 & 2 & 1 \end{vmatrix}+3\times(-1)^{1+4}\begin{vmatrix} 2 & -1 & 1 \\ 1 & 0 & 2 \\ -1 & 0 & 2 \end{vmatrix}$$
$$=1\times 0+(-3)\times 4=-12.$$

例 5　计算下三角形行列式

$$D=\begin{vmatrix} a_{11} & & & \\ a_{21} & a_{22} & & 0 \\ \vdots & \vdots & \ddots & \\ a_{n1} & a_{n2} & \cdots & a_{nn} \end{vmatrix}.$$

解　按 n 阶行列式定义

$$D=a_{11}\begin{vmatrix} a_{22} & & & \\ a_{32} & a_{33} & & 0 \\ \vdots & \vdots & \ddots & \\ a_{n2} & a_{n3} & \cdots & a_{nn} \end{vmatrix}+0\cdot A_{12}+\cdots+0\cdot A_{1n}$$
$$=a_{11}a_{22}\begin{vmatrix} a_{33} & & & \\ a_{43} & a_{44} & & 0 \\ \vdots & \vdots & \ddots & \\ a_{n3} & a_{n4} & \cdots & a_{nn} \end{vmatrix}=\cdots=a_{11}a_{22}\cdots a_{nn}.$$

行列式中自左上角至右下角的对角线称为行列式的主对角线. 可见，n 阶下三角形行列式的值等于主对角线上 n 个元素的乘积.

习题一

1. 计算下列二、三阶行列式.

(1) $\begin{vmatrix} 1 & 3 \\ 2 & -5 \end{vmatrix}$；　　(2) $\begin{vmatrix} \sqrt{c} & 1 \\ 1 & \sqrt{c} \end{vmatrix}$；

(3) $\begin{vmatrix} 2 & -3 & 1 \\ 1 & 1 & 1 \\ 3 & 1 & -2 \end{vmatrix}$； (4) $\begin{vmatrix} 0 & -5 & 0 \\ 2 & 3 & 6 \\ -3 & -1 & 0 \end{vmatrix}$.

2. 求下列行列式中元素 a_{12}，a_{23}，a_{33}的余子式和代数余子式.

(1) $\begin{vmatrix} 2 & -1 & 0 \\ 4 & 1 & 2 \\ -1 & -1 & -1 \end{vmatrix}$； (2) $\begin{vmatrix} 5 & 2 & 0 & 0 \\ 2 & 1 & 0 & 0 \\ 0 & 0 & 8 & 3 \\ 0 & 0 & 5 & 2 \end{vmatrix}$.

3. 计算下列行列式.

(1) $\begin{vmatrix} 1 & 0 & 0 & 0 \\ 1 & 2 & 0 & 0 \\ 2 & 0 & 3 & 0 \\ 0 & 2 & 1 & 4 \end{vmatrix}$； (2) $\begin{vmatrix} 2 & 0 & 0 & -4 \\ 7 & -1 & 0 & 5 \\ -2 & 6 & 1 & 0 \\ 8 & 4 & -3 & -5 \end{vmatrix}$；

(3) $\begin{vmatrix} a & 1 & 0 & 0 \\ -1 & b & 1 & 0 \\ 0 & -1 & c & 1 \\ 0 & 0 & -1 & d \end{vmatrix}$； (4) $\begin{vmatrix} a_1 & a_2 & a_3 & a_4 \\ 0 & b_1 & b_2 & b_3 \\ 0 & 0 & c_1 & c_2 \\ 0 & 0 & 0 & d_1 \end{vmatrix}$.

第二节　行列式的性质及计算

直接用行列式的定义计算行列式的值是比较麻烦的. 本节介绍行列式的性质，以简化行列式的计算. 另外这些性质在理论上也具有重要意义. 为了学习方便，我们还是以二、三阶行列式为例进行讨论.

性质 1　将行列式的行、列互换，行列式的值不变.

设

$$D=\begin{vmatrix} a_{11} & a_{12} \\ a_{21} & a_{22} \end{vmatrix}，D^{\mathrm{T}}=\begin{vmatrix} a_{11} & a_{21} \\ a_{12} & a_{22} \end{vmatrix}，$$

则 $D=D^{\mathrm{T}}$. 其中，行列式 D^{T} 称为行列式 D 的转置行列式.

该性质说明在行列式中，行与列的地位相同. 因此，在行列式中，凡是对行成立的性质对列也同样成立，反之亦然.

例 1　计算上三角形行列式

$$D=\begin{vmatrix} a_{11} & a_{12} & \cdots & a_{1n} \\ & a_{22} & \cdots & a_{2n} \\ & & \ddots & \vdots \\ & 0 & & a_{nn} \end{vmatrix}.$$

解　由性质 1 及上一节例 5 的结果，得

$$D=D^{T}=\begin{vmatrix} a_{11} & & & \\ a_{12} & a_{22} & & 0 \\ \vdots & \vdots & \ddots & \\ a_{1n} & a_{2n} & \cdots & a_{nn} \end{vmatrix}=a_{11}a_{22}\cdots a_{nn}.$$

性质 2　互换行列式的两行（列），行列式的值仅改变符号.

如 $D=\begin{vmatrix} a & b \\ c & d \end{vmatrix}=ad-bc$，$\begin{vmatrix} c & d \\ a & b \end{vmatrix}=bc-ad=-D$.

推论　如果行列式有两行（列）完全相同，则此行列式的值为零.

性质 3　行列式的某一行（列）中各元素都乘以同一数 k，等于用数 k 乘此行列式.

如 $\begin{vmatrix} ka_{11} & ka_{12} \\ a_{21} & a_{22} \end{vmatrix}=k\begin{vmatrix} a_{11} & a_{12} \\ a_{21} & a_{22} \end{vmatrix}$，　$\begin{vmatrix} ka_{11} & a_{12} \\ ka_{21} & a_{22} \end{vmatrix}=k\begin{vmatrix} a_{11} & a_{12} \\ a_{21} & a_{22} \end{vmatrix}$.

推论 1　行列式中某一行（列）的所有元素的公因子可以提到行列式符号的外面.

推论 2　行列式中某一行（列）的元素全为零，则此行列式的值为零.

推论 3　行列式中有两行（列）的元素对应成比例，则此行列式的值为零.

性质 4　若行列式中的某一行（列）所有元素都是两项和，则此行列式等于把这些两项和各取一项做成相应的行（列），而其余的行（列）不变的两个行列式的和.

如 $\begin{vmatrix} a_{11}+b_{11} & a_{12}+b_{12} \\ a_{21} & a_{22} \end{vmatrix}=\begin{vmatrix} a_{11} & a_{12} \\ a_{21} & a_{22} \end{vmatrix}+\begin{vmatrix} b_{11} & b_{12} \\ a_{21} & a_{22} \end{vmatrix}$.

例 2　计算三阶行列式

$$\begin{vmatrix} 1 & 2 & 3 \\ -2 & 3 & -1 \\ 98 & 203 & 299 \end{vmatrix}.$$

解　由性质 4，得

$$\begin{vmatrix} 1 & 2 & 3 \\ -2 & 3 & -1 \\ 98 & 203 & 299 \end{vmatrix}=\begin{vmatrix} 1 & 2 & 3 \\ -2 & 3 & -1 \\ 100-2 & 200+3 & 300-1 \end{vmatrix}$$

$$=\begin{vmatrix} 1 & 2 & 3 \\ -2 & 3 & -1 \\ 100 & 200 & 300 \end{vmatrix}+\begin{vmatrix} 1 & 2 & 3 \\ -2 & 3 & -1 \\ -2 & 3 & -1 \end{vmatrix}=0.$$

性质 5　把行列式某一行（列）的 k 倍加到另一行（列）上，行列式的值不变.

如 $D=\begin{vmatrix} a_{11} & a_{12} \\ a_{21} & a_{22} \end{vmatrix}=\begin{vmatrix} a_{11} & a_{12} \\ a_{21}+ka_{11} & a_{22}+ka_{12} \end{vmatrix}$（将 D 的第一行的 k 倍加到第二行上）.

性质 6　行列式的值等于它的任一行（列）所有元素与其代数余子式的乘积之和.

以三阶行列式为例，则

$$D=\begin{vmatrix} a_{11} & a_{12} & a_{13} \\ a_{21} & a_{22} & a_{23} \\ a_{31} & a_{32} & a_{33} \end{vmatrix}\left.\begin{aligned} &=a_{11}A_{11}+a_{12}A_{12}+a_{13}A_{13} \\ &=a_{21}A_{21}+a_{22}A_{22}+a_{23}A_{23} \\ &=a_{31}A_{31}+a_{32}A_{32}+a_{33}A_{33} \end{aligned}\right\}\text{（按行展开）};$$

$$\left.\begin{aligned}&=a_{11}A_{11}+a_{21}A_{21}+a_{31}A_{31}\\&=a_{12}A_{12}+a_{22}A_{22}+a_{32}A_{32}\\&=a_{13}A_{13}+a_{23}A_{23}+a_{33}A_{33}\end{aligned}\right\}\text{（按列展开）.}$$

推论　行列式的某一行（列）各元素与另一行（列）的对应元素的代数余子式的乘积之和等于零.

按行：$a_{i1}A_{j1}+a_{i2}A_{j2}+\cdots+a_{in}A_{jn}=0\ (i\neq j)$；

按列：$a_{1i}A_{1j}+a_{2i}A_{2j}+\cdots+a_{ni}A_{nj}=0\ (i\neq j)$.

将性质 6 与推论合起来简记为

$$\sum_{k=1}^{n}a_{ik}A_{jk}=\sum_{k=1}^{n}a_{ki}A_{kj}=\begin{cases}D, & i=j,\\0, & i\neq j\end{cases}\quad (i,\ j=1,\ 2,\ \cdots,\ n).$$

由行列式的性质可总结出计算一般 n 阶行列式的简单方法（降阶法）：选择零元素最多的行（或列），用性质 5 将该行（或列）的 $n-1$ 个元素变为 0，再由性质 6 将行列式按这一行（或列）展开，降为一个 $n-1$ 阶行列式，用此方法直至降到二阶，即可求出行列式的值.

为了使计算过程清楚，引入一些记号：

（1）以 r_i 表示第 i 行，以 c_i 表示第 i 列；

（2）交换 i，j 两行记作 $r_i\leftrightarrow r_j$；交换 i，j 两列，记作 $c_i\leftrightarrow c_j$；

（3）用数 k 乘第 i 行（列），记作 $kr_i(kc_i)$；

（4）第 i 行（列）的 k 倍加到第 j 行（列）上，记作 $r_j+kr_i(c_j+kc_i)$；

（5）从第 i 行（列）提出公因子 k，记作 $r_i\div k(c_i\div k)$.

例 3　计算四阶行列式

$$D=\begin{vmatrix}1 & 2 & 3 & 4\\1 & 0 & 1 & 2\\3 & -1 & -1 & 0\\1 & 2 & 0 & -5\end{vmatrix}.$$

解

$$D=\begin{vmatrix}1 & 2 & 3 & 4\\1 & 0 & 1 & 2\\3 & -1 & -1 & 0\\1 & 2 & 0 & -5\end{vmatrix}\xlongequal[c_4-2c_1]{c_3-c_1}\begin{vmatrix}1 & 2 & 2 & 2\\1 & 0 & 0 & 0\\3 & -1 & -4 & -6\\1 & 2 & -1 & -7\end{vmatrix}=1\times(-1)^{2+1}\begin{vmatrix}2 & 2 & 2\\-1 & -4 & -6\\2 & -1 & -7\end{vmatrix}$$

$$\xlongequal[r_2\div(-1)]{r_1\div 2}2\begin{vmatrix}1 & 1 & 1\\1 & 4 & 6\\2 & -1 & -7\end{vmatrix}\xlongequal[c_3-c_1]{c_2-c_1}2\begin{vmatrix}1 & 0 & 0\\1 & 3 & 5\\2 & -3 & -9\end{vmatrix}=2\begin{vmatrix}3 & 5\\-3 & -9\end{vmatrix}\xlongequal{r_2+r_1}2\begin{vmatrix}3 & 5\\0 & -4\end{vmatrix}=-24.$$

例 4　计算四阶行列式

$$\begin{vmatrix}1 & 2 & 3 & 4\\4 & 1 & 2 & 3\\3 & 4 & 1 & 2\\2 & 3 & 4 & 1\end{vmatrix}.$$

解

$$\begin{vmatrix}1&2&3&4\\4&1&2&3\\3&4&1&2\\2&3&4&1\end{vmatrix}\xlongequal[i=2,3,4]{c_1+c_i}\begin{vmatrix}10&2&3&4\\10&1&2&3\\10&4&1&2\\10&3&4&1\end{vmatrix}\xlongequal{c_1\div 10}10\begin{vmatrix}1&2&3&4\\1&1&2&3\\1&4&1&2\\1&3&4&1\end{vmatrix}$$

$$\xlongequal[i=2,3,4]{r_i-r_1}10\begin{vmatrix}1&2&3&4\\0&-1&-1&-1\\0&2&-2&-2\\0&1&1&-3\end{vmatrix}\xlongequal[r_4+r_2]{r_3+2r_2}10\begin{vmatrix}1&2&3&4\\0&-1&-1&-1\\0&0&-4&-4\\0&0&0&-4\end{vmatrix}=-160.$$

例 5　计算 n 阶行列式

$$D_n=\begin{vmatrix}x&y&0&\cdots&0&0\\0&x&y&\cdots&0&0\\\vdots&\vdots&\vdots&&\vdots&\vdots\\0&0&0&\cdots&x&y\\y&0&0&\cdots&0&x\end{vmatrix}.$$

解　按第一列展开

$$D_n=x(-1)^{1+1}\begin{vmatrix}x&y&0&\cdots&0&0\\0&x&y&\cdots&0&0\\\vdots&\vdots&\vdots&&\vdots&\vdots\\0&0&0&\cdots&x&y\\0&0&0&\cdots&0&x\end{vmatrix}+y(-1)^{n+1}\begin{vmatrix}y&0&0&\cdots&0&0\\x&y&0&\cdots&0&0\\\vdots&\vdots&\vdots&&\vdots&\vdots\\0&0&0&\cdots&y&0\\0&0&0&\cdots&x&y\end{vmatrix}$$

$$=x^n+(-1)^{n+1}y^n.$$

习题二

1. 计算下列行列式.

(1) $\begin{vmatrix}5&-1&3\\3&2&1\\295&201&97\end{vmatrix}$;　　(2) $\begin{vmatrix}3&4&0&5\\2&0&1&0\\-2&6&0&0\\-1&0&0&0\end{vmatrix}$;

(3) $\begin{vmatrix}4&1&2&4\\1&2&0&2\\10&5&2&0\\0&1&1&7\end{vmatrix}$;　　(4) $\begin{vmatrix}a&b&b&b\\b&a&b&b\\b&b&a&b\\b&b&b&a\end{vmatrix}$.

2. 求解方程 $\begin{vmatrix}1&1&1&1\\1&x&2&2\\2&2&x&3\\3&3&3&x\end{vmatrix}=0$.

3. 证明下列等式.

(1) $\begin{vmatrix} a^2 & ab & b^2 \\ 2a & a+b & 2b \\ 1 & 1 & 1 \end{vmatrix}=(a-b)^3$；　　(2) $\begin{vmatrix} c & a & d & b \\ a & c & d & b \\ a & c & b & d \\ c & a & b & d \end{vmatrix}=0.$

4. 计算 n 阶行列式.

$$D_n=\begin{vmatrix} 0 & 1 & 0 & \cdots & 0 \\ 0 & 0 & 2 & \cdots & 0 \\ \vdots & \vdots & \vdots & & \vdots \\ 0 & 0 & 0 & \cdots & n-1 \\ n & 0 & 0 & \cdots & 0 \end{vmatrix}.$$

第三节　克莱姆法则

线性代数的一个中心问题是求解线性方程组，这里只研究方程个数和未知量个数相等的情形，至于更一般的情形，将在第三章讨论.

定理 1　（克莱姆法则）如果线性方程组

$$\begin{cases} a_{11}x_1+a_{12}x_2+\cdots+a_{1n}x_n=b_1, \\ a_{21}x_1+a_{22}x_2+\cdots+a_{2n}x_n=b_2, \\ \qquad\vdots \\ a_{n1}x_1+a_{n2}x_2+\cdots+a_{nn}x_n=b_n. \end{cases} \tag{1.1}$$

的系数行列式

$$D=\begin{vmatrix} a_{11} & a_{12} & \cdots & a_{1n} \\ a_{21} & a_{22} & \cdots & a_{2n} \\ \vdots & \vdots & & \vdots \\ a_{n1} & a_{n2} & \cdots & a_{nn} \end{vmatrix}\neq 0,$$

则该方程组有唯一解

$$x_j=\frac{D_j}{D},\qquad (j=1,\ 2,\ \cdots,\ n).$$

其中 D_j 是把系数行列式 D 中第 j 列元素换成常数项 b_1，b_2，…，b_n 所构成的行列式.

例 1　求解线性方程组

$$\begin{cases} x+\ y=18, \\ 4x+8y=100. \end{cases}$$

解　其系数行列式 $D=\begin{vmatrix} 1 & 1 \\ 4 & 8 \end{vmatrix}=4\neq 0$，而 $D_1=\begin{vmatrix} 18 & 1 \\ 100 & 8 \end{vmatrix}=44$，$D_2=\begin{vmatrix} 1 & 18 \\ 4 & 100 \end{vmatrix}=28.$

由克莱姆法则，方程组的唯一解为：$x=\dfrac{D_1}{D}=11$，$y=\dfrac{D_2}{D}=7.$

例 2　求解线性方程组

$$\begin{cases}2x_1+3x_2+11x_3+5x_4=2,\\ x_1+\ x_2+\ 5x_3+2x_4=1,\\ \quad -\ x_2-\ 7x_3 \qquad =-5,\\ \qquad\quad -\ 2x_3+2x_4=-4.\end{cases}$$

解　因为

$$D=\begin{vmatrix}2&3&11&5\\1&1&5&2\\0&-1&-7&0\\0&0&-2&2\end{vmatrix}=10\neq 0,$$

$$D_1=\begin{vmatrix}2&3&11&5\\1&1&5&2\\-5&-1&-7&0\\-4&0&-2&2\end{vmatrix}=0,\qquad D_2=\begin{vmatrix}2&2&11&5\\1&1&5&2\\0&-5&-7&0\\0&-4&-2&2\end{vmatrix}=8,$$

$$D_3=\begin{vmatrix}2&3&2&5\\1&1&1&2\\0&-1&-5&0\\0&0&-4&2\end{vmatrix}=6,\qquad D_4=\begin{vmatrix}2&3&11&2\\1&1&5&1\\0&-1&-7&-5\\0&0&-2&-4\end{vmatrix}=-14.$$

所以方程组有唯一解为

$$x_1=\frac{D_1}{D}=0,\ x_2=\frac{D_2}{D}=\frac{4}{5},\ x_3=\frac{D_3}{D}=\frac{3}{5},\ x_4=\frac{D_4}{D}=-\frac{7}{5}.$$

在方程组（1.1）中，如果所有的常数项 $b_i=0(i=1,\ 2,\ \cdots,\ n)$，则称方程组为齐次线性方程组；反之，如果常数项不全为零，则称方程组为非齐次线性方程组. 对于齐次线性方程组，显然至少有一组零解 $x_1=x_2=\cdots=x_n=0$.

定理 2　齐次线性方程组

$$\begin{cases}a_{11}x_1+a_{12}x_2+\cdots+a_{1n}x_n=0,\\ a_{21}x_1+a_{22}x_2+\cdots+a_{2n}x_n=0,\\ \qquad\qquad \vdots\\ a_{n1}x_1+a_{n2}x_2+\cdots+a_{nn}x_n=0.\end{cases}\tag{1.2}$$

有非零解的充要条件为系数行列式 $D=0$.

例 3　如果齐次线性方程组

$$\begin{cases}kx_1+\ x_2+\ x_3=0,\\ x_1+kx_2+\ x_3=0,\\ x_1+\ x_2+kx_3=0.\end{cases}$$

有非零解，求 k 值.

解　$D=\begin{vmatrix}k&1&1\\1&k&1\\1&1&k\end{vmatrix}\xlongequal{r_1\leftrightarrow r_2}-\begin{vmatrix}1&k&1\\k&1&1\\1&1&k\end{vmatrix}\xlongequal[r_3-r_1]{r_2-kr_1}-\begin{vmatrix}1&k&1\\0&1-k^2&1-k\\0&1-k&k-1\end{vmatrix}$

$$=(1-k)^2\begin{vmatrix}1 & k & 1\\0 & 1+k & 1\\0 & -1 & 1\end{vmatrix}=(1-k)^2(k+2).$$

因为方程组有非零解，所以 $D=0$，得 $k=1$ 或 $k=-2$.

习题三

1. 用克莱姆法则解下列方程组.

(1) $\begin{cases}2x_1+3x_2+5x_3=2,\\x_1+2x_2=5,\\3x_2+5x_3=4;\end{cases}$

(2) $\begin{cases}x_1-x_2+2x_4=-5,\\3x_1+2x_2-x_3-2x_4=6,\\4x_1+3x_2-x_3-x_4=0,\\2x_1-x_3=0;\end{cases}$

(3) $\begin{cases}x_1+x_2+x_3+x_4=5,\\x_1+2x_2-x_3+4x_4=-2,\\2x_1-3x_2-x_3-5x_4=-2,\\3x_1+x_2+2x_3+11x_4=0.\end{cases}$

2. 下列齐次线性方程组有非零解吗?

(1) $\begin{cases}-x_1+2x_2+2x_3=0,\\4x_1+x_2-2x_3=0,\\x_2+4x_3=0;\end{cases}$

(2) $\begin{cases}x_1+3x_2-9x_3+7x_4=0,\\-3x_1-x_2-8x_3-x_4=0,\\x_1-3x_2+5x_3-x_4=0,\\x_1+x_2+2x_3+3x_4=0.\end{cases}$

3. k 取何值时，下列齐次线性方程组有非零解?

$$\begin{cases}x_1+x_2+kx_3=0,\\-x_1+kx_2+x_3=0,\\x_1-x_2+2x_3=0.\end{cases}$$

第四节　典型例题详解

例 1　证明

$$\begin{vmatrix}1 & 1 & 1\\x_1 & x_2 & x_3\\x_1^2 & x_2^2 & x_3^2\end{vmatrix}=(x_2-x_1)(x_3-x_1)(x_3-x_2).$$

证　左边$=\begin{vmatrix}1&1&1\\x_1&x_2&x_3\\x_1^2&x_2^2&x_3^2\end{vmatrix}\xlongequal[i=2,\ 3]{c_i-c_1}\begin{vmatrix}1&0&0\\x_1&x_2-x_1&x_3-x_1\\x_1^2&x_2^2-x_1^2&x_3^2-x_1^2\end{vmatrix}$

$$=1\times(-1)^{1+1}\begin{vmatrix}(x_2-x_1)&(x_3-x_1)\\(x_2-x_1)(x_2+x_1)&(x_3-x_1)(x_3+x_1)\end{vmatrix}$$

$$=(x_2-x_1)(x_3-x_1)\begin{vmatrix}1&1\\(x_2+x_1)&(x_3+x_1)\end{vmatrix}$$

$=(x_2-x_1)(x_3-x_1)(x_3-x_2)=$右边.

例 2　计算四阶行列式

$$D=\begin{vmatrix}7&3&1&-5\\2&6&-3&0\\3&11&-1&4\\-6&5&2&-9\end{vmatrix}.$$

解

$$D=\begin{vmatrix}7&3&1&-5\\2&6&-3&0\\3&11&-1&4\\-6&5&2&-9\end{vmatrix}\xlongequal{c_1\leftrightarrow c_3}-\begin{vmatrix}1&3&7&-5\\-3&6&2&0\\-1&11&3&4\\2&5&-6&-9\end{vmatrix}$$

$$\xlongequal[r_4-2r_1]{\substack{r_2+3r_1\\r_3+r_1}}-\begin{vmatrix}1&3&7&-5\\0&15&23&-15\\0&14&10&-1\\0&-1&-20&1\end{vmatrix}=-1\times(-1)^{1+1}\begin{vmatrix}15&23&-15\\14&10&-1\\-1&-20&1\end{vmatrix}$$

$$=-\begin{vmatrix}15&23&-15\\14&10&-1\\-1&-20&1\end{vmatrix}\xlongequal{r_1\leftrightarrow r_3}\begin{vmatrix}-1&-20&1\\14&10&-1\\15&23&-15\end{vmatrix}\xlongequal[r_3+15r_1]{r_2+14r_1}\begin{vmatrix}-1&-20&1\\0&-270&13\\0&-277&0\end{vmatrix}$$

$$=-1\times(-1)^{1+1}\begin{vmatrix}-270&13\\-277&0\end{vmatrix}=-\begin{vmatrix}-270&13\\-277&0\end{vmatrix}=-3\ 601.$$

例 3　k 取什么值时，下面方程组有唯一解？有唯一解时求出解.

$$\begin{cases}x_1+\ x_2+kx_3=1,\\-x_1+kx_2+\ x_3=-1,\\x_1-\ x_2+2x_3=0.\end{cases}$$

解　这是有三个未知量三个方程的非齐次线性方程组. 由克莱姆法则知，当系数行列式 $D\neq0$ 时，方程组有唯一解. 由

$$D=\begin{vmatrix}1&1&k\\-1&k&1\\1&-1&2\end{vmatrix}\xlongequal[r_3-r_1]{r_2+r_1}\begin{vmatrix}1&1&k\\0&k+1&k+1\\0&-2&2-k\end{vmatrix}$$

$$=\begin{vmatrix}k+1&k+1\\-2&2-k\end{vmatrix}=(k+1)(4-k)$$

知，当 $D\neq 0$ 时，即当 $k\neq -1$ 且 $k\neq 4$ 时，方程组有唯一解.

计算

$$D_1=\begin{vmatrix}1&1&k\\-1&k&1\\0&-1&2\end{vmatrix}=3(k+1),\qquad D_2=\begin{vmatrix}1&1&k\\-1&-1&1\\1&0&2\end{vmatrix}=(k+1),$$

$$D_3=\begin{vmatrix}1&1&1\\-1&k&-1\\1&-1&0\end{vmatrix}=-(k+1).$$

所以方程组的唯一解为

$$x_1=\frac{D_1}{D}=\frac{3}{4-k},\ x_2=\frac{D_2}{D}=\frac{1}{4-k},\ x_3=\frac{D_3}{D}=\frac{1}{k-4}.$$

复习题一

1. 单项选择题.

(1) 设 $D=\begin{vmatrix}a&b\\c&d\end{vmatrix}\neq 0$，$D_1=\begin{vmatrix}3a&3b\\3c&3d\end{vmatrix}$，则 $D_1=$（　　）.

A. $3D$　　B. $-3D$　　C. $9D$　　D. $-9D$

(2) $\begin{vmatrix}\lambda-1&2\\2&\lambda-1\end{vmatrix}\neq 0$ 的充要条件是（　　）.

A. $\lambda\neq -1$　　B. $\lambda\neq 3$

C. $\lambda\neq -1$ 且 $\lambda\neq 3$　　D. $\lambda\neq -1$ 或 $\lambda\neq 3$

(3) $\begin{vmatrix}3&4&9\\5&7&1\\2&1&4\end{vmatrix}$ 的 a_{23} 的代数余子式 A_{23} 的值为（　　）.

A. -3　　B. 3　　C. -5　　D. 5

(4) 已知齐次线性方程组 $\begin{cases}\lambda x+y+z=0,\\\lambda x+3y-z=0,\\-y+\lambda z=0,\end{cases}$ 仅有零解，则（　　）.

A. $\lambda\neq 0$ 且 $\lambda\neq 1$　　B. $\lambda=0$ 或 $\lambda=1$

C. $\lambda=0$　　D. $\lambda=1$

(5) 设行列式 $D_1=\begin{vmatrix}1&3&1\\2&2&3\\3&1&5\end{vmatrix}$，$D_2=\begin{vmatrix}\lambda&0&1\\0&\lambda-1&0\\1&0&\lambda\end{vmatrix}$，若 $D_1=D_2$，则 λ 的取值为（　　）.

A. 0 或 1　　B. 0 或 2　　C. -1 或 1　　D. -1 或 2

2. 填空题.

(1) 设 $\begin{vmatrix}2&3\\6&12\end{vmatrix}=k\begin{vmatrix}2&3\\1&2\end{vmatrix}$，则 $k=$________.

（2）行列式$\begin{vmatrix} 5 & 7 & 9 \\ 1 & 2 & 3 \\ 4 & 5 & 6 \end{vmatrix}=$________.

（3）已知$\begin{vmatrix} 1 & 0 & 2 \\ x & 3 & 1 \\ 4 & x & 2 \end{vmatrix}$的$a_{12}$的代数余子式$A_{12}=0$，则$a_{21}$的代数余子式$A_{21}=$________.

（4）$\begin{vmatrix} 0 & 0 & 0 & 1 & 0 \\ 0 & 0 & 2 & 0 & 0 \\ 0 & 3 & 10 & 0 & 0 \\ 4 & 11 & 0 & 12 & 0 \\ 9 & 8 & 7 & 6 & 5 \end{vmatrix}=$________.

（5）$\begin{vmatrix} 103 & 100 & 204 \\ 199 & 200 & 395 \\ 301 & 300 & 600 \end{vmatrix}=$________.

3. 计算下列行列式的值.

（1）$\begin{vmatrix} 3 & 1 & -1 & 2 \\ -5 & 1 & 3 & -4 \\ 2 & 0 & 1 & -1 \\ 1 & -5 & 3 & -3 \end{vmatrix}$；　　（2）$\begin{vmatrix} 1 & 2 & 0 & 1 \\ 1 & 3 & 5 & 0 \\ 0 & 1 & 5 & 6 \\ 1 & 2 & 3 & 4 \end{vmatrix}$；

（3）$\begin{vmatrix} 3 & 3 & 3 & 3 \\ 3 & -3 & 3 & 3 \\ 3 & 3 & -3 & 3 \\ 3 & 3 & 3 & -3 \end{vmatrix}$；　　（4）$\begin{vmatrix} -ab & ac & ae \\ bd & -cd & de \\ bf & cf & -ef \end{vmatrix}$.

4. 试证明$\begin{vmatrix} a_1-b_1 & b_1-c_1 & c_1-a_1 \\ a_2-b_2 & b_2-c_2 & c_2-a_2 \\ a_3-b_3 & b_3-c_3 & c_3-a_3 \end{vmatrix}=0$.

5. λ，μ取何值时，齐次线性方程组$\begin{cases} \lambda x_1+x_2+x_3=0, \\ x_1+\mu x_2+x_3=0, \\ x_1+2\mu x_2+x_3=0 \end{cases}$有非零解？

第二章　矩　　阵

矩阵是解线性方程组的一个十分重要的数学工具，是线性代数的一个主要研究对象. 矩阵在自然科学和工程技术等方面都有着广泛的应用.

本章主要介绍矩阵的概念、矩阵的运算、逆矩阵、矩阵的初等变换和矩阵的秩等.

第一节　矩阵的概念及其运算

一、矩阵的概念

1. 矩阵定义

定义 1　由 $m\times n$ 个数 a_{ij}（$i=1, 2, \cdots, m$；$j=1, 2, \cdots, n$）排成的 m 行 n 列数表，记作

$$\boldsymbol{A}=\begin{pmatrix} a_{11} & a_{12} & \cdots & a_{1n} \\ a_{21} & a_{22} & \cdots & a_{2n} \\ \vdots & \vdots & & \vdots \\ a_{m1} & a_{m2} & \cdots & a_{mn} \end{pmatrix},$$

称为 $m\times n$ 矩阵. 也可简记成（a_{ij}），$(a_{ij})_{m\times n}$或$\boldsymbol{A}_{m\times n}$. 其中 a_{ij} 为矩阵$\boldsymbol{A}$ 的第 i 行第 j 列的元素，i 称为矩阵的行标（$i=1, 2, \cdots, m$），j 称为矩阵的列标（$j=1, 2, \cdots, n$）.

矩阵一般用大写黑体字母 $\boldsymbol{A}$，$\boldsymbol{B}$，…来表示. 若矩阵 $\boldsymbol{A}$ 的元素全是实数，则 $\boldsymbol{A}$ 称为实矩阵，如

$$\boldsymbol{A}=\begin{pmatrix} 1 & 0 & 3 \\ 2 & 1 & -1 \end{pmatrix}.$$

若矩阵 $\boldsymbol{A}$ 的元素有复数，则 $\boldsymbol{A}$ 称为复矩阵. 在此，我们一般只研究实矩阵.

2. 几种特殊类型的矩阵

（1）行矩阵：形如 $\boldsymbol{A}_{1\times n}=(a_{11}, a_{12}, \cdots, a_{1n})$ 的矩阵称为行矩阵.

（2）列矩阵：形如 $\boldsymbol{A}_{m\times 1}=\begin{pmatrix} a_{11} \\ a_{21} \\ \vdots \\ a_{m1} \end{pmatrix}$的矩阵称为列矩阵.

（3）方阵：矩阵 $\boldsymbol{A}=(a_{ij})_{m\times n}$的行数与列数相等时，即 $m=n$ 时，称 $\boldsymbol{A}$ 为 n 阶方阵，即

$$A=\begin{pmatrix} a_{11} & a_{12} & \cdots & a_{1n} \\ a_{21} & a_{22} & \cdots & a_{2n} \\ \vdots & \vdots & & \vdots \\ a_{n1} & a_{n2} & \cdots & a_{nn} \end{pmatrix}.$$

矩阵 $\boldsymbol{A}$ 中元素 a_{11}，a_{22}，…，a_{nn} 称为 $\boldsymbol{A}$ 的主对角线元素（自左上角至右下角的元素构成的对角线）.

方阵在矩阵理论中占有十分重要的地位.

（4）零矩阵：若矩阵 $\boldsymbol{A}$ 的元素全部都为零，该矩阵称为零矩阵，记为 $\boldsymbol{O}_{m\times n}$ 或 $\boldsymbol{O}$. 例如

$$\boldsymbol{O}_{2\times 2}=\begin{pmatrix} 0 & 0 \\ 0 & 0 \end{pmatrix},\ \boldsymbol{O}_{2\times 3}=\begin{pmatrix} 0 & 0 & 0 \\ 0 & 0 & 0 \end{pmatrix}.$$

（5）对角矩阵：主对角线以外的元素全为零的 n 阶方阵称为对角矩阵. n 阶对角矩阵的形式为

$$A=\begin{pmatrix} a_{11} & 0 & \cdots & 0 \\ 0 & a_{22} & \cdots & 0 \\ \vdots & \vdots & & \vdots \\ 0 & 0 & \cdots & a_{nn} \end{pmatrix}.$$

其中 $a_{11}=a_{22}=\cdots=a_{nn}=k$（常数）的对角矩阵称为数量矩阵，记做 $\boldsymbol{K}$，即

$$K=\begin{pmatrix} k & 0 & \cdots & 0 \\ 0 & k & \cdots & 0 \\ \vdots & \vdots & & \vdots \\ 0 & 0 & \cdots & k \end{pmatrix}.$$

（6）单位矩阵：n 阶对角矩阵中，当 $a_{11}=a_{22}=\cdots=a_{nn}=1$ 时称为 n 阶单位矩阵，记为 $\boldsymbol{E}$，即

$$E=\begin{pmatrix} 1 & 0 & \cdots & 0 \\ 0 & 1 & \cdots & 0 \\ \vdots & \vdots & & \vdots \\ 0 & 0 & \cdots & 1 \end{pmatrix}.$$

（7）上三角矩阵：主对角线左下方的元素全为零的 n 阶方阵称为上三角矩阵，即

$$A=\begin{pmatrix} a_{11} & a_{12} & \cdots & a_{1n} \\ 0 & a_{22} & \cdots & a_{2n} \\ \vdots & \vdots & & \vdots \\ 0 & 0 & \cdots & a_{nn} \end{pmatrix}.$$

（8）下三角矩阵：主对角线右上方的元素全为零的 n 阶方阵称为下三角矩阵，即

$$A=\begin{pmatrix} a_{11} & 0 & \cdots & 0 \\ a_{21} & a_{22} & \cdots & 0 \\ \vdots & \vdots & & \vdots \\ a_{n1} & a_{n2} & \cdots & a_{nn} \end{pmatrix}.$$

3. 两个实例

例 1 某户居民第一季度每个月水（单位：t）、电（单位：kW. h）、天然气（单位：m^3）的使用情况，可以用一个三行三列的数表表示为

$$\begin{array}{c} \\ 1\text{月} \\ 2\text{月} \\ 3\text{月} \end{array}\begin{array}{c} \begin{array}{ccc} \text{水} & \text{电} & \text{气} \end{array} \\ \begin{pmatrix} 8 & 163 & 13 \\ 9 & 189 & 12 \\ 9 & 190 & 15 \end{pmatrix} \end{array}.$$

例 2 （价格矩阵）四种食品在三家商店中，单位量的售价（单位：元）可用以下矩阵给出

$$\begin{array}{c} \begin{array}{cccc} F_1 & F_2 & F_3 & F_4 \end{array} \\ \boldsymbol{A}=\begin{pmatrix} 17 & 7 & 11 & 21 \\ 15 & 9 & 13 & 19 \\ 18 & 8 & 15 & 19 \end{pmatrix} \end{array}\begin{array}{c} \\ S_1 \\ S_2. \\ S_3 \end{array}$$

这里的行表示商店，而列表示食品，比如第 2 列就是第 2 种食品，其 3 个分量表示该食品在 3 家商店中的售价.

二、矩阵的运算

根据实际问题的需要，规定矩阵的一些基本运算如下.

1. 矩阵相等

定义 2 如果 $\boldsymbol{A}=(a_{ij})$，$\boldsymbol{B}=(b_{ij})$ 都是 $m\times n$ 矩阵，并且它们对应的元素都相等，即

$$a_{ij}=b_{ij}\ (i=1,\ 2,\ \cdots,\ m;\ j=1,\ 2,\ \cdots,\ n),$$

则称矩阵 $\boldsymbol{A}$ 和矩阵 $\boldsymbol{B}$ 相等，记为 $\boldsymbol{A}=\boldsymbol{B}$.

2. 矩阵的加法

定义 3 设两个 $m\times n$ 矩阵

$$\boldsymbol{A}=\begin{pmatrix} a_{11} & a_{12} & \cdots & a_{1n} \\ a_{21} & a_{22} & \cdots & a_{2n} \\ \vdots & \vdots & & \vdots \\ a_{m1} & a_{m2} & \cdots & a_{mn} \end{pmatrix},\quad \boldsymbol{B}=\begin{pmatrix} b_{11} & b_{12} & \cdots & b_{1n} \\ b_{21} & b_{22} & \cdots & b_{2n} \\ \vdots & \vdots & & \vdots \\ b_{m1} & b_{m2} & \cdots & b_{mn} \end{pmatrix}.$$

记

$$\boldsymbol{C}=\begin{pmatrix} a_{11}+b_{11} & a_{12}+b_{12} & \cdots & a_{1n}+b_{1n} \\ a_{21}+b_{21} & a_{22}+b_{22} & \cdots & a_{2n}+b_{2n} \\ \vdots & \vdots & & \vdots \\ a_{m1}+b_{m1} & a_{m2}+b_{m2} & \cdots & a_{mn}+b_{mn} \end{pmatrix},$$

则称 $\boldsymbol{C}$ 为 $\boldsymbol{A}$ 与 $\boldsymbol{B}$ 的和，记为 $\boldsymbol{C}=\boldsymbol{A}+\boldsymbol{B}$.

例 3 设

$$\boldsymbol{A}=\begin{pmatrix} 1 & 2 & -1 \\ 0 & 1 & 3 \end{pmatrix},\quad \boldsymbol{B}=\begin{pmatrix} 2 & -1 & 4 \\ 1 & 2 & 5 \end{pmatrix}$$

则

$$A+B=\begin{pmatrix}1+2 & 2-1 & -1+4\\ 0+1 & 1+2 & 3+5\end{pmatrix}=\begin{pmatrix}3 & 1 & 3\\ 1 & 3 & 8\end{pmatrix}.$$

矩阵的加法满足下列运算法则：

(1) $\boldsymbol{A}+\boldsymbol{B}=\boldsymbol{B}+\boldsymbol{A}$；

(2) $\boldsymbol{A}+(\boldsymbol{B}+\boldsymbol{C})=(\boldsymbol{A}+\boldsymbol{B})+\boldsymbol{C}$；

(3) $\boldsymbol{A}+\boldsymbol{O}=\boldsymbol{O}+\boldsymbol{A}=\boldsymbol{A}$.

行数相等、列数也相等的矩阵称为同型矩阵，由加法定义可知，只有对同型矩阵才能求和.

若矩阵 $\boldsymbol{A}=(a_{ij})_{m\times n}$，而 $\boldsymbol{C}=(-a_{ij})_{m\times n}$，则称 $\boldsymbol{C}$ 为 $\boldsymbol{A}$ 的负矩阵，记为 $\boldsymbol{C}=-\boldsymbol{A}$.

矩阵 $\boldsymbol{A}$ 与矩阵 $-\boldsymbol{B}$ 的和叫做 $\boldsymbol{A}$ 与 $\boldsymbol{B}$ 的差，又称为 $\boldsymbol{A}$ 与 $\boldsymbol{B}$ 的减法，记为 $\boldsymbol{A}-\boldsymbol{B}$，即

$$\boldsymbol{A}-\boldsymbol{B}=\boldsymbol{A}+(-\boldsymbol{B}).$$

3. 数与矩阵的乘法

定义 4 给定任意实数 k 和矩阵

$$\boldsymbol{A}=\begin{pmatrix}a_{11} & a_{12} & \cdots & a_{1n}\\ a_{21} & a_{22} & \cdots & a_{2n}\\ \vdots & \vdots & & \vdots\\ a_{m1} & a_{m2} & \cdots & a_{mn}\end{pmatrix}.$$

用 k 乘矩阵 $\boldsymbol{A}$ 中每一个元素所得的矩阵叫做 k 与 $\boldsymbol{A}$ 的乘积，记为 $k\boldsymbol{A}$ 或 $\boldsymbol{A}k$，即

$$k\boldsymbol{A}=\begin{pmatrix}ka_{11} & ka_{12} & \cdots & ka_{1n}\\ ka_{21} & ka_{22} & \cdots & ka_{2n}\\ \vdots & \vdots & & \vdots\\ ka_{m1} & ka_{m2} & \cdots & ka_{mn}\end{pmatrix}.$$

例 4 设

$$\boldsymbol{A}=\begin{pmatrix}3 & 1\\ 2 & -1\\ 5 & 0\end{pmatrix}，则 2\boldsymbol{A}=\begin{pmatrix}6 & 2\\ 4 & -2\\ 10 & 0\end{pmatrix}.$$

数乘矩阵满足下列运算法则（k，l 为常数）.

(1) $k(\boldsymbol{A}+\boldsymbol{B})=k\boldsymbol{A}+k\boldsymbol{B}$；

(2) $(k+l)\boldsymbol{A}=k\boldsymbol{A}+l\boldsymbol{A}$；

(3) $(kl)\boldsymbol{A}=k(l\boldsymbol{A})$；

(4) $1\cdot\boldsymbol{A}=\boldsymbol{A}$，$0\cdot\boldsymbol{A}=\boldsymbol{O}$.

例 5 设 $\boldsymbol{A}=\begin{pmatrix}2 & -1 & 1 & 0\\ 3 & 1 & 0 & -1\\ -1 & 2 & 3 & 4\end{pmatrix}$，$\boldsymbol{B}=\begin{pmatrix}4 & 3 & -3 & 4\\ 1 & 1 & 4 & 3\\ -1 & 2 & -1 & 2\end{pmatrix}$，且 $\boldsymbol{A}+2\boldsymbol{Z}=\boldsymbol{B}$，求 $\boldsymbol{Z}$.

解 $\boldsymbol{Z}=\dfrac{1}{2}(\boldsymbol{B}-\boldsymbol{A})=\dfrac{1}{2}\begin{pmatrix}2 & 4 & -4 & 4\\ -2 & 0 & 4 & 4\\ 0 & 0 & -4 & -2\end{pmatrix}=\begin{pmatrix}1 & 2 & -2 & 2\\ -1 & 0 & 2 & 2\\ 0 & 0 & -2 & -1\end{pmatrix}.$

4. 矩阵与矩阵的乘法

先看一个实例，设有甲、乙、丙三家商场同时销售两种品牌的家用电器，如果用矩阵 $\boldsymbol{A}$ 表示各商场销售这两种家用电器的日平均销售量（单位：台），用矩阵 $\boldsymbol{B}$ 表示两种家用电器的单位售价（单位：千元）和单位利润（单位：千元），则

$$\begin{array}{c} \quad\ \text{Ⅰ}\quad\ \text{Ⅱ} \\ \boldsymbol{A}=\begin{pmatrix} 20 & 10 \\ 25 & 11 \\ 18 & 9 \end{pmatrix}\begin{matrix}\text{甲}\\ \text{乙},\\ \text{丙}\end{matrix} \end{array}\qquad \begin{array}{c} \quad\ \text{单价}\ \text{利润} \\ \boldsymbol{B}=\begin{pmatrix} 3.5 & 0.8 \\ 5 & 1.2 \end{pmatrix}\begin{matrix}\text{Ⅰ}\\ \text{Ⅱ}\end{matrix}. \end{array}$$

用矩阵 $\boldsymbol{C}=(c_{ij})_{3\times 2}$ 表示这三家商场销售两种家用电器的每日总收入和总利润，那么 $\boldsymbol{C}$ 中的元素分别为

$$\text{总收入}\begin{cases} c_{11}=20\times 3.5+10\times 5=120, \\ c_{21}=25\times 3.5+11\times 5=142.5, \\ c_{31}=18\times 3.5+9\times 5=108; \end{cases}\qquad \text{总利润}\begin{cases} c_{12}=20\times 0.8+10\times 1.2=28, \\ c_{22}=25\times 0.8+11\times 1.2=33.2, \\ c_{32}=18\times 0.8+9\times 1.2=25.2. \end{cases}$$

即

$$\boldsymbol{C}=\begin{pmatrix} c_{11} & c_{12} \\ c_{21} & c_{22} \\ c_{31} & c_{32} \end{pmatrix}=\begin{pmatrix} 20\times 3.5+10\times 5 & 20\times 0.8+10\times 1.2 \\ 25\times 3.5+11\times 5 & 25\times 0.8+11\times 1.2 \\ 18\times 3.5+9\times 5 & 18\times 0.8+9\times 1.2 \end{pmatrix}=\begin{pmatrix} 120 & 28 \\ 142.5 & 33.2 \\ 108 & 25.2 \end{pmatrix}.$$

这里，矩阵 $\boldsymbol{C}$ 的第 i 行第 j 列处的元素是矩阵 $\boldsymbol{A}$ 的第 i 行元素与矩阵 $\boldsymbol{B}$ 的第 j 列的对应元素乘积之和.

定义 5 设 $\boldsymbol{A}=(a_{ij})$ 是一个 $m\times s$ 矩阵，$\boldsymbol{B}=(b_{ij})$ 是一个 $s\times n$ 矩阵，则称 $m\times n$ 矩阵 $\boldsymbol{C}=(c_{ij})$ 为矩阵 $\boldsymbol{A}$ 与 $\boldsymbol{B}$ 的乘积，记为 $\boldsymbol{C}=\boldsymbol{AB}$. 其中

$$c_{ij}=a_{i1}b_{1j}+a_{i2}b_{2j}+\cdots+a_{is}b_{sj}=\sum_{k=1}^{s}a_{ik}b_{kj}\quad (i=1,2,\cdots,m;\ j=1,2,\cdots,n).$$

需要强调的是，只有当 $\boldsymbol{A}$ 的列数等于 $\boldsymbol{B}$ 的行数时，$\boldsymbol{AB}$ 才有意义.

例 6 设 $\boldsymbol{A}=\begin{pmatrix} 1 & 2 \\ 4 & 5 \\ 3 & 0 \end{pmatrix}$， $\boldsymbol{B}=\begin{pmatrix} -3 & 0 \\ 1 & 1 \end{pmatrix}$，计算 $\boldsymbol{AB}$.

解 $\boldsymbol{AB}$ 是 3×2 矩阵，且

$$\boldsymbol{AB}=\begin{pmatrix} 1 & 2 \\ 4 & 5 \\ 3 & 0 \end{pmatrix}\begin{pmatrix} -3 & 0 \\ 1 & 1 \end{pmatrix}=\begin{pmatrix} 1\times(-3)+2\times 1 & 1\times 0+2\times 1 \\ 4\times(-3)+5\times 1 & 4\times 0+5\times 1 \\ 3\times(-3)+0\times 1 & 3\times 0+0\times 1 \end{pmatrix}=\begin{pmatrix} -1 & 2 \\ -7 & 5 \\ -9 & 0 \end{pmatrix};$$

而 $\boldsymbol{BA}$ 无意义.

例 7 设 $\boldsymbol{A}=(1,\ 0,\ 4)$，$\boldsymbol{B}=\begin{pmatrix} 1 \\ 1 \\ 0 \end{pmatrix}$，计算 $\boldsymbol{AB}$ 和 $\boldsymbol{BA}$.

解 $\boldsymbol{AB}$ 是 1×1 矩阵，且

$$\boldsymbol{AB}=(1,\ 0,\ 4)\begin{pmatrix}1\\1\\0\end{pmatrix}=(1\times1+0\times1+4\times0)=1.$$

而 $\boldsymbol{BA}$ 是 3×3 矩阵，且

$$\boldsymbol{BA}=\begin{pmatrix}1\\1\\0\end{pmatrix}(1,\ 0,\ 4)=\begin{pmatrix}1\times1 & 1\times0 & 1\times4\\1\times1 & 1\times0 & 1\times4\\0\times1 & 0\times0 & 0\times4\end{pmatrix}=\begin{pmatrix}1&0&4\\1&0&4\\0&0&0\end{pmatrix}.$$

显然，$\boldsymbol{AB}\neq\boldsymbol{BA}$.

例 8　设 $\boldsymbol{A}=\begin{pmatrix}0&0\\0&1\end{pmatrix}$，$\boldsymbol{B}=\begin{pmatrix}0&1\\0&0\end{pmatrix}$，$\boldsymbol{C}=\begin{pmatrix}0&0\\0&0\end{pmatrix}$，计算 $\boldsymbol{AB}$、$\boldsymbol{AC}$ 和 $\boldsymbol{BA}$.

解　显然 $\boldsymbol{AB}=\boldsymbol{AC}=\begin{pmatrix}0&0\\0&0\end{pmatrix}$，$\boldsymbol{BA}=\begin{pmatrix}0&1\\0&0\end{pmatrix}$.

由以上例题不难看出：

(1) 一般地，$\boldsymbol{AB}\neq\boldsymbol{BA}$，即矩阵乘法不满足交换律.

若 $\boldsymbol{AB}=\boldsymbol{BA}$，则称 $\boldsymbol{A}$ 与 $\boldsymbol{B}$ 是可交换的，不难验证，n 阶数量矩阵与所有的 n 阶方阵是可交换的，例如 $\begin{pmatrix}1&1\\3&4\end{pmatrix}\begin{pmatrix}2&0\\0&2\end{pmatrix}=\begin{pmatrix}2&0\\0&2\end{pmatrix}\begin{pmatrix}1&1\\3&4\end{pmatrix}=\begin{pmatrix}2&2\\6&8\end{pmatrix}$.

(2) 若 $\boldsymbol{AB}=\boldsymbol{O}$，未必有 $\boldsymbol{A}=\boldsymbol{O}$ 或 $\boldsymbol{B}=\boldsymbol{O}$. 而 $\boldsymbol{A}\neq\boldsymbol{O}$ 且 $\boldsymbol{B}\neq\boldsymbol{O}$，有可能 $\boldsymbol{AB}=\boldsymbol{O}$.

(3) 若 $\boldsymbol{AB}=\boldsymbol{AC}$，未必有 $\boldsymbol{A}=\boldsymbol{C}$ 成立（不适合消去律）.

矩阵的乘法满足下列运算法则：

(1) $(\boldsymbol{AB})\boldsymbol{C}=\boldsymbol{A}(\boldsymbol{BC})$；

(2) $\boldsymbol{A}(\boldsymbol{B}+\boldsymbol{C})=\boldsymbol{AB}+\boldsymbol{AC}$，$(\boldsymbol{B}+\boldsymbol{C})\boldsymbol{A}=\boldsymbol{BA}+\boldsymbol{CA}$；

(3) $\boldsymbol{AE}=\boldsymbol{EA}=\boldsymbol{A}$；

(4) $(k\boldsymbol{A})\boldsymbol{B}=k(\boldsymbol{AB})=\boldsymbol{A}(k\boldsymbol{B})$，其中 k 为常数.

有了矩阵的乘法，就可以定义矩阵的幂. 设 $\boldsymbol{A}$ 是 n 阶方阵，定义 $\boldsymbol{A}^1=\boldsymbol{A}$，$\boldsymbol{A}^2=\boldsymbol{AA}$，…，$\boldsymbol{A}^n=\underbrace{\boldsymbol{AA}\cdots\boldsymbol{A}}_{n\text{个}\boldsymbol{A}\text{相乘}}$，且约定 $\boldsymbol{A}^0=\boldsymbol{E}$.

矩阵的方幂满足下列运算法则：

(1) $\boldsymbol{A}^m\boldsymbol{A}^n=\boldsymbol{A}^{m+n}$；

(2) $(\boldsymbol{A}^m)^n=\boldsymbol{A}^{mn}$.

其中 m，n 是正整数.

由于矩阵的乘法一般不满足交换律，因此对于两个 n 阶方阵 $\boldsymbol{A}$ 与 $\boldsymbol{B}$，一般说来

$$(\boldsymbol{AB})^k\neq\boldsymbol{A}^k\boldsymbol{B}^k.$$

5. 转置矩阵

定义 6　把矩阵 $\boldsymbol{A}$ 的所有行换成相应的列所得到的新矩阵，称为矩阵 $\boldsymbol{A}$ 的转置矩阵，记为 $\boldsymbol{A}^{\mathrm{T}}$，即

$$A=\begin{pmatrix} a_{11} & a_{12} & \cdots & a_{1n} \\ a_{21} & a_{22} & \cdots & a_{2n} \\ \vdots & \vdots & & \vdots \\ a_{m1} & a_{m2} & \cdots & a_{mn} \end{pmatrix}, \quad A^{T}=\begin{pmatrix} a_{11} & a_{21} & \cdots & a_{m1} \\ a_{12} & a_{22} & \cdots & a_{m2} \\ \vdots & \vdots & & \vdots \\ a_{1n} & a_{2n} & \cdots & a_{mn} \end{pmatrix}.$$

例 9 设 $A=\begin{pmatrix} 1 & 2 & 3 & 4 \\ 5 & 6 & 7 & 8 \end{pmatrix}$，求 A^{T}.

解
$$A^{T}=\begin{pmatrix} 1 & 5 \\ 2 & 6 \\ 3 & 7 \\ 4 & 8 \end{pmatrix}.$$

容易看出，若 A 为 $m\times n$ 矩阵，则 A^{T} 为 $n\times m$ 矩阵，A 中第 i 行第 j 列处的元素 a_{ij}，在 A^{T} 中则为第 j 行第 i 列的元素.

转置矩阵满足下列运算法则：

(1) $(A^{T})^{T}=A$；

(2) $(A+B)^{T}=A^{T}+B^{T}$；

(3) $(kA)^{T}=kA^{T}$（k 是常数）；

(4) $(AB)^{T}=B^{T}A^{T}$.

例 10 设 $A=(1,\ -1,\ 2)$，$B=\begin{pmatrix} 2 & -1 & 0 \\ 1 & 1 & 3 \\ 4 & 2 & 1 \end{pmatrix}$，验证 $(AB)^{T}=B^{T}A^{T}$.

解 因为 $AB=(1,\ -1,\ 2)\begin{pmatrix} 2 & -1 & 0 \\ 1 & 1 & 3 \\ 4 & 2 & 1 \end{pmatrix}=(9,\ 2,\ -1)$，所以 $(AB)^{T}=\begin{pmatrix} 9 \\ 2 \\ -1 \end{pmatrix}$.

又 $B^{T}=\begin{pmatrix} 2 & 1 & 4 \\ -1 & 1 & 2 \\ 0 & 3 & 1 \end{pmatrix}$，$A^{T}=\begin{pmatrix} 1 \\ -1 \\ 2 \end{pmatrix}$，

所以 $B^{T}A^{T}=\begin{pmatrix} 2 & 1 & 4 \\ -1 & 1 & 2 \\ 0 & 3 & 1 \end{pmatrix}\begin{pmatrix} 1 \\ -1 \\ 2 \end{pmatrix}=\begin{pmatrix} 9 \\ 2 \\ -1 \end{pmatrix}=(AB)^{T}$.

如果 n 阶方阵 A 与它的转置矩阵相等，即 $A=A^{T}$，则称 A 为对称矩阵.

例如 $A=\begin{pmatrix} 1 & 2 & 3 \\ 2 & 5 & -6 \\ 3 & -6 & 9 \end{pmatrix}$ 就是对称矩阵. 显然，对于一切 i，j，若方阵 $A=(a_{ij})$ 中有 $a_{ij}=a_{ji}$，则 A 是对称矩阵.

6. n 阶方阵的行列式

定义 7 设 A 为 n 阶方阵，则与它相对应的 n 阶行列式称为矩阵 A 的行列式，记为 $|A|$（或 $\det A$），

$$|\boldsymbol{A}|=\begin{vmatrix} a_{11} & a_{12} & \cdots & a_{1n} \\ a_{21} & a_{22} & \cdots & a_{2n} \\ \vdots & \vdots & & \vdots \\ a_{n1} & a_{n2} & \cdots & a_{nn} \end{vmatrix}.$$

设 $\boldsymbol{A}$，$\boldsymbol{B}$ 均为 n 阶方阵，则有如下运算规律：

(1) $|\boldsymbol{A}^{\mathrm{T}}|=|\boldsymbol{A}|$；

(2) $|k\boldsymbol{A}|=k^n|\boldsymbol{A}|$ （k 为常数）；

(3) $|\boldsymbol{AB}|=|\boldsymbol{A}||\boldsymbol{B}|$ （$\boldsymbol{A}$ 与 $\boldsymbol{B}$ 是同阶方阵）.

例 11 已知 $\boldsymbol{A}=\begin{pmatrix} 1 & 2 \\ 3 & -1 \end{pmatrix}$，$\boldsymbol{B}=\begin{pmatrix} 2 & 1 \\ 0 & 3 \end{pmatrix}$求$|\boldsymbol{AB}|$.

解

$$\boldsymbol{AB}=\begin{pmatrix} 1 & 2 \\ 3 & -1 \end{pmatrix}\begin{pmatrix} 2 & 1 \\ 0 & 3 \end{pmatrix}=\begin{pmatrix} 2 & 7 \\ 6 & 0 \end{pmatrix},$$

所以

$$|\boldsymbol{AB}|=\begin{vmatrix} 2 & 7 \\ 6 & 0 \end{vmatrix}=-42.$$

或

$$|\boldsymbol{AB}|=|\boldsymbol{A}||\boldsymbol{B}|=\begin{vmatrix} 1 & 2 \\ 3 & -1 \end{vmatrix}\begin{vmatrix} 2 & 1 \\ 0 & 3 \end{vmatrix}=(-7)\times 6=-42.$$

习题一

1. 计算下列各式.

(1) $\begin{pmatrix} 2 & 1 \\ -1 & 3 \end{pmatrix}+\begin{pmatrix} 1 & 5 \\ 2 & -1 \end{pmatrix}$；

(2) $2\begin{pmatrix} 4 & -5 \\ 6 & 3 \\ -7 & 1 \end{pmatrix}-\dfrac{3}{2}\begin{pmatrix} 6 & -8 \\ 10 & 4 \\ -4 & 0 \end{pmatrix}$；

(3) $\begin{pmatrix} 1 \\ 2 \\ 3 \end{pmatrix}(2 \quad -1 \quad 1)$；

(4) $(3, \ 1, \ 2)\begin{pmatrix} -1 \\ 2 \\ 0 \end{pmatrix}$；

(5) $\begin{pmatrix} 3 & 4 & 2 \\ 6 & 0 & -1 \\ -5 & -2 & 1 \end{pmatrix}\begin{pmatrix} 1 \\ 2 \\ 3 \end{pmatrix}$；

(6) $\begin{pmatrix} 0 & 1 & -1 & 3 \\ -1 & 2 & 1 & 0 \end{pmatrix}\begin{pmatrix} 1 & 1 \\ -1 & 4 \\ 3 & 0 \\ 1 & 2 \end{pmatrix}$；

(7) $\begin{pmatrix} 1 & 1 \\ 0 & 1 \end{pmatrix}^5$；

(8) $\begin{pmatrix} 0 & 1 \\ 1 & 0 \end{pmatrix}\begin{pmatrix} 5 & 3 \\ 2 & 7 \end{pmatrix}\begin{pmatrix} 0 & 1 \\ 1 & 0 \end{pmatrix}$.

2. 设矩阵

$$\boldsymbol{A}=\begin{pmatrix} 1 & 1 & 0 \\ 0 & 1 & -1 \\ 1 & -1 & 1 \end{pmatrix},\ \boldsymbol{B}=\begin{pmatrix} 1 & 2 & 3 \\ -1 & -2 & -4 \\ 0 & 2 & 1 \end{pmatrix},$$

求：(1) $A^{T}B^{T}$；(2) $(AB)^{T}$.

3. 设矩阵 $A=\begin{pmatrix}3 & 2\\5 & 4\end{pmatrix}$，$B=\begin{pmatrix}7 & -4\\-5 & 3\end{pmatrix}$，$C=\begin{pmatrix}2 & 1\\3 & 4\end{pmatrix}$，

求 $\det(2A-3C)B$.

4. 设 A 是 n 阶方阵，试证明 $A+A^{T}$ 为对称矩阵.

第二节 逆 矩 阵

上一节中，我们讨论了矩阵的加、减、数乘与乘法运算，那么矩阵是否有类似于数的除法那样的运算呢？本节讨论这个问题，若无特别说明本节讨论的矩阵均为方阵.

一、逆矩阵的概念

定义 1 设 A 是一个 n 阶方阵，如果存在一个 n 阶方阵 B，使得

$$AB=BA=E,$$

就说 B 是 A 的逆矩阵，并说 A 是可逆矩阵或者说 A 是可逆的，记为 $B=A^{-1}$. 显然，A 也是 B 的逆矩阵.

例如，对二阶方阵 $A=\begin{pmatrix}2 & 1\\1 & 0\end{pmatrix}$，存在二阶方阵 $B=\begin{pmatrix}0 & 1\\1 & -2\end{pmatrix}$，使得 $AB=BA=E$，则 B 为 A 的逆矩阵，A 也为 B 的逆矩阵，即 $A^{-1}=\begin{pmatrix}0 & 1\\1 & -2\end{pmatrix}$，$B^{-1}=\begin{pmatrix}2 & 1\\1 & 0\end{pmatrix}$.

可逆矩阵具有以下性质：

(1) 如果 A 可逆，则 A 的逆矩阵是唯一的；

(2) 如果 A 可逆，则 A^{-1} 也可逆，且 $(A^{-1})^{-1}=A$；

(3) 可逆矩阵 A 的转置矩阵 A^{T} 也是可逆矩阵，且 $(A^{T})^{-1}=(A^{-1})^{T}$；

(4) 如果 A、B 是两个同阶可逆矩阵，则 (AB) 也可逆，且 $(AB)^{-1}=B^{-1}A^{-1}$；

(5) 如果 A 可逆，数 $k\neq 0$，则 kA 也可逆，且 $(kA)^{-1}=\frac{1}{k}A^{-1}$.

二、逆矩阵的求法

定义了逆矩阵，并研究了逆矩阵的性质，下面要解决两个问题：什么样的方阵存在逆矩阵？如果一个方阵存在逆矩阵，如何求出其逆矩阵？

定理 1 n 阶方阵 A 是可逆矩阵的充要条件是 $|A|\neq 0$，且 $A^{-1}=\frac{1}{|A|}A^{*}$，其中

$$A^{*}=\begin{pmatrix}A_{11} & A_{21} & \cdots & A_{n1}\\A_{12} & A_{22} & \cdots & A_{n2}\\\vdots & \vdots & & \vdots\\A_{1n} & A_{2n} & \cdots & A_{nn}\end{pmatrix}.$$

A^{*} 称为 A 的伴随矩阵，A_{ij} 是 $|A|$ 中元素 $a_{ij}(i,\ j=1,\ 2,\ \cdots,\ n)$ 的代数余子式.

例 1 判断矩阵

$$A=\begin{pmatrix}3&-4&5\\2&-3&1\\3&-5&-1\end{pmatrix}$$

是否可逆，如果可逆，求 A^{-1}.

解 因为

$$|A|=\begin{vmatrix}3&-4&5\\2&-3&1\\3&-5&-1\end{vmatrix}=-1\neq 0,$$

所以矩阵 A 可逆.

求得：$A_{11}=8$，$A_{12}=5$，$A_{13}=-1$，$A_{21}=-29$，$A_{22}=-18$，$A_{23}=3$，$A_{31}=11$，$A_{32}=7$，$A_{33}=-1$.

所以

$$A^{*}=\begin{pmatrix}A_{11}&A_{21}&A_{31}\\A_{12}&A_{22}&A_{32}\\A_{13}&A_{23}&A_{33}\end{pmatrix}=\begin{pmatrix}8&-29&11\\5&-18&7\\-1&3&-1\end{pmatrix}.$$

因此得

$$A^{-1}=\frac{A^{*}}{|A|}=-\begin{pmatrix}8&-29&11\\5&-18&7\\-1&3&-1\end{pmatrix}=\begin{pmatrix}-8&29&-11\\-5&18&-7\\1&-3&1\end{pmatrix}.$$

逆矩阵的应用十分广泛. 例如，对线性方程组

$$\begin{cases}a_{11}x_1+a_{12}x_2+\cdots+a_{1n}x_n=b_1,\\a_{21}x_1+a_{22}x_2+\cdots+a_{2n}x_n=b_2,\\\qquad\vdots\\a_{n1}x_1+a_{n2}x_2+\cdots+a_{nn}x_n=b_n.\end{cases}\tag{2.1}$$

令

$$A=\begin{pmatrix}a_{11}&a_{12}&\cdots&a_{1n}\\a_{21}&a_{22}&\cdots&a_{2n}\\\vdots&\vdots&&\vdots\\a_{n1}&a_{n2}&\cdots&a_{nn}\end{pmatrix},\quad X=\begin{pmatrix}x_1\\x_2\\\vdots\\x_n\end{pmatrix},\quad B=\begin{pmatrix}b_1\\b_2\\\vdots\\b_n\end{pmatrix},$$

则方程组（2.1）可写成 $AX=B$，称为矩阵方程. 其中 A 称为方程组（2.1）的系数矩阵，X 称为未知矩阵，B 称为常数项矩阵，于是求方程组（2.1）的解，就转化为求矩阵方程 $AX=B$ 中的未知矩阵 X. 如果 A 可逆，则用 A^{-1} 左乘 $AX=B$ 的两边，得

$$A^{-1}AX=A^{-1}B,$$

即

$$X=A^{-1}B.$$

例 2 解线性方程组

$$\begin{cases}3x_1-4x_2+5x_3=1,\\2x_1-3x_2+\ x_3=0,\\3x_1-5x_2-\ x_3=2.\end{cases}$$

解　令

$$\boldsymbol{A}=\begin{pmatrix}3 & -4 & 5\\ 2 & -3 & 1\\ 3 & -5 & -1\end{pmatrix},\ \boldsymbol{X}=\begin{pmatrix}x_1\\ x_2\\ x_3\end{pmatrix},\ \boldsymbol{B}=\begin{pmatrix}1\\ 0\\ 2\end{pmatrix}.$$

方程组可写为 $\boldsymbol{AX}=\boldsymbol{B}$.

此线性方程组的未知量的系数构成的矩阵 $\boldsymbol{A}=\begin{pmatrix}3 & -4 & 5\\ 2 & -3 & 1\\ 3 & -5 & -1\end{pmatrix}$ 即为例 1 中的矩阵，已求出其逆矩阵为

$$\boldsymbol{A}^{-1}=\begin{pmatrix}-8 & 29 & -11\\ -5 & 18 & -7\\ 1 & -3 & 1\end{pmatrix},$$

所以

$$\boldsymbol{X}=\boldsymbol{A}^{-1}\boldsymbol{B}=\begin{pmatrix}-8 & 29 & -11\\ -5 & 18 & -7\\ 1 & -3 & 1\end{pmatrix}\begin{pmatrix}1\\ 0\\ 2\end{pmatrix}=\begin{pmatrix}-30\\ -19\\ 3\end{pmatrix}.$$

所以线性方程组的解为

$$x_1=-30,\ x_2=-19,\ x_3=3.$$

习题二

1. 求下列矩阵的逆矩阵.

(1) $\begin{pmatrix}1 & 2\\ 2 & 5\end{pmatrix}$;　　(2) $\begin{pmatrix}\cos\theta & -\sin\theta\\ \sin\theta & \cos\theta\end{pmatrix}$;

(3) $\begin{pmatrix}1 & 2 & -1\\ 3 & 4 & -2\\ 5 & -4 & 1\end{pmatrix}$;　　(4) $\begin{pmatrix}2 & 0 & 0\\ 0 & 3 & 0\\ 0 & 0 & 4\end{pmatrix}$.

2. 解下列矩阵方程.

(1) $\begin{pmatrix}2 & 5\\ 1 & 3\end{pmatrix}\boldsymbol{X}=\begin{pmatrix}4 & -6\\ 2 & 1\end{pmatrix}$;

(2) $\boldsymbol{X}\begin{pmatrix}2 & 1 & -1\\ 2 & 1 & 0\\ 1 & -1 & 1\end{pmatrix}=\begin{pmatrix}1 & -1 & 3\\ 4 & 3 & 2\end{pmatrix}$;

(3) $\begin{pmatrix}1 & 4\\ -1 & 2\end{pmatrix}\boldsymbol{X}\begin{pmatrix}2 & 0\\ -1 & 1\end{pmatrix}=\begin{pmatrix}3 & 1\\ 0 & -1\end{pmatrix}$.

3. 用逆矩阵解线性方程组.

(1) $\begin{cases}x_1-x_2-x_3=2,\\ 2x_1-x_2-3x_3=1,\\ 3x_1+2x_2-5x_3=0;\end{cases}$　　(2) $\begin{cases}2x_1+2x_2+x_3=5,\\ 3x_1+x_2+5x_3=0,\\ 3x_1+2x_2+3x_3=4.\end{cases}$

第三节　矩阵的秩与初等变换

一、矩阵的秩

矩阵的秩是刻画矩阵特征的一个非常重要的概念，为了建立矩阵秩的概念，首先给出矩阵子式的定义.

定义 1　在矩阵 $\boldsymbol{A}=(a_{ij})_{m\times n}$ 中任意选定 k 行、k 列（$k\leqslant m$，$k\leqslant n$），在这 k 行、k 列交叉位置上的 k^2 个元素按原来次序构成一个 k 阶行列式，叫做矩阵 $\boldsymbol{A}$ 的 k 阶子式.

例 1　设 $\boldsymbol{A}=\begin{pmatrix}-1 & 2 & 3 & 4\\ 1 & 0 & -3 & 5\\ 1 & 0 & -3 & 5\end{pmatrix}$.

$\begin{vmatrix}-1 & 2\\ 1 & 0\end{vmatrix}$是 $\boldsymbol{A}$ 的一个二阶子式，它是由 $\boldsymbol{A}$ 的第一、二行，第一、二列构成.

而

$$\begin{vmatrix}2 & 3\\ 0 & -3\end{vmatrix},\quad \begin{vmatrix}1 & -3\\ 1 & -3\end{vmatrix},\quad \begin{vmatrix}0 & 5\\ 0 & 5\end{vmatrix}$$

等都是 $\boldsymbol{A}$ 的二阶子式.

$$\begin{vmatrix}-1 & 2 & 3\\ 1 & 0 & -3\\ 1 & 0 & -3\end{vmatrix},\quad \begin{vmatrix}2 & 3 & 4\\ 0 & -3 & 5\\ 0 & -3 & 5\end{vmatrix}$$

等都是 $\boldsymbol{A}$ 的三阶子式.

不难看出，例 1 中 $\boldsymbol{A}$ 的最高阶子式为三阶，且所有三阶子式的值均为零. 而 $\boldsymbol{A}$ 存在不等于零的二阶子式，如

$$\begin{vmatrix}-1 & 2\\ 1 & 0\end{vmatrix}=-2\neq 0.$$

定义 2　若矩阵 $\boldsymbol{A}$ 中至少有一个不为零的 r 阶子式，而所有高于 r 阶的子式都为零，则称数 r 为矩阵 $\boldsymbol{A}$ 的秩，记为 $r(\boldsymbol{A})=r$.

换句话说，矩阵 $\boldsymbol{A}$ 中不等于零的子式的最高阶数就是矩阵的秩. 显然，对于 $m\times n$ 矩阵 $\boldsymbol{A}$，$r(\boldsymbol{A})\leqslant\min(m, n)$.

由定义 2 知，例 1 中矩阵 $\boldsymbol{A}$ 的秩 $r(\boldsymbol{A})=2$.

可见，对于 n 阶方阵 $\boldsymbol{A}$，如果 $|\boldsymbol{A}|\neq 0$，则方阵 $\boldsymbol{A}$ 的秩就等于 $\boldsymbol{A}$ 的阶数，即 $r(\boldsymbol{A})=n$，此时称 $\boldsymbol{A}$ 为满秩方阵或非奇异矩阵. 若 $|\boldsymbol{A}|=0$，则方阵 $\boldsymbol{A}$ 的秩小于 $\boldsymbol{A}$ 的阶数，则称 $\boldsymbol{A}$ 为降秩方阵或奇异矩阵.

例 2　求矩阵

$$\boldsymbol{A}=\begin{pmatrix}2 & 2 & 1\\ -3 & 12 & 3\\ 8 & -2 & 1\\ 2 & 12 & 4\end{pmatrix}$$

的秩.

解 $\boldsymbol{A}$ 的所有的三阶子式

$$\begin{vmatrix} 2 & 2 & 1 \\ -3 & 12 & 3 \\ 8 & -2 & 1 \end{vmatrix}=0; \quad \begin{vmatrix} 2 & 2 & 1 \\ -3 & 12 & 3 \\ 2 & 12 & 4 \end{vmatrix}=0;$$

$$\begin{vmatrix} -3 & 12 & 3 \\ 8 & -2 & 1 \\ 2 & 12 & 4 \end{vmatrix}=0; \quad \begin{vmatrix} 2 & 2 & 1 \\ 8 & -2 & 1 \\ 2 & 12 & 4 \end{vmatrix}=0.$$

而其一个二阶子式

$$\begin{vmatrix} 2 & 2 \\ -3 & 12 \end{vmatrix} \neq 0$$

所以 $r(\boldsymbol{A})=2$.

由此看出，根据矩阵秩的定义来算 $r(\boldsymbol{A})$，需要计算许多行列式，比较麻烦. 但是有一种矩阵，一眼就能看出它的秩是多少，这就是阶梯形矩阵.

定义 3 满足下列条件的矩阵称为阶梯形矩阵：

(1) 每个非零行的第一个非零元总在上一行的第一个非零元的右边；

(2) 零行在最下边.

例如

$$\boldsymbol{A}=\begin{pmatrix} 3 & 0 & 1 & 0 & 4 \\ 0 & -2 & 5 & 1 & 7 \\ 0 & 0 & 0 & -1 & 3 \\ 0 & 0 & 0 & 0 & 0 \end{pmatrix}, \quad \boldsymbol{B}=\begin{pmatrix} 1 & 2 & 0 & 0 \\ 0 & -3 & 2 & 0 \\ 0 & 0 & 1 & 0 \end{pmatrix}$$

都是阶梯形矩阵.

不难看出，$r(\boldsymbol{A})=r(\boldsymbol{B})=3$，即阶梯形矩阵的秩等于其非零行的行数.

那么，是否存在一种简单的方法能将一般的矩阵化为阶梯形矩阵而不改变矩阵的秩呢？若有，这将解决矩阵求秩难的问题. 下面介绍这种方法.

二、矩阵的初等变换

矩阵的初等变换在求矩阵的秩和逆矩阵以及解线性方程组等问题中有着重要的作用.

在解线性方程组时，经常用到下面三种方法：

(1) 互换两个方程的位置；

(2) 用一个非零数乘某一个方程；

(3) 把某一方程的倍数加到另一方程上去.

这三种方法叫做线性方程组的初等变换，显然，线性方程组经过初等变换后其解不变.

下面把初等变换的概念引入矩阵.

定义 4 对矩阵施行下列三种变换，称为矩阵的初等变换.

(1) 交换矩阵的两行（列）. 用 $r_i \leftrightarrow r_j$ 表示交换第 i，j 两行；用 $c_i \leftrightarrow c_j$ 表示交换第 i，j 两列.

(2) 用一个非零数 k 乘矩阵的某一行（列）. 用 kr_i 表示 k 乘第 i 行；用 kc_j 表示 k 乘第

j 列.

(3) 把矩阵的某一行（列）的 k 倍加到另一行（列）上去. 用 $r_i + kr_j$ 表示第 j 行的 k 倍加到第 i 行上；用表示 $c_i + kc_j$ 表示第 j 列的 k 倍加到第 i 列上.

对矩阵的行施以上述三种变换，称为初等行变换；对矩阵的列施以上述三种变换，称为初等列变换.

定义 5　若矩阵 $\boldsymbol{A}$ 经过有限次初等变换后变成矩阵 $\boldsymbol{B}$，就称 $\boldsymbol{A}$ 与 $\boldsymbol{B}$ 是等价的，记作 $\boldsymbol{A} \sim \boldsymbol{B}$.

定理 1　若 $\boldsymbol{A} \sim \boldsymbol{B}$，则 $r(\boldsymbol{A}) = r(\boldsymbol{B})$，即等价矩阵的秩相同.

此定理说明矩阵经初等变换后秩不变. 因此，可以仅用初等行变换把矩阵变为阶梯形矩阵，其非零行的行数即为矩阵的秩.

例 3　求矩阵

$$\boldsymbol{A} = \begin{pmatrix} 2 & -1 & -1 & 1 \\ 1 & 1 & -2 & 1 \\ 4 & -6 & 2 & -2 \\ 3 & 6 & -9 & 7 \end{pmatrix}$$

的秩.

解

$$\boldsymbol{A} \xrightarrow[\frac{1}{2} r_3]{r_1 \leftrightarrow r_2} \begin{pmatrix} 1 & 1 & -2 & 1 \\ 2 & -1 & -1 & 1 \\ 2 & -3 & 1 & -1 \\ 3 & 6 & -9 & 7 \end{pmatrix} \xrightarrow[\substack{r_3 - 2r_1 \\ r_4 - 3r_1}]{r_2 - r_3} \begin{pmatrix} 1 & 1 & -2 & 1 \\ 0 & 2 & -2 & 2 \\ 0 & -5 & 5 & -3 \\ 0 & 3 & -3 & 4 \end{pmatrix}$$

$$\xrightarrow{\frac{1}{2} r_2} \begin{pmatrix} 1 & 1 & -2 & 1 \\ 0 & 1 & -1 & 1 \\ 0 & -5 & 5 & -3 \\ 0 & 3 & -3 & 4 \end{pmatrix} \xrightarrow[r_4 - 3r_2]{r_3 + 5r_2} \begin{pmatrix} 1 & 1 & -2 & 1 \\ 0 & 1 & -1 & 1 \\ 0 & 0 & 0 & 2 \\ 0 & 0 & 0 & 1 \end{pmatrix}$$

$$\xrightarrow[r_4 - 2r_3]{r_3 \leftrightarrow r_4} \begin{pmatrix} 1 & 1 & -2 & 1 \\ 0 & 1 & -1 & 1 \\ 0 & 0 & 0 & 1 \\ 0 & 0 & 0 & 0 \end{pmatrix} = \boldsymbol{B}.$$

所以 $r(\boldsymbol{A}) = 3$.

对于上面阶梯形矩阵 $\boldsymbol{B}$，还可用初等行变换化成下列形式：

$$\boldsymbol{B} \xrightarrow[r_2 - r_3]{r_1 - r_2} \begin{pmatrix} 1 & 0 & -1 & 0 \\ 0 & 1 & -1 & 0 \\ 0 & 0 & 0 & 1 \\ 0 & 0 & 0 & 0 \end{pmatrix} = \boldsymbol{C}.$$

矩阵 $\boldsymbol{C}$ 又是一种特殊矩阵，我们给出其定义.

定义 6　如果阶梯形矩阵还进一步满足两个条件：

(1) 首非零元都是 1；

(2) 所有首非零元所在列的其余元素均为零，则称该矩阵为行最简阶梯形矩阵.

例如

$$\begin{pmatrix}1&2&0&3\\0&0&1&4\\0&0&0&0\end{pmatrix},\quad\begin{pmatrix}1&0&0\\0&1&0\\0&0&1\end{pmatrix}$$

都是行最简阶梯形矩阵.

说明：任一矩阵 $\boldsymbol{A}$ 都可以通过一系列初等行变换化成阶梯形矩阵；任一阶梯形矩阵都可以通过初等行变换化成行最简阶梯形矩阵. 可逆矩阵的行最简阶梯形矩阵是单位矩阵.

例 4 将矩阵 $\boldsymbol{A}$ 化成行最简阶梯形矩阵，

$$\boldsymbol{A}=\begin{pmatrix}1&2&-1&2&1\\2&4&1&1&5\\-1&-2&-2&1&-4\end{pmatrix}.$$

解

$$\boldsymbol{A}=\begin{pmatrix}1&2&-1&2&1\\2&4&1&1&5\\-1&-2&-2&1&-4\end{pmatrix}\to\begin{pmatrix}1&2&-1&2&1\\0&0&3&-3&3\\0&0&-3&3&-3\end{pmatrix}\to\begin{pmatrix}1&2&-1&2&1\\0&0&1&-1&1\\0&0&0&0&0\end{pmatrix}$$

$$\to\begin{pmatrix}1&2&0&1&2\\0&0&1&-1&1\\0&0&0&0&0\end{pmatrix}.$$

将矩阵化成行最简阶梯形矩阵，在下一章线性方程组解的判定及求解线性方程组中要用到.

三、用初等变换求逆矩阵

利用矩阵的初等行变换，可以求可逆矩阵 $\boldsymbol{A}$ 的逆矩阵，并且还可判别 $\boldsymbol{A}$ 是否可逆.

设 $\boldsymbol{A}$ 可逆，作 $n\times 2n$ 矩阵 $(\boldsymbol{A}\vdots\boldsymbol{E})$，用 $\boldsymbol{A}^{-1}$左乘 $(\boldsymbol{A}\vdots\boldsymbol{E})$ 得：

$$\boldsymbol{A}^{-1}(\boldsymbol{A}\vdots\boldsymbol{E})=(\boldsymbol{A}^{-1}\boldsymbol{A}\vdots\boldsymbol{A}^{-1}\boldsymbol{E})=(\boldsymbol{E}\vdots\boldsymbol{A}^{-1}).$$

根据矩阵理论，这相当于对矩阵 $(\boldsymbol{A}\vdots\boldsymbol{E})$ 作初等行变换. 当 $n\times 2n$ 矩阵 $(\boldsymbol{A}\vdots\boldsymbol{E})$ 的左半部分化为单位矩阵 $\boldsymbol{E}$ 时，右半部分就得到了 $\boldsymbol{A}^{-1}$. 而当左半部分某一行或几行变为全是零时，说明矩阵 $\boldsymbol{A}$ 不可逆.

例 5 设矩阵

$$\boldsymbol{A}=\begin{pmatrix}1&2&3\\2&1&2\\1&3&4\end{pmatrix}，求 \boldsymbol{A}^{-1}.$$

解

$$(\boldsymbol{A}\vdots\boldsymbol{E})=\left(\begin{array}{ccc:ccc}1&2&3&1&0&0\\2&1&2&0&1&0\\1&3&4&0&0&1\end{array}\right)\xrightarrow[r_3-r_1]{r_2-2r_1}\left(\begin{array}{ccc:ccc}1&2&3&1&0&0\\0&-3&-4&-2&1&0\\0&1&1&-1&0&1\end{array}\right)$$

$$\xrightarrow{r_2\leftrightarrow r_3}\left(\begin{array}{ccc:ccc}1&2&3&1&0&0\\0&1&1&-1&0&1\\0&-3&-4&-2&1&0\end{array}\right)\xrightarrow{r_3+3r_2}\left(\begin{array}{ccc:ccc}1&2&3&1&0&0\\0&1&1&-1&0&1\\0&0&-1&-5&1&3\end{array}\right)$$

$$\xrightarrow{-1\times r_3}\left(\begin{array}{ccc:ccc}1&2&3&1&0&0\\0&1&1&-1&0&1\\0&0&1&5&-1&-3\end{array}\right)\xrightarrow[r_2-r_3]{r_1-3r_3}\left(\begin{array}{ccc:ccc}1&2&0&-14&3&9\\0&1&0&-6&1&4\\0&0&1&5&1&-3\end{array}\right)$$

$$\xrightarrow{r_1-2r_2}\left(\begin{array}{ccc:ccc}1&0&0&-2&1&1\\0&1&0&-6&1&4\\0&0&1&5&-1&-3\end{array}\right)=(\boldsymbol{E}\vdots\boldsymbol{A}^{-1}),$$

所以

$$\boldsymbol{A}^{-1}=\begin{pmatrix}-2&1&1\\-6&1&4\\5&-1&-3\end{pmatrix}.$$

方阵$\boldsymbol{A}$可逆的充要条件是$|\boldsymbol{A}|\neq 0$，因此，当方阵$\boldsymbol{A}$的秩$r(\boldsymbol{A})<n$时，$|\boldsymbol{A}|=0$，所以方阵$\boldsymbol{A}$是不可逆的．对于这样的方阵$\boldsymbol{A}$运用初等变换，必然会使得方阵$\boldsymbol{A}$的某些行全变为零，所以，用初等变换求一个方阵的逆矩阵时，不必先判别这个方阵是否可逆．如果在行变换过程中发现某一行的所有元素全变成零，就可知道这个方阵是不可逆的．

如在例 3 中，$r(\boldsymbol{A})=3<4$，所以方阵$\boldsymbol{A}$是不可逆的．

也可以利用矩阵的初等变换来求解矩阵方程．我们知道，对于矩阵方程$\boldsymbol{AX}=\boldsymbol{B}$，方程的解为$\boldsymbol{X}=\boldsymbol{A}^{-1}\boldsymbol{B}$．但是当方阵的阶数较大时，计算比较困难，若能用如下格式的初等变换求解，会比较方便．为了求出$\boldsymbol{A}^{-1}\boldsymbol{B}$，对下面形式的矩阵进行初等变换：

$$(\boldsymbol{A}\vdots\boldsymbol{B})\xrightarrow{\text{初等变换}}(\boldsymbol{E}\vdots\boldsymbol{D}).$$

当$\boldsymbol{A}$化为单位矩阵$\boldsymbol{E}$时，$\boldsymbol{B}$便化为$\boldsymbol{D}$，可以证明，$\boldsymbol{D}$就是所要求的$\boldsymbol{A}^{-1}\boldsymbol{B}$.

例 6　解矩阵方程$\boldsymbol{AX}=\boldsymbol{B}$，其中

$$\boldsymbol{A}=\begin{pmatrix}1&0&1\\2&1&0\\-3&2&-5\end{pmatrix},\ \boldsymbol{B}=\begin{pmatrix}1&0&-1\\-2&1&0\\1&0&3\end{pmatrix}.$$

解　$\boldsymbol{X}=\boldsymbol{A}^{-1}\boldsymbol{B}$.

$$(\boldsymbol{A}\vdots\boldsymbol{B})=\left(\begin{array}{ccc:ccc}1&0&1&1&0&-1\\2&1&0&-2&1&0\\-3&2&-5&1&0&3\end{array}\right)\xrightarrow[r_3+3r_1]{r_2-2r_1}\left(\begin{array}{ccc:ccc}1&0&1&1&0&-1\\0&1&-2&-4&1&2\\0&2&-2&4&0&0\end{array}\right)$$

$$\xrightarrow{r_3-2r_2}\left(\begin{array}{ccc:ccc}1&0&1&1&0&-1\\0&1&-2&-4&1&2\\0&0&2&12&-2&-4\end{array}\right)\xrightarrow{\frac{1}{2}r_3}\left(\begin{array}{ccc:ccc}1&0&1&1&0&-1\\0&1&-2&-4&1&2\\0&0&1&6&-1&-2\end{array}\right)$$

$$\xrightarrow[r_2+2r_3]{r_1-r_3}\left(\begin{array}{ccc:ccc}1&0&0&-5&1&1\\0&1&0&8&-1&-2\\0&0&1&6&-1&-2\end{array}\right).$$

所以

$$X=A^{-1}B=\begin{pmatrix}-5&1&1\\8&-1&-2\\6&-1&-2\end{pmatrix}.$$

习题三

1. 用初等行变换求下列矩阵的逆矩阵.

(1) $\begin{pmatrix}2&0&0\\1&2&0\\0&1&2\end{pmatrix}$; (2) $\begin{pmatrix}0&2&-1\\1&1&2\\-1&-1&-1\end{pmatrix}$;

(3) $\begin{pmatrix}1&a&a^2&a^3\\0&1&a&a^2\\0&0&1&a\\0&0&0&1\end{pmatrix}$; (4) $\begin{pmatrix}2&3&0&0\\4&5&0&0\\0&0&4&1\\0&0&6&2\end{pmatrix}$.

2. 求满足下列方程的矩阵 $\boldsymbol{X}$.

(1) $\begin{pmatrix}1&-2&0\\1&-2&-1\\-3&1&2\end{pmatrix}\boldsymbol{X}=\begin{pmatrix}-1&4\\2&5\\1&-3\end{pmatrix}$; (2) $\boldsymbol{X}+\begin{pmatrix}2&5\\1&3\end{pmatrix}\boldsymbol{X}=\begin{pmatrix}4&-6\\2&1\end{pmatrix}$.

3. 将下列矩阵化成阶梯形矩阵.

(1) $\begin{pmatrix}1&1&1&-1\\-1&-1&2&3\\2&2&5&0\end{pmatrix}$; (2) $\begin{pmatrix}7&-4&0&-1\\-1&4&5&-3\\2&0&3&8\\0&8&12&-5\end{pmatrix}$.

4. 求下列矩阵的秩.

(1) $\begin{pmatrix}1&1&0&1&0&0&1\\1&1&1&0&1&1&0\\2&2&1&1&0&1&1\end{pmatrix}$; (2) $\begin{pmatrix}1&0&0\\0&1&0\\1&0&1\\0&1&1\\1&1&0\end{pmatrix}$;

(3) $\begin{pmatrix}1&0&1&1&0&1&1\\1&1&0&1&1&0&0\\1&0&1&2&1&0&1\\2&1&1&3&2&0&1\end{pmatrix}$; (4) $\begin{pmatrix}1&1&1&0&1&1&2&1\\1&1&1&1&0&1&1&0\\2&2&2&1&1&2&3&1\\3&3&3&2&1&3&4&1\end{pmatrix}$.

第四节　典型例题详解

例 1　计算$\begin{vmatrix}1&0&\lambda\\0&1&0\\0&0&1\end{vmatrix}^n$.

解 设

$$A=\begin{vmatrix}1&0&\lambda\\0&1&0\\0&0&1\end{vmatrix}=\begin{vmatrix}1&0&0\\0&1&0\\0&0&1\end{vmatrix}+\begin{vmatrix}0&0&\lambda\\0&0&0\\0&0&0\end{vmatrix}=E+B.$$

$$B^2=\begin{vmatrix}0&0&\lambda\\0&0&0\\0&0&0\end{vmatrix}\begin{vmatrix}0&0&\lambda\\0&0&0\\0&0&0\end{vmatrix}=\begin{vmatrix}0&0&0\\0&0&0\\0&0&0\end{vmatrix}.$$

可见，当 $n\geqslant 2$ 时，$B^n=\begin{vmatrix}0&0&0\\0&0&0\\0&0&0\end{vmatrix}$ 且 $EB=BE$. 利用 E 与 B 可交换，由二项式定理可得

$$\begin{aligned}A^n&=(E+B)^n\\&=C_n^0E^n+C_n^1E^{n-1}B+C_n^2E^{n-2}B^2+\cdots+C_n^nB^n\\&=E+nB=\begin{vmatrix}1&0&0\\0&1&0\\0&0&1\end{vmatrix}+\begin{vmatrix}0&0&n\lambda\\0&0&0\\0&0&0\end{vmatrix}=\begin{vmatrix}1&0&n\lambda\\0&1&0\\0&0&1\end{vmatrix}.\end{aligned}$$

例 2 用矩阵的方法解线性方程组

$$\begin{cases}x_1+2x_2+3x_3=1,\\2x_1+x_2+2x_3=0,\\x_1+3x_2+3x_3=2.\end{cases}$$

解法一 设将线性方程组化为矩阵形式

$$\begin{pmatrix}1&2&3\\2&1&2\\1&3&3\end{pmatrix}\begin{pmatrix}x_1\\x_2\\x_3\end{pmatrix}=\begin{pmatrix}1\\0\\2\end{pmatrix},$$

因 $\begin{vmatrix}1&2&3\\2&1&2\\1&3&3\end{vmatrix}\neq 0$，所以系数矩阵可逆，因此

$$\begin{pmatrix}x_1\\x_2\\x_3\end{pmatrix}=\begin{pmatrix}1&2&3\\2&1&2\\1&3&3\end{pmatrix}^{-1}\begin{pmatrix}1\\0\\2\end{pmatrix}=\frac{1}{4}\begin{pmatrix}-3&3&1\\-4&0&4\\5&-1&-3\end{pmatrix}\begin{pmatrix}1\\0\\2\end{pmatrix}=\begin{pmatrix}-\frac{1}{4}\\1\\-\frac{1}{4}\end{pmatrix}.$$

所以 $x_1=-\frac{1}{4}$，$x_2=1$，$x_3=-\frac{1}{4}$ 即为所求.

解法二 用初等变换的方法，直接求出方程的解，即

$$\left(\begin{array}{ccc:c}1&2&3&1\\2&1&2&0\\1&3&3&2\end{array}\right)\xrightarrow[r_3-r_1]{r_2-2r_1}\left(\begin{array}{ccc:c}1&2&3&1\\0&-3&-4&-2\\0&1&0&1\end{array}\right)\xrightarrow{r_3\leftrightarrow r_2}\left(\begin{array}{ccc:c}1&2&3&1\\0&1&0&1\\0&-3&-4&-2\end{array}\right)$$

$$\xrightarrow{r_3+3r_2}\left(\begin{array}{ccc:c}1&2&3&1\\0&1&0&1\\0&0&-4&1\end{array}\right)\xrightarrow{-\frac{1}{4}r_3}\left(\begin{array}{ccc:c}1&2&3&1\\0&1&0&1\\0&0&1&-\frac{1}{4}\end{array}\right)\xrightarrow{r_1-3r_3}\left(\begin{array}{ccc:c}1&2&0&\frac{7}{4}\\0&1&0&1\\0&0&1&-\frac{1}{4}\end{array}\right)$$

$$\xrightarrow{r_1-2r_2}\left(\begin{array}{ccc:c}1&0&0&-\frac{1}{4}\\0&1&0&1\\0&0&1&-\frac{1}{4}\end{array}\right).$$

所以直接得到方程的解为

$$\begin{pmatrix}x_1\\x_2\\x_3\end{pmatrix}=\begin{pmatrix}1&2&3\\2&1&2\\1&3&3\end{pmatrix}^{-1}\begin{pmatrix}1\\0\\2\end{pmatrix}=\begin{pmatrix}-\frac{1}{4}\\1\\-\frac{1}{4}\end{pmatrix}.$$

例 3　设 $\boldsymbol{A}=\begin{pmatrix}0&3&3\\1&1&0\\-1&2&3\end{pmatrix}$，$\boldsymbol{AB}=\boldsymbol{A}+2\boldsymbol{B}$，求 $\boldsymbol{B}$.

解　因为 $|\boldsymbol{A}|=0$，即 $\boldsymbol{A}$ 不可逆.

由 $\boldsymbol{AB}=\boldsymbol{A}+2\boldsymbol{B}\Rightarrow\boldsymbol{AB}-2\boldsymbol{B}=\boldsymbol{A}\Rightarrow\boldsymbol{AB}-2\boldsymbol{EB}=\boldsymbol{A}$

$\Rightarrow(\boldsymbol{A}-2\boldsymbol{E})\boldsymbol{B}=\boldsymbol{A}\Rightarrow\boldsymbol{B}=(\boldsymbol{A}-2\boldsymbol{E})^{-1}\boldsymbol{A}$.

不难看出 $\boldsymbol{A}-2\boldsymbol{E}$ 可逆，而

$$\boldsymbol{A}-2\boldsymbol{E}=\begin{pmatrix}0&3&3\\1&1&0\\-1&2&3\end{pmatrix}-\begin{pmatrix}2&0&0\\0&2&0\\0&0&2\end{pmatrix}=\begin{pmatrix}-2&3&3\\1&-1&0\\-1&2&1\end{pmatrix},$$

可以求得

$$(\boldsymbol{A}-2\boldsymbol{E})^{-1}=\begin{pmatrix}-\frac{1}{2}&\frac{3}{2}&\frac{3}{2}\\-\frac{1}{2}&\frac{1}{2}&\frac{3}{2}\\\frac{1}{2}&\frac{1}{2}&-\frac{1}{2}\end{pmatrix},$$

所以

$$\boldsymbol{B}=\begin{pmatrix}-\frac{1}{2}&\frac{3}{2}&\frac{3}{2}\\-\frac{1}{2}&\frac{1}{2}&\frac{3}{2}\\\frac{1}{2}&\frac{1}{2}&-\frac{1}{2}\end{pmatrix}\begin{pmatrix}0&3&3\\1&1&0\\-1&2&3\end{pmatrix}=\begin{pmatrix}0&3&3\\-1&2&3\\1&1&0\end{pmatrix}.$$

复习题二

1. 填空题.

(1) 设二阶方阵 $\boldsymbol{A}$ 满足 $\begin{pmatrix}1&1\\1&2\end{pmatrix}\boldsymbol{A}=\begin{pmatrix}2&0\\1&1\end{pmatrix}$，则 $|\boldsymbol{A}|=$________.

(2) 设 $\boldsymbol{A}$，$\boldsymbol{B}$ 均为三阶方阵，且 $|\boldsymbol{A}|=2$，$|\boldsymbol{B}|=-1$，则 $|\boldsymbol{AB}|=$________.

(3) 若 $\boldsymbol{A}=\begin{pmatrix}1&3\\2&5\end{pmatrix}$，则 $\boldsymbol{A}^{-1}=$________.

(4) 设 $\boldsymbol{A}=\begin{pmatrix}1&2\\4&0\\-1&3\end{pmatrix}$，$\boldsymbol{B}=\begin{pmatrix}-1&2&0\\3&-1&1\end{pmatrix}$，则 $(\boldsymbol{A}+\boldsymbol{B}^{\mathrm{T}})^{\mathrm{T}}=$________.

2. 单项选择题.

(1) 设 $\boldsymbol{A}$ 是 $m\times n$ 矩阵，$\boldsymbol{B}$ 是 $s\times p$ 矩阵，则作运算 $\boldsymbol{AB}$ 的条件是（　　）.

A. $m=s$　　B. $n=p$　　C. $m=p$　　D. $n=s$

(2) 矩阵 $\boldsymbol{A}$ 可逆的充要条件是（　　）.

A. $\boldsymbol{A}>0$　　B. $|\boldsymbol{A}|\neq 0$　　C. $|\boldsymbol{A}|>0$　　D. $\boldsymbol{A}\neq 0$

(3) 若 $\boldsymbol{A}$ 可逆，则 $\boldsymbol{AX}=\boldsymbol{B}+\boldsymbol{C}$ 的解 $\boldsymbol{X}=$（　　）.

A. 不存在　　B. $\boldsymbol{BA}^{-1}+\boldsymbol{CA}^{-1}$

C. $\boldsymbol{A}^{-1}\boldsymbol{B}+\boldsymbol{A}^{-1}\boldsymbol{C}$　　D. $\boldsymbol{A}^{-1}\boldsymbol{B}+\boldsymbol{C}$

(4) 设 $\boldsymbol{A}$ 为 n 阶方阵，则 $|k\boldsymbol{A}|=$（　　），其中 k 为常数.

A. $k\boldsymbol{A}$　　B. $k|\boldsymbol{A}|$

C. $k^2|\boldsymbol{A}|$　　D. $k^n|\boldsymbol{A}|$

(5) 设矩阵 $\boldsymbol{A}=\begin{pmatrix}1&2\\3&4\end{pmatrix}$，则 $\boldsymbol{A}$ 的伴随矩阵 $\boldsymbol{A}^*=$（　　）.

A. $\begin{pmatrix}4&-3\\-2&1\end{pmatrix}$　　B. $\begin{pmatrix}4&2\\3&1\end{pmatrix}$

C. $\begin{pmatrix}1&-2\\-3&4\end{pmatrix}$　　D. $\begin{pmatrix}4&-2\\-3&1\end{pmatrix}$

3. 求下面矩阵的逆矩阵.

已知 $\boldsymbol{A}=\begin{pmatrix}1&0&1\\-1&1&1\\2&-1&1\end{pmatrix}$，求 $\boldsymbol{A}^{-1}$.

4. 求下列矩阵的秩.

(1) $\boldsymbol{A}=\begin{pmatrix}1&4&-1&2&2\\2&-2&1&1&0\\-2&-1&3&2&0\end{pmatrix}$；

（2）$\boldsymbol{A}=\begin{pmatrix}1 & 2 & -1 & 0 & 3\\ 2 & -1 & 0 & 1 & -1\\ 3 & 1 & -1 & 1 & 2\\ 0 & -5 & 2 & 1 & -7\end{pmatrix}$.

5. 求解矩阵方程 $\boldsymbol{XA}=\boldsymbol{B}$，其中 $\boldsymbol{A}=\begin{pmatrix}3 & -1 & 2\\ 1 & 0 & -1\\ -2 & 1 & 4\end{pmatrix}$，$\boldsymbol{B}=\begin{pmatrix}3 & 0 & -2\\ -1 & 4 & 1\end{pmatrix}$.

6. 设矩阵

$$\boldsymbol{A}=\begin{pmatrix}1 & 0 & -1\\ -3 & 1 & 4\\ 1 & 0 & 0\end{pmatrix},\quad \boldsymbol{B}=\begin{pmatrix}1\\ 5\\ -4\end{pmatrix},$$

计算 $\boldsymbol{A}^{-1}\boldsymbol{B}$.

第三章　线性方程组

本章将讨论 n 维向量组的线性相关性、向量组的极大无关组及向量组秩的概念，并运用向量和矩阵的知识，对线性方程组的一般情形——有 n 个未知数、m 个方程的线性方程组，解决以下三个问题：如何判定线性方程组是否有解？在有解的情况下，解是否唯一？在解不唯一时，解的结构如何？

第一节　向量与向量组的线性相关性

为了对线性方程组的内在联系和解的结构等问题作出进一步讨论，引进 n 维向量及与之有关的概念，这些概念也是学习线性代数其他有关内容的重要工具.

一、n 维向量的概念

定义 1　由 n 个数组成的一个 n 元有序数组

$$\boldsymbol{\alpha}=\begin{pmatrix}a_1\\a_2\\\vdots\\a_n\end{pmatrix}$$

称为 n 维列向量，其中 $a_i(i=1, 2, \cdots, n)$ 称为 $\boldsymbol{\alpha}$ 的第 i 个分量.

列向量一般用黑体小写希腊字母 $\boldsymbol{\alpha}$，$\boldsymbol{\beta}$，$\boldsymbol{\gamma}$，…等表示. 分量均为零的列向量，称为零向量，记作 $\boldsymbol{O}$，即

$$\boldsymbol{O}=\begin{pmatrix}0\\0\\\vdots\\0\end{pmatrix}.$$

向量有时也可用下面的行向量形式给出

$$\boldsymbol{\alpha}^{\mathrm{T}}=(a_1, a_2, \cdots, a_n).$$

一个行向量与一个行矩阵对应，一个列向量与一个列矩阵对应. 因此向量可以看作行或列矩阵，并且我们可以根据矩阵相等及运算来类似定义向量的相等和运算，所以矩阵的运算规律同样适合向量. 本书中所讨论的向量在没有指明的情况下，都视为列向量.

例 1　设 $\boldsymbol{\alpha}=(1, 0, 2)^{\mathrm{T}}$，$\boldsymbol{\beta}=(2, 1, 1)^{\mathrm{T}}$，则 $\boldsymbol{\alpha}+\boldsymbol{\beta}=(1+2, 0+1, 2+1)^{\mathrm{T}}=(3, 1, 3)^{\mathrm{T}}$；

$2\boldsymbol{\alpha}=2(1, 0, 2)^{\mathrm{T}}=(2\times1, 2\times0, 2\times2)^{\mathrm{T}}=(2, 0, 4)^{\mathrm{T}}$；

$2\boldsymbol{\alpha}-\boldsymbol{\beta}=(2, 0, 4)^{\mathrm{T}}-(2, 1, 1)^{\mathrm{T}}=(2-2, 0-1, 4-1)^{\mathrm{T}}=(0, -1, 3)^{\mathrm{T}}$.

例 2　将线性方程组

$$
\begin{cases}
a_{11}x_1+a_{12}x_2+\cdots+a_{1n}x_n=b_1, \\
a_{21}x_1+a_{22}x_2+\cdots+a_{2n}x_n=b_2, \\
\qquad\vdots \\
a_{m1}x_1+a_{m2}x_2+\cdots+a_{mn}x_n=b_m
\end{cases}
\tag{3.1}
$$

写成向量的形式.

解　令

$$
\boldsymbol{\alpha}_1=\begin{pmatrix}a_{11}\\a_{21}\\\vdots\\a_{m1}\end{pmatrix},\ \boldsymbol{\alpha}_2=\begin{pmatrix}a_{12}\\a_{22}\\\vdots\\a_{m2}\end{pmatrix},\ \cdots,\ \boldsymbol{\alpha}_n=\begin{pmatrix}a_{1n}\\a_{2n}\\\vdots\\a_{mn}\end{pmatrix},\ \boldsymbol{\beta}=\begin{pmatrix}b_1\\b_2\\\vdots\\b_m\end{pmatrix},
$$

则线性方程组的向量形式为

$$
\begin{pmatrix}a_{11}\\a_{21}\\\vdots\\a_{m1}\end{pmatrix}x_1+\begin{pmatrix}a_{12}\\a_{22}\\\vdots\\a_{m2}\end{pmatrix}x_2+\cdots+\begin{pmatrix}a_{1n}\\a_{2n}\\\vdots\\a_{mn}\end{pmatrix}x_n=\begin{pmatrix}b_1\\b_2\\\vdots\\b_m\end{pmatrix}.
$$

即

$$
\boldsymbol{\alpha}_1x_1+\boldsymbol{\alpha}_2x_2+\cdots+\boldsymbol{\alpha}_nx_n=\boldsymbol{\beta}.
$$

二、向量组的线性相关性

向量之间除了运算关系外还存在着其他关系，其中最主要的是向量组的线性相关与线性无关. 为了给出这两个概念，先介绍线性组合与线性表示.

1. 线性组合与线性表示

定义 2　设有 n 维向量 $\boldsymbol{\beta}$ 和向量组 $\boldsymbol{\alpha}_1$，$\boldsymbol{\alpha}_2$，…，$\boldsymbol{\alpha}_m$，如果存在一组数 k_1，k_2，…，k_m，使

$$
\boldsymbol{\beta}=k_1\boldsymbol{\alpha}_1+k_2\boldsymbol{\alpha}_2+\cdots+k_m\boldsymbol{\alpha}_m,
$$

则称 $\boldsymbol{\beta}$ 是 $\boldsymbol{\alpha}_1$，$\boldsymbol{\alpha}_2$，…，$\boldsymbol{\alpha}_m$ 的线性组合或称 $\boldsymbol{\beta}$ 可由向量组 $\boldsymbol{\alpha}_1$，$\boldsymbol{\alpha}_2$，…，$\boldsymbol{\alpha}_m$ 线性表示，其中 k_1，k_2，…，k_m 称为这个线性组合的系数.

例 3　设向量 $\boldsymbol{\alpha}_1=(1,\ -1,\ 1,\ 0)^{\mathrm{T}}$，$\boldsymbol{\alpha}_2=(2,\ 1,\ -1,\ 0)^{\mathrm{T}}$，$\boldsymbol{\beta}=(4,\ -1,\ 1,\ 0)^{\mathrm{T}}$，因为

$$
\boldsymbol{\beta}=2\boldsymbol{\alpha}_1+\boldsymbol{\alpha}_2,
$$

所以向量 $\boldsymbol{\beta}$ 是向量组 $\boldsymbol{\alpha}_1$，$\boldsymbol{\alpha}_2$ 的线性组合. $\boldsymbol{\beta}$ 可由 $\boldsymbol{\alpha}_1$，$\boldsymbol{\alpha}_2$ 线性表示.

例 4　二维向量组 $\boldsymbol{e}_1=\begin{pmatrix}1\\0\end{pmatrix}$，$\boldsymbol{e}_2=\begin{pmatrix}0\\1\end{pmatrix}$称为二维基本（单位）向量组. 任意一个二维向量 $\boldsymbol{\alpha}=\begin{pmatrix}a_1\\a_2\end{pmatrix}$都可由 $\boldsymbol{e}_1$，$\boldsymbol{e}_2$ 线性表示，即

$$
\boldsymbol{\alpha}=a_1\boldsymbol{e}_1+a_2\boldsymbol{e}_2.
$$

例 5　设零向量 $\boldsymbol{O}=(0,\ 0,\ 0)^{\mathrm{T}}$ 及 $\boldsymbol{\alpha}_1=(2,\ -1,\ 1)^{\mathrm{T}}$，$\boldsymbol{\alpha}_2=(1,\ -5,\ -3)^{\mathrm{T}}$. 因为

$$\boldsymbol{O}=0\cdot\boldsymbol{\alpha}_1+0\cdot\boldsymbol{\alpha}_2,$$

所以零向量 $\boldsymbol{O}$ 是向量组 $\boldsymbol{\alpha}_1$，$\boldsymbol{\alpha}_2$ 的线性组合.

实际上，零向量是任意一组向量 $\boldsymbol{\alpha}_1$，$\boldsymbol{\alpha}_2$，…，$\boldsymbol{\alpha}_m$ 的线性组合，或者说零向量可由任一向量组 $\boldsymbol{\alpha}_1$，$\boldsymbol{\alpha}_2$，…，$\boldsymbol{\alpha}_m$ 线性表示.

例 6　设有 $\boldsymbol{\beta}=(1,\ -5,\ 2)^{\mathrm{T}}$，$\boldsymbol{\alpha}_1=(1,\ -1,\ 2)^{\mathrm{T}}$，$\boldsymbol{\alpha}_2=(1,\ 1,\ 1)^{\mathrm{T}}$，$\boldsymbol{\alpha}_3=(0,\ 2,\ 1)^{\mathrm{T}}$，问 $\boldsymbol{\beta}$ 能否表示成 $\boldsymbol{\alpha}_1$，$\boldsymbol{\alpha}_2$，$\boldsymbol{\alpha}_3$ 的线性组合？若能，写出具体表示式.

解　设 $\boldsymbol{\beta}=k_1\boldsymbol{\alpha}_1+k_2\boldsymbol{\alpha}_2+k_3\boldsymbol{\alpha}_3$，其中 k_1，k_2，k_3 为系数.

则
$$\begin{pmatrix}1\\-5\\2\end{pmatrix}=k_1\begin{pmatrix}1\\-1\\2\end{pmatrix}+k_2\begin{pmatrix}1\\1\\1\end{pmatrix}+k_3\begin{pmatrix}0\\2\\1\end{pmatrix}=\begin{pmatrix}k_1\\-k_1\\2k_1\end{pmatrix}+\begin{pmatrix}k_2\\k_2\\k_2\end{pmatrix}+\begin{pmatrix}0\\2k_3\\k_3\end{pmatrix}=\begin{pmatrix}k_1+k_2\\-k_1+k_2+2k_3\\2k_1+k_2+k_3\end{pmatrix}.$$

由向量相等定义，可得方程组

$$\begin{cases}k_1+k_2=1,\\-k_1+k_2+2k_3=-5,\\2k_1+k_2+k_3=2.\end{cases}$$

由克莱姆法则得该线性方程组的解

$$\begin{cases}k_1=2,\\k_2=-1,\\k_3=-1,\end{cases}$$

所以
$$\boldsymbol{\beta}=2\boldsymbol{\alpha}_1-\boldsymbol{\alpha}_2-\boldsymbol{\alpha}_3.$$

即 $\boldsymbol{\beta}$ 能表示成 $\boldsymbol{\alpha}_1$，$\boldsymbol{\alpha}_2$，$\boldsymbol{\alpha}_3$ 的线性组合.

从例 6 可以看出，线性表示的问题可以归结为求解一个线性方程组的问题. 反之，判断一个线性方程组是否有解的问题也可以归结为向量的线性组合问题.

如例 2，方程组改写成向量的形式

$$\boldsymbol{\alpha}_1x_1+\boldsymbol{\alpha}_2x_2+\cdots+\boldsymbol{\alpha}_nx_n=\boldsymbol{\beta}$$

线性方程组是否有解，等价于向量 $\boldsymbol{\beta}$ 能否表示为 $\boldsymbol{\alpha}_1$，$\boldsymbol{\alpha}_2$，…，$\boldsymbol{\alpha}_n$ 的线性组合. 反之，若 $\boldsymbol{\beta}$ 能用 $\boldsymbol{\alpha}_1$，$\boldsymbol{\alpha}_2$，…，$\boldsymbol{\alpha}_n$ 唯一地表示出来，则方程组有唯一解（见例 6）；若 $\boldsymbol{\beta}$ 能由 $\boldsymbol{\alpha}_1$，$\boldsymbol{\alpha}_2$，…，$\boldsymbol{\alpha}_n$ 用多种形式表示，则方程组有多组解.

但需要注意的是，并非每一个向量都可以表示为某几个向量的线性组合. 比如向量 $(-1,\ 2)^{\mathrm{T}}$ 就不能用向量 $(-3,\ 0)^{\mathrm{T}}$ 及 $(1,\ 0)^{\mathrm{T}}$ 的线性组合来表示. 因为对于任意的一组数 k_1，k_2，有

$$k_1\begin{pmatrix}-3\\0\end{pmatrix}+k_2\begin{pmatrix}1\\0\end{pmatrix}=\begin{pmatrix}-3k_1+k_2\\0\end{pmatrix}\neq\begin{pmatrix}-1\\2\end{pmatrix}.$$

2. 线性相关与线性无关

定义 3　设有 n 维向量组 $\boldsymbol{\alpha}_1$，$\boldsymbol{\alpha}_2$，…，$\boldsymbol{\alpha}_m$，如果存在一组不全为零的数 k_1，k_2，…，k_m 使得

$$k_1\boldsymbol{\alpha}_1+k_2\boldsymbol{\alpha}_2+\cdots+k_m\boldsymbol{\alpha}_m=\boldsymbol{O},$$

则称向量组 $\boldsymbol{\alpha}_1$，$\boldsymbol{\alpha}_2$，…，$\boldsymbol{\alpha}_m$ 线性相关.

如果仅当 k_1，k_2，…，k_m 全为零时，上式才成立，则称向量组 $\boldsymbol{\alpha}_1$，$\boldsymbol{\alpha}_2$，…，$\boldsymbol{\alpha}_m$ 线性无关.

由定义 3 可知，一个向量组不是线性相关就是线性无关，两者必居其一. 通常我们把向量组线性相关或线性无关的属性称为向量组的线性相关性.

例 7 判断向量组 $\boldsymbol{\alpha}_1=(1,\ 1,\ 1)^{\mathrm{T}}$，$\boldsymbol{\alpha}_2=(2,\ 0,\ 4)^{\mathrm{T}}$，$\boldsymbol{\alpha}_3=(3,\ 1,\ 5)^{\mathrm{T}}$ 的线性相关性.

解 设有数 k_1，k_2，k_3，使得

$$k_1\boldsymbol{\alpha}_1+k_2\boldsymbol{\alpha}_2+k_3\boldsymbol{\alpha}_3=\boldsymbol{O},$$

即

$$k_1\begin{pmatrix}1\\1\\1\end{pmatrix}+k_2\begin{pmatrix}2\\0\\4\end{pmatrix}+k_3\begin{pmatrix}3\\1\\5\end{pmatrix}=\begin{pmatrix}0\\0\\0\end{pmatrix}.$$

得方程组

$$\begin{cases}k_1+2k_2+3k_3=0\\k_1\qquad\ \ +\ k_3=0,\\k_1+4k_2+5k_3=0\end{cases}$$

由于方程组的系数行列式 $D=\begin{vmatrix}1&2&3\\1&0&1\\1&4&5\end{vmatrix}=0$，方程组有非零解，即 k_1，k_2，k_3 不全为零，故向量组 $\boldsymbol{\alpha}_1$，$\boldsymbol{\alpha}_2$，$\boldsymbol{\alpha}_3$ 线性相关.

形如

$$\begin{cases}\boldsymbol{e}_1=(1,\ 0,\ 0,\ \cdots,\ 0)^{\mathrm{T}},\\\boldsymbol{e}_2=(0,\ 1,\ 0,\ \cdots,\ 0)^{\mathrm{T}},\\\qquad\qquad\vdots\\\boldsymbol{e}_n=(0,\ 0,\ 0,\ \cdots,\ 1)^{\mathrm{T}}\end{cases}$$

的向量组称为 n 维基本向量组.

例 8 试证明 n 维基本向量组线性无关.

证 设有一组数 k_1，k_2，…，k_n，使得

$$k_1\boldsymbol{e}_1+k_2\boldsymbol{e}_2+\cdots+k_n\boldsymbol{e}_n=\boldsymbol{O}.$$

得方程组

$$\begin{cases}k_1+0k_2+\cdots+0k_n=0,\\0k_1+\ k_2+\cdots+0k_n=0,\\\qquad\qquad\vdots\\0k_1+0k_2+\cdots+\ k_n=0.\end{cases}$$

由于方程组的系数行列式 $D=\begin{vmatrix}1&0&\cdots&0\\0&1&\cdots&0\\\vdots&\vdots&&\vdots\\0&0&\cdots&1\end{vmatrix}=1\neq0$，方程组只有零解，即 $k_1=k_2=\cdots=k_n=0$，所以 $\boldsymbol{e}_1$，$\boldsymbol{e}_2$，…，$\boldsymbol{e}_n$ 线性无关.

不难看出，任意一个 n 维向量 $\boldsymbol{\alpha}=(a_1,\ a_2,\ \cdots,\ a_n)$，都可以用 $\boldsymbol{e}_1$，$\boldsymbol{e}_2$，…，$\boldsymbol{e}_n$ 线性表

示为

$$\boldsymbol{\alpha}=a_1\boldsymbol{e}_1+a_2\boldsymbol{e}_2+\cdots+a_n\boldsymbol{e}_n.$$

如果向量组所含向量个数与向量维数不等，就不能用行列式来判断，而用消元法求解对应的方程组也是比较烦琐的. 在下一节中，我们将给出用矩阵初等变换判断向量组的线性相关性的方法，计算起来简单很多.

设齐次线性方程组

$$\begin{cases}a_{11}x_1+a_{12}x_2+\cdots+a_{1n}x_n=0,\\ a_{21}x_1+a_{22}x_2+\cdots+a_{2n}x_n=0,\\ \qquad\vdots\\ a_{m1}x_1+a_{m2}x_2+\cdots+a_{mn}x_n=0.\end{cases}\tag{3.2}$$

写成向量方程的形式为

$$x_1\boldsymbol{\alpha}_1+x_2\boldsymbol{\alpha}_2+\cdots+x_n\boldsymbol{\alpha}_n=\boldsymbol{O},$$

其中 $\boldsymbol{\alpha}_j=\begin{pmatrix}a_{1j}\\a_{2j}\\\vdots\\a_{mj}\end{pmatrix}$ $(j=1,2,\cdots,n)$，$\boldsymbol{O}=\begin{pmatrix}0\\0\\\vdots\\0\end{pmatrix}$都是 m 维列向量.

由向量线性相关的定义可知：齐次线性方程组有非零解的充分必要条件是 m 维列向量 $\boldsymbol{\alpha}_1,\boldsymbol{\alpha}_2,\cdots,\boldsymbol{\alpha}_n$ 线性相关.

下面给出一些有关向量组线性相关的定理及性质.

定理 向量组 $\boldsymbol{\alpha}_1,\boldsymbol{\alpha}_2,\cdots,\boldsymbol{\alpha}_m$ 线性相关的充要条件是其中至少有一个向量可由其余向量线性表示.

证 必要性 因为 $\boldsymbol{\alpha}_1,\boldsymbol{\alpha}_2,\cdots,\boldsymbol{\alpha}_m$ 线性相关，故存在不全为零的数 $k_1,k_2,\cdots,k_m$，使得

$$k_1\boldsymbol{\alpha}_1+k_2\boldsymbol{\alpha}_2+\cdots+k_m\boldsymbol{\alpha}_m=\boldsymbol{O}.$$

不妨设 $k_i\neq0$ $(1\leqslant i\leqslant m)$，则有

$$\boldsymbol{\alpha}_i=-\frac{k_1}{k_i}\boldsymbol{\alpha}_1-\cdots-\frac{k_{i-1}}{k_i}\boldsymbol{\alpha}_{i-1}-\frac{k_{i+1}}{k_i}\boldsymbol{\alpha}_{i+1}-\cdots-\frac{k_m}{k_i}\boldsymbol{\alpha}_m,$$

即向量 $\boldsymbol{\alpha}_i$ 可由 $\boldsymbol{\alpha}_1,\cdots,\boldsymbol{\alpha}_{i-1},\boldsymbol{\alpha}_{i+1},\cdots,\boldsymbol{\alpha}_m$ 线性表示.

充分性 设 $\boldsymbol{\alpha}_j$ 可被其余向量线性表示：

$$\boldsymbol{\alpha}_j=l_1\boldsymbol{\alpha}_1+\cdots+l_{j-1}\boldsymbol{\alpha}_{j-1}+l_{j+1}\boldsymbol{\alpha}_{j+1}+\cdots+l_m\boldsymbol{\alpha}_m,$$

即有

$$l_1\boldsymbol{\alpha}_1+\cdots+l_{j-1}\boldsymbol{\alpha}_{j-1}-\boldsymbol{\alpha}_j+l_{j+1}\boldsymbol{\alpha}_{j+1}+\cdots+l_m\boldsymbol{\alpha}_m=\boldsymbol{O}.$$

由于 $l_j=-1\neq0$，因此这组数 $l_1,\cdots,l_{j-1},-1,l_{j+1},\cdots,l_m$ 不全为零，故 $\boldsymbol{\alpha}_1,\boldsymbol{\alpha}_2,\cdots,\boldsymbol{\alpha}_m$ 线性相关.

性质 1 如果一个向量组的一部分向量线性相关，则这个向量组线性相关（部分相关则整体相关）.

证 不妨设向量组 $\boldsymbol{\alpha}_1,\boldsymbol{\alpha}_2,\cdots,\boldsymbol{\alpha}_m$ 中的部分向量 $\boldsymbol{\alpha}_1,\boldsymbol{\alpha}_2,\cdots,\boldsymbol{\alpha}_s(s<m)$ 线性相关，则存在不全为零的数 $k_1,k_2,\cdots,k_s$，使得

$$k_1\boldsymbol{\alpha}_1+k_2\boldsymbol{\alpha}_2+\cdots+k_s\boldsymbol{\alpha}_s=\boldsymbol{O},$$

从而有

$$k_1\boldsymbol{\alpha}_1+k_2\boldsymbol{\alpha}_2+\cdots+k_s\boldsymbol{\alpha}_s+0\boldsymbol{\alpha}_{s+1}+\cdots+0\boldsymbol{\alpha}_m=\boldsymbol{O},$$

其中 k_1，k_2，…，k_s，0，…，0 不全为零，所以整个向量组 $\boldsymbol{\alpha}_1$，$\boldsymbol{\alpha}_2$，…，$\boldsymbol{\alpha}_m$ 线性相关.

由性质 1 可得下面性质 2.

性质 2 如果一个向量组线性无关，那么它的任何一部分向量也线性无关（整体无关则部分无关）.

习题一

1. 已知向量 $\boldsymbol{\alpha}=(-1,\ 0,\ 2,\ 4)^{\mathrm{T}}$，$\boldsymbol{\beta}=(2,\ 1,\ -1,\ 0)^{\mathrm{T}}$，求 $2\boldsymbol{\alpha}$，$-\boldsymbol{\beta}$，$\boldsymbol{\alpha}-\boldsymbol{\beta}$，$2\boldsymbol{\alpha}+3\boldsymbol{\beta}$.

2. 设 $\boldsymbol{\alpha}=(1,\ 2,\ 3,\ -1)^{\mathrm{T}}$，$\boldsymbol{\beta}=(-3,\ 1,\ 5,\ 7)^{\mathrm{T}}$，求向量 $\boldsymbol{\gamma}$，使得 $2\boldsymbol{\alpha}+\boldsymbol{\gamma}=\boldsymbol{\beta}$.

3. 已知 $\boldsymbol{\alpha}_1=(1,\ 2,\ -1,\ 0)^{\mathrm{T}}$，$\boldsymbol{\alpha}_2=(3,\ 1,\ 0,\ -4)^{\mathrm{T}}$，$\boldsymbol{\alpha}_3=(0,\ 1,\ 0,\ -1)^{\mathrm{T}}$.

(1) 求 $2\boldsymbol{\alpha}_1+3\boldsymbol{\alpha}_2+\boldsymbol{\alpha}_3$；

(2) 若 $2(\boldsymbol{\alpha}_1+\boldsymbol{\beta})-3(\boldsymbol{\alpha}_2-\boldsymbol{\beta})=4(\boldsymbol{\alpha}_3+\boldsymbol{\beta})$，求 $\boldsymbol{\beta}$.

4. 判断向量 $\boldsymbol{\beta}$ 能否由其余向量线性表示，若能，写出线性表示式.

(1) $\boldsymbol{\beta}=(-1,\ 7)^{\mathrm{T}}$，$\boldsymbol{\alpha}_1=(1,\ -1)^{\mathrm{T}}$，$\boldsymbol{\alpha}_2=(2,\ 4)^{\mathrm{T}}$；

(2) $\boldsymbol{\beta}=(1,\ 2,\ 0)^{\mathrm{T}}$，$\boldsymbol{\alpha}_1=(2,\ -11,\ 0)^{\mathrm{T}}$，$\boldsymbol{\alpha}_2=(1,\ 0,\ 2)^{\mathrm{T}}$；

(3) $\boldsymbol{\beta}=(3,\ -2,\ 1,\ 4)^{\mathrm{T}}$，$\boldsymbol{e}_1=(1,\ 0,\ 0,\ 0)^{\mathrm{T}}$，$\boldsymbol{e}_2=(0,\ 1,\ 0,\ 0)^{\mathrm{T}}$，
$\boldsymbol{e}_3=(0,\ 0,\ 1,\ 0)^{\mathrm{T}}$，$\boldsymbol{e}_4=(0,\ 0,\ 0,\ 1)^{\mathrm{T}}$.

5. 判断下列向量组的线性相关性.

(1) $\boldsymbol{\alpha}_1=(1,\ 1,\ 1)^{\mathrm{T}}$，$\boldsymbol{\alpha}_2=(0,\ 1,\ 2)^{\mathrm{T}}$；

(2) $\boldsymbol{\alpha}_1=(-1,\ 0)^{\mathrm{T}}$，$\boldsymbol{\alpha}_2=(1,\ 1)^{\mathrm{T}}$，$\boldsymbol{\alpha}_3=(0,\ 1)^{\mathrm{T}}$；

(3) $\boldsymbol{\alpha}_1=(2,\ 1,\ 0)^{\mathrm{T}}$，$\boldsymbol{\alpha}_2=(1,\ 2,\ 1)^{\mathrm{T}}$，$\boldsymbol{\alpha}_3=(0,\ 1,\ 2)^{\mathrm{T}}$.

6. 当 t 为何值时，$\boldsymbol{\alpha}_1=(t,\ -1,\ -1)^{\mathrm{T}}$，$\boldsymbol{\alpha}_2=(-1,\ t,\ -1)^{\mathrm{T}}$，$\boldsymbol{\alpha}_3=(-1,\ -1,\ t)^{\mathrm{T}}$ 线性相关.

7. 设 $\boldsymbol{\beta}_1=\boldsymbol{\alpha}_1+\boldsymbol{\alpha}_2$，$\boldsymbol{\beta}_2=\boldsymbol{\alpha}_2+\boldsymbol{\alpha}_3$，$\boldsymbol{\beta}_3=\boldsymbol{\alpha}_3+\boldsymbol{\alpha}_4$，$\boldsymbol{\beta}_4=\boldsymbol{\alpha}_4+\boldsymbol{\alpha}_1$，试证明向量组 $\boldsymbol{\beta}_1$，$\boldsymbol{\beta}_2$，$\boldsymbol{\beta}_3$，$\boldsymbol{\beta}_4$ 线性相关.

8. 证明：一个向量 $\boldsymbol{\alpha}$ 线性相关的充要条件是 $\boldsymbol{\alpha}=\boldsymbol{O}$，即 $\boldsymbol{\alpha}$ 是一个零向量.

9. 试证明向量组 $\boldsymbol{O}$，$\boldsymbol{\alpha}_1$，$\boldsymbol{\alpha}_2$，$\boldsymbol{\alpha}_3$（这些向量同维数）是线性相关的.

10. 证明：若一组向量中有两个向量相同，则这组向量必线性相关.

第二节　向量组的秩

m 个 n 维向量形成的向量组的线性相关性是对全体 m 个向量而言的. 但是，其中最多有多少个向量是线性无关的呢？如何抽出尽可能少的向量去代表全组呢？这就是本节要讨论的问题.

定义 1 若向量组 $\boldsymbol{\alpha}_1$，$\boldsymbol{\alpha}_2$，…，$\boldsymbol{\alpha}_m$ 中的部分向量组 $\boldsymbol{\alpha}_1$，$\boldsymbol{\alpha}_2$，…，$\boldsymbol{\alpha}_r$（$r<m$）满足：

(1) $\boldsymbol{\alpha}_1$，$\boldsymbol{\alpha}_2$，…，$\boldsymbol{\alpha}_r$ 线性无关；

(2) 向量组 $\boldsymbol{\alpha}_1$，$\boldsymbol{\alpha}_2$，…，$\boldsymbol{\alpha}_m$ 中的任意一个向量都可由 $\boldsymbol{\alpha}_1$，$\boldsymbol{\alpha}_2$，…，$\boldsymbol{\alpha}_r$ 线性表示，则称部分向量组 $\boldsymbol{\alpha}_1$，$\boldsymbol{\alpha}_2$，…，$\boldsymbol{\alpha}_r$ 为向量组 $\boldsymbol{\alpha}_1$，$\boldsymbol{\alpha}_2$，…，$\boldsymbol{\alpha}_m$ 的一个极大线性无关组，简称极大无关组.

例 1　设向量组 $\boldsymbol{\alpha}_1=(1,\ -1,\ 0)^{\mathrm{T}}$，$\boldsymbol{\alpha}_2=(-3,\ 2,\ 0)^{\mathrm{T}}$，$\boldsymbol{\alpha}_3=(3,\ -2,\ 0)^{\mathrm{T}}$，可以验证向量组 $\boldsymbol{\alpha}_1$，$\boldsymbol{\alpha}_2$，$\boldsymbol{\alpha}_3$ 线性相关，但其中部分向量组 $\boldsymbol{\alpha}_1$，$\boldsymbol{\alpha}_2$ 线性无关，而且 $\boldsymbol{\alpha}_1$，$\boldsymbol{\alpha}_2$，$\boldsymbol{\alpha}_3$ 都可以由 $\boldsymbol{\alpha}_1$，$\boldsymbol{\alpha}_2$ 线性表示，即

$$\boldsymbol{\alpha}_1=1\cdot\boldsymbol{\alpha}_1+0\cdot\boldsymbol{\alpha}_2,\ \boldsymbol{\alpha}_2=0\cdot\boldsymbol{\alpha}_1+1\cdot\boldsymbol{\alpha}_2,\ \boldsymbol{\alpha}_3=0\cdot\boldsymbol{\alpha}_1+(-1)\cdot\boldsymbol{\alpha}_2,$$

所以 $\boldsymbol{\alpha}_1$，$\boldsymbol{\alpha}_2$ 是 $\boldsymbol{\alpha}_1$，$\boldsymbol{\alpha}_2$，$\boldsymbol{\alpha}_3$ 的一个极大无关组.

同样可以验证部分向量组 $\boldsymbol{\alpha}_1$，$\boldsymbol{\alpha}_3$ 也是 $\boldsymbol{\alpha}_1$，$\boldsymbol{\alpha}_2$，$\boldsymbol{\alpha}_3$ 的一个极大无关组.

特别地，若向量组本身线性无关，则该向量组就是极大无关组，例如，n 维基本向量组 $\boldsymbol{e}_1$，$\boldsymbol{e}_2$，…，$\boldsymbol{e}_n$ 是极大无关组.

一般地，向量组的极大无关组可能不止一个，那么，这些极大无关组所含向量的个数是否相等呢？下面定理 1 回答了该问题.

定理 1　向量组中如果有多个极大无关组，那么它们所含向量的个数一定相等.

定理 1 表述了向量组的一个重要的内在性质. 因此，引入下述概念.

定义 2　向量组 $\boldsymbol{\alpha}_1$，$\boldsymbol{\alpha}_2$，…，$\boldsymbol{\alpha}_m$ 的极大无关组所含向量的个数称为向量组的秩，记作 $r(\boldsymbol{\alpha}_1,\ \boldsymbol{\alpha}_2,\ \cdots,\ \boldsymbol{\alpha}_m)$.

若一个向量组中只含零向量，则规定它的秩为零.

给出一个向量组，如果用定义来求它的极大无关组及秩是比较烦琐的. 为了找到更简单可行的方法，将向量组的秩与矩阵的秩联系起来，给出下面定义及定理.

设矩阵

$$\boldsymbol{A}=\begin{pmatrix} a_{11} & a_{12} & \cdots & a_{1n} \\ a_{21} & a_{22} & \cdots & a_{2n} \\ \vdots & \vdots & & \vdots \\ a_{m1} & a_{m2} & \cdots & a_{mn} \end{pmatrix},$$

$\boldsymbol{A}$ 的每一行为一个 n 维行向量，故它有 m 个行向量

$$\begin{gathered}\boldsymbol{\alpha}_1^{\mathrm{T}}=(a_{11},\ a_{12},\ \cdots,\ a_{1n}),\\ \boldsymbol{\alpha}_2^{\mathrm{T}}=(a_{21},\ a_{22},\ \cdots,\ a_{2n}),\\ \vdots\\ \boldsymbol{\alpha}_m^{\mathrm{T}}=(a_{m1},\ a_{m2},\ \cdots,\ a_{mn})\end{gathered}$$

称为 $\boldsymbol{A}$ 的行向量组.

同样，矩阵 $\boldsymbol{A}$ 的每一列是一个 m 维列向量，故它有 n 个列向量.

$$\boldsymbol{\beta}_1=\begin{pmatrix} a_{11} \\ a_{21} \\ \vdots \\ a_{m1} \end{pmatrix},\ \boldsymbol{\beta}_2=\begin{pmatrix} a_{12} \\ a_{22} \\ \vdots \\ a_{m2} \end{pmatrix},\ \cdots,\ \boldsymbol{\beta}_n=\begin{pmatrix} a_{1n} \\ a_{2n} \\ \vdots \\ a_{mn} \end{pmatrix}$$

称为 $\boldsymbol{A}$ 的列向量组.

定义 3　矩阵 $\boldsymbol{A}$ 的行向量组的秩称为 $\boldsymbol{A}$ 的行秩；$\boldsymbol{A}$ 的列向量组的秩称为 $\boldsymbol{A}$ 的列秩.

例如，矩阵

$$\boldsymbol{A}=\begin{pmatrix} 1 & -1 & 0 \\ -3 & 2 & 0 \\ 3 & -2 & 0 \end{pmatrix}$$

的行向量组

$$\boldsymbol{\alpha}_1^{\mathrm{T}}=(1,\ -1,\ 0),$$
$$\boldsymbol{\alpha}_2^{\mathrm{T}}=(-3,\ 2,\ 0),$$
$$\boldsymbol{\alpha}_3^{\mathrm{T}}=(3,\ -2,\ 0),$$

即 $\boldsymbol{\alpha}_3^{\mathrm{T}}=0\cdot\boldsymbol{\alpha}_1^{\mathrm{T}}+(-1)\cdot\boldsymbol{\alpha}_2^{\mathrm{T}}$，故行向量组 $\boldsymbol{\alpha}_1^{\mathrm{T}}$，$\boldsymbol{\alpha}_2^{\mathrm{T}}$，$\boldsymbol{\alpha}_3^{\mathrm{T}}$ 线性相关. 但是 $\boldsymbol{\alpha}_1^{\mathrm{T}}$，$\boldsymbol{\alpha}_2^{\mathrm{T}}$ 线性无关，故 $\boldsymbol{\alpha}_1^{\mathrm{T}}$，$\boldsymbol{\alpha}_2^{\mathrm{T}}$ 为极大无关组. 于是行向量组的秩为 2，所以 $\boldsymbol{A}$ 的行秩为 2.

又 $\boldsymbol{A}$ 的列向量组

$$\boldsymbol{\beta}_1=\begin{pmatrix}1\\-3\\3\end{pmatrix},\qquad \boldsymbol{\beta}_2=\begin{pmatrix}-1\\2\\-2\end{pmatrix},\qquad \boldsymbol{\beta}_3=\begin{pmatrix}0\\0\\0\end{pmatrix},$$

也容易看出，列向量组的秩为 2，故 $\boldsymbol{A}$ 的列秩为 2.

可以证明：矩阵 $\boldsymbol{A}$ 的行秩、列秩和矩阵的秩是相等的.

定理 2 矩阵 $\boldsymbol{A}$ 的秩和矩阵 $\boldsymbol{A}$ 的行秩、列秩均相等.

例 2 对于构成阶梯形矩阵

$$\boldsymbol{A}=\begin{pmatrix}1&4&1&0&2\\0&5&-1&2&0\\0&0&0&3&-2\end{pmatrix}$$

的五个列向量，由定理 2 可知，其秩为 3. 又因为 $\boldsymbol{A}$ 的首非零元所在的第一、二、四列的列向量是线性无关的，而再加上一个列向量就线性相关，所以这五个列向量构成的向量组的极大无关组由首非零元所在列的列向量组成.

当矩阵不是阶梯形矩阵时，可以通过初等行变换将其化为阶梯形矩阵，由定理 2 和下面定理 3 即可求出其列向量组的秩和极大无关组.

定理 3 列向量组通过初等行变换不改变线性相关性.

总之，求一向量组的秩和极大无关组，可以将这些向量作为矩阵的列构成一个矩阵，用初等行变换将其化为阶梯形矩阵，此阶梯形矩阵非零行的行数就是向量组的秩，首非零元所在列对应的原来向量组就是极大无关组.

例 3 设向量组

$$\boldsymbol{\alpha}_1=\begin{pmatrix}1\\-2\\0\\0\end{pmatrix},\ \boldsymbol{\alpha}_2=\begin{pmatrix}-1\\4\\2\\-1\end{pmatrix},\ \boldsymbol{\alpha}_3=\begin{pmatrix}0\\2\\2\\-2\end{pmatrix},\ \boldsymbol{\alpha}_4=\begin{pmatrix}-1\\6\\4\\-1\end{pmatrix},$$

求向量组的秩及其一个极大无关组.

解 作矩阵 $\boldsymbol{A}=(\boldsymbol{\alpha}_1,\ \boldsymbol{\alpha}_2,\ \boldsymbol{\alpha}_3,\ \boldsymbol{\alpha}_4)$，用初等行变换将 $\boldsymbol{A}$ 化成阶梯形矩阵，即

$$\boldsymbol{A}=\begin{pmatrix}1&-1&0&-1\\-2&4&2&6\\0&2&2&4\\0&-1&-2&-1\end{pmatrix}\to\begin{pmatrix}1&-1&0&-1\\0&2&2&4\\0&2&2&4\\0&-1&-2&-1\end{pmatrix}\to\begin{pmatrix}1&-1&0&-1\\0&1&1&2\\0&-1&-2&-1\\0&0&0&0\end{pmatrix}$$

$$\rightarrow\begin{pmatrix}1&-1&0&-1\\0&1&1&2\\0&0&-1&1\\0&0&0&0\end{pmatrix}.$$

所以，向量组的秩 $r=3$，且 $\boldsymbol{\alpha}_1$，$\boldsymbol{\alpha}_2$，$\boldsymbol{\alpha}_3$ 为向量组的一个极大无关组.

若要将其余向量用极大无关组线性表示出来，则继续对矩阵进行初等行变换，化为行最简阶梯形矩阵，线性表示式的系数就是该向量对应于行最简阶梯形矩阵中列向量的分量.

例 3 中，对已化成的阶梯形矩阵继续进行初等行变换：

$$\begin{pmatrix}1&-1&0&-1\\0&1&1&2\\0&0&-1&1\\0&0&0&0\end{pmatrix}\rightarrow\begin{pmatrix}1&-1&0&-1\\0&1&1&2\\0&0&1&-1\\0&0&0&0\end{pmatrix}\rightarrow\begin{pmatrix}1&-1&0&-1\\0&1&0&3\\0&0&1&-1\\0&0&0&0\end{pmatrix}\rightarrow\begin{pmatrix}1&0&0&2\\0&1&0&3\\0&0&1&-1\\0&0&0&0\end{pmatrix}.$$

因此，$\boldsymbol{\alpha}_4=2\boldsymbol{\alpha}_1+3\boldsymbol{\alpha}_2-\boldsymbol{\alpha}_3$.

例 4 求向量组 $\boldsymbol{\alpha}_1=\begin{pmatrix}2\\-6\\4\end{pmatrix}$，$\boldsymbol{\alpha}_2=\begin{pmatrix}-1\\2\\-3\end{pmatrix}$，$\boldsymbol{\alpha}_3=\begin{pmatrix}1\\0\\5\end{pmatrix}$，$\boldsymbol{\alpha}_4=\begin{pmatrix}1\\3\\8\end{pmatrix}$ 的秩及其一个极大无关组，并将其余向量用该极大无关组线性表示.

解 作矩阵 $\boldsymbol{A}=(\boldsymbol{\alpha}_1,\boldsymbol{\alpha}_2,\boldsymbol{\alpha}_3,\boldsymbol{\alpha}_4)$，用初等行变换将 $\boldsymbol{A}$ 化成行最简阶梯形矩阵，即

$$\boldsymbol{A}=\begin{pmatrix}2&-1&1&1\\-6&2&0&3\\4&-3&5&8\end{pmatrix}\rightarrow\begin{pmatrix}2&-1&1&1\\0&-1&3&6\\0&-1&3&6\end{pmatrix}\rightarrow\begin{pmatrix}2&-1&1&1\\0&-1&3&6\\0&0&0&0\end{pmatrix}\rightarrow\begin{pmatrix}2&-1&1&1\\0&1&-3&-6\\0&0&0&0\end{pmatrix}$$

$$\rightarrow\begin{pmatrix}2&0&-2&-5\\0&1&-3&-6\\0&0&0&0\end{pmatrix}\rightarrow\begin{pmatrix}1&0&-1&-\frac{5}{2}\\0&1&-3&-6\\0&0&0&0\end{pmatrix}.$$

所以，向量组的秩 $r=2$，且 $\boldsymbol{\alpha}_1$，$\boldsymbol{\alpha}_2$ 为向量组的一个极大无关组，并且

$$\boldsymbol{\alpha}_3=-\boldsymbol{\alpha}_1-3\boldsymbol{\alpha}_2,\ \boldsymbol{\alpha}_4=-\frac{5}{2}\boldsymbol{\alpha}_1-6\boldsymbol{\alpha}_2.$$

定理 4 向量组 $\boldsymbol{\alpha}_1$，$\boldsymbol{\alpha}_2$，…，$\boldsymbol{\alpha}_m$ 线性无关的充要条件是它的秩 r 等于它所含向量的个数 m.

例如，n 维基本向量组 $\boldsymbol{e}_1$，$\boldsymbol{e}_2$，…，$\boldsymbol{e}_n$ 的秩 $r=n$.

定理 4 还表明：如果向量组 $\boldsymbol{\alpha}_1$，$\boldsymbol{\alpha}_2$，…，$\boldsymbol{\alpha}_m$ 的秩小于它所含向量个数 m，则向量组 $\boldsymbol{\alpha}_1$，$\boldsymbol{\alpha}_2$，…，$\boldsymbol{\alpha}_m$ 线性相关.

例 5 判断向量组

$$\boldsymbol{\alpha}_1=(1,-1,-1,0,-2)^{\mathrm{T}},\ \boldsymbol{\alpha}_2=(-1,2,4,1,8)^{\mathrm{T}},$$
$$\boldsymbol{\alpha}_3=(1,0,2,1,4)^{\mathrm{T}},\ \boldsymbol{\alpha}_4=(-1,0,1,-1,2)^{\mathrm{T}}$$

是否线性相关.

解 作矩阵 $\boldsymbol{A}=(\boldsymbol{\alpha}_1,\boldsymbol{\alpha}_2,\boldsymbol{\alpha}_3,\boldsymbol{\alpha}_4)$，用初等行变换将 $\boldsymbol{A}$ 化成阶梯形矩阵，即

$$A=\begin{pmatrix}1&-1&1&-1\\-1&2&0&0\\-1&4&2&1\\0&1&1&-1\\-2&8&4&2\end{pmatrix}\to\begin{pmatrix}1&-1&1&-1\\0&1&1&-1\\0&3&3&0\\0&1&1&-1\\0&6&6&0\end{pmatrix}\to\begin{pmatrix}1&-1&1&-1\\0&1&1&-1\\0&0&0&3\\0&0&0&0\\0&0&0&0\end{pmatrix}.$$

向量组的秩 $r=3$，而 $n=4$，所以，此向量组线性相关.

推论 设 m 个 n 维向量，若 $m>n$，则这个向量组一定线性相关.

例 6 讨论向量组 $\boldsymbol{\alpha}_1=(0,\ -1,\ -2)^T$，$\boldsymbol{\alpha}_2=(1,\ 2,\ 3)^T$，$\boldsymbol{\alpha}_3=(-1,\ -3,\ 6)^T$，$\boldsymbol{\alpha}_4=(-3,\ 4,\ 0)^T$ 的线性相关性.

解 因为此向量组的向量个数多于向量的维数，由定理 4 的推论可知，该向量组线性相关.

习题二

1. 求下列向量组的秩和一个极大线性无关组，并将其余向量用极大无关组线性表示.

(1) $\boldsymbol{\alpha}_1=(1,\ 2,\ 0)^T$，$\boldsymbol{\alpha}_2=(0,\ -1,\ 0)^T$，$\boldsymbol{\alpha}_3=(0,\ 0,\ -3)^T$；

(2) $\boldsymbol{\alpha}_1=(1,\ 1,\ 1)^T$，$\boldsymbol{\alpha}_2=(1,\ 1,\ 0)^T$，$\boldsymbol{\alpha}_3=(1,\ 0,\ 0)^T$，$\boldsymbol{\alpha}_4=(1,\ 2,\ -3)^T$；

(3) $\boldsymbol{\alpha}_1=(1,\ 2,\ 1,\ 3)^T$，$\boldsymbol{\alpha}_2=(4,\ -1,\ -5,\ -6)^T$，$\boldsymbol{\alpha}_3=(1,\ -3,\ -4,\ -7)^T$，$\boldsymbol{\alpha}_4=(2,\ 1,\ -1,\ 0)^T$.

2. 判断下列向量组的线性相关性.

(1) $\boldsymbol{\alpha}_1=(2,\ 1,\ 0)^T$，$\boldsymbol{\alpha}_2=(1,\ 2,\ 1)^T$，$\boldsymbol{\alpha}_3=(0,\ 1,\ 2)^T$；

(2) $\boldsymbol{\alpha}_1=(1,\ 0,\ -1,\ 2)^T$，$\boldsymbol{\alpha}_2=(-1,\ -1,\ 2,\ -4)^T$，$\boldsymbol{\alpha}_3=(2,\ 3,\ -5,\ 10)^T$；

(3) $\boldsymbol{\alpha}_1=(2,\ 1,\ 1)^T$，$\boldsymbol{\alpha}_2=(1,\ 0,\ 4)^T$，$\boldsymbol{\alpha}_3=(5,\ 2,\ 6)^T$；

(4) $\boldsymbol{\alpha}_1=(2,\ 3,\ 0)^T$，$\boldsymbol{\alpha}_2=(-1,\ 4,\ 0)^T$，$\boldsymbol{\alpha}_3=(0,\ 0,\ 2)^T$.

3. 设向量组 $\boldsymbol{\alpha}_1=(1,\ 2,\ 0,\ 0)^T$，$\boldsymbol{\alpha}_2=(1,\ 2,\ 3,\ 4)^T$，$\boldsymbol{\alpha}_3=(3,\ 6,\ 0,\ 0)^T$，试

(1) 求线性组合 $2\boldsymbol{\alpha}_1-\boldsymbol{\alpha}_2+3\boldsymbol{\alpha}_3$；

(2) 判断其线性相关性；

(3) 求该向量组的秩；

(4) 求其一个极大线性无关组.

4. 求下列矩阵的列向量组的一个极大无关组.

(1) $\begin{pmatrix}1&1&2&2&1\\0&2&1&5&-1\\2&0&3&-1&3\\1&1&0&4&-1\end{pmatrix}$；　　(2) $\begin{pmatrix}1&0&2&-1\\2&1&3&1\\3&4&6&5\end{pmatrix}$.

第三节　线性方程组解的判定

本节主要讨论含有 n 个未知量、m 个方程的线性方程组

$$\begin{cases} a_{11}x_1+a_{12}x_2+\cdots+a_{1n}x_n=b_1, \\ a_{21}x_1+a_{22}x_2+\cdots+a_{2n}x_n=b_2, \\ \quad\vdots \\ a_{m1}x_1+a_{m2}x_2+\cdots+a_{mn}x_n=b_m \end{cases} \tag{3.3}$$

解的判定．我们要解决的问题是如何判断方程组（3.3）何时有解，何时无解，有解时解有多少．

显然，线性方程组（3.3）有没有解以及有怎样的解，完全取决于方程组的系数和常数项．因此，将线性方程组写成矩阵形式或向量形式，把矩阵或向量作为讨论线性方程组的工具，将带来极大的方便．

方程组（3.3）中各未知量的系数组成的矩阵

$$\boldsymbol{A}=\begin{pmatrix} a_{11} & a_{12} & \cdots & a_{1n} \\ a_{21} & a_{22} & \cdots & a_{2n} \\ \vdots & \vdots & & \vdots \\ a_{m1} & a_{m2} & \cdots & a_{mn} \end{pmatrix},$$

称为方程组（3.3）的系数矩阵．由各系数与常数项组成的矩阵，称为增广矩阵，记作 $\overline{\boldsymbol{A}}$，即

$$\overline{\boldsymbol{A}}=\begin{pmatrix} a_{11} & a_{12} & \cdots & a_{1n} & b_1 \\ a_{21} & a_{22} & \cdots & a_{2n} & b_2 \\ \vdots & \vdots & & \vdots & \vdots \\ a_{m1} & a_{m2} & \cdots & a_{mn} & b_m \end{pmatrix}.$$

方程组（3.3）中的未知量组成一个 n 行、1 列的矩阵（或列向量），记作 $\boldsymbol{X}$；常数项组成一个 m 行、1 列的矩阵（或列向量），记作 $\boldsymbol{B}$，即

$$\boldsymbol{X}=\begin{pmatrix} x_1 \\ x_2 \\ \vdots \\ x_n \end{pmatrix},\ \boldsymbol{B}=\begin{pmatrix} b_1 \\ b_2 \\ \vdots \\ b_m \end{pmatrix}.$$

由矩阵运算，方程组（3.3）实际上是如下关系：

$$\begin{pmatrix} a_{11} & a_{12} & \cdots & a_{1n} \\ a_{21} & a_{22} & \cdots & a_{2n} \\ \vdots & \vdots & & \vdots \\ a_{m1} & a_{m2} & \cdots & a_{mn} \end{pmatrix}\begin{pmatrix} x_1 \\ x_2 \\ \vdots \\ x_n \end{pmatrix}=\begin{pmatrix} b_1 \\ b_2 \\ \vdots \\ b_m \end{pmatrix},$$

即

$$\boldsymbol{AX}=\boldsymbol{B}.$$

如果令

$$\boldsymbol{\alpha}_1=\begin{pmatrix} a_{11} \\ a_{21} \\ \vdots \\ a_{m1} \end{pmatrix},\ \boldsymbol{\alpha}_2=\begin{pmatrix} a_{12} \\ a_{22} \\ \vdots \\ a_{m2} \end{pmatrix},\ \cdots,\ \boldsymbol{\alpha}_n=\begin{pmatrix} a_{1n} \\ a_{2n} \\ \vdots \\ a_{mn} \end{pmatrix},$$

则方程组（3.3）的向量形式为

$$\boldsymbol{\alpha}_1x_1+\boldsymbol{\alpha}_2x_2+\cdots+\boldsymbol{\alpha}_nx_n=\boldsymbol{B}.$$

定理 1　（有解判定定理）方程组（3.3）有解的充分必要条件是 $r(\boldsymbol{A})=r(\overline{\boldsymbol{A}})$，且

当 $r(\mathbf{A})=r(\overline{\mathbf{A}})=n$ 时方程组（3.3）有唯一解；

当 $r(\mathbf{A})=r(\overline{\mathbf{A}})<n$ 时方程组（3.3）有无穷多解.

例 1　判断下列方程组是否有解．若有解，是有唯一解还是有无穷多解？

（1）$\begin{cases} x_1-3x_2+x_3=-1, \\ 2x_1-2x_2-x_3=1, \\ -x_1+7x_2-4x_3=3; \end{cases}$　　（2）$\begin{cases} x_1-3x_2+x_3=-1, \\ 2x_1-2x_2-x_3=1, \\ -x_1+7x_2-4x_3=4; \end{cases}$

（3）$\begin{cases} x_1-3x_2+x_3=-1, \\ 2x_1-2x_2-x_3=1, \\ -x_1+7x_2-5x_3=3. \end{cases}$

解　（1）用初等行变换将增广矩阵化为阶梯形矩阵，即

$$\overline{\mathbf{A}}=\begin{pmatrix} 1 & -3 & 1 & -1 \\ 2 & -2 & -1 & 1 \\ -1 & 7 & -4 & 3 \end{pmatrix} \to \begin{pmatrix} 1 & -3 & 1 & -1 \\ 0 & 4 & -3 & 3 \\ 0 & 4 & -3 & 2 \end{pmatrix} \to \begin{pmatrix} 1 & -3 & 1 & -1 \\ 0 & 4 & -3 & 3 \\ 0 & 0 & 0 & -1 \end{pmatrix},$$

所以 $r(\overline{\mathbf{A}})=3$，$r(\mathbf{A})=2$；$r(\mathbf{A})\neq r(\overline{\mathbf{A}})$，故方程组无解.

（2）用初等行变换将增广矩阵化为阶梯形矩阵，即

$$\overline{\mathbf{A}}=\begin{pmatrix} 1 & -3 & 1 & -1 \\ 2 & -2 & -1 & 1 \\ -1 & 7 & -4 & 4 \end{pmatrix} \to \begin{pmatrix} 1 & -3 & 1 & -1 \\ 0 & 4 & -3 & 3 \\ 0 & 4 & -3 & 3 \end{pmatrix} \to \begin{pmatrix} 1 & -3 & 1 & -1 \\ 0 & 4 & -3 & 3 \\ 0 & 0 & 0 & 0 \end{pmatrix},$$

所以 $r(\overline{\mathbf{A}})=r(\mathbf{A})=2<n=3$，故方程组有无穷多解.

（3）用初等行变换将增广矩阵化为阶梯形矩阵，即

$$\overline{\mathbf{A}}=\begin{pmatrix} 1 & -3 & 1 & -1 \\ 2 & -2 & -1 & 1 \\ -1 & 7 & -5 & 3 \end{pmatrix} \to \begin{pmatrix} 1 & -3 & 1 & -1 \\ 0 & 4 & -3 & 3 \\ 0 & 4 & -4 & 2 \end{pmatrix} \to \begin{pmatrix} 1 & -3 & 1 & -1 \\ 0 & 4 & -3 & 3 \\ 0 & 0 & -1 & -1 \end{pmatrix},$$

所以 $r(\overline{\mathbf{A}})=r(\mathbf{A})=3=n$，故方程组有唯一解.

例 2　a，b 取何值时，下列方程组无解？有唯一解？有无穷多解？

$$\begin{cases} x_1+3x_3=-2, \\ -2x_1+x_2-4x_3=5, \\ x_1-x_2+ax_3=b. \end{cases}$$

解　用初等行变换将增广矩阵化为阶梯形矩阵，即

$$\overline{\mathbf{A}}=\begin{pmatrix} 1 & 0 & 3 & -2 \\ -2 & 1 & -4 & 5 \\ 1 & -1 & a & b \end{pmatrix} \to \begin{pmatrix} 1 & 0 & 3 & -2 \\ 0 & 1 & 2 & 1 \\ 0 & -1 & a-3 & b+2 \end{pmatrix} \to \begin{pmatrix} 1 & 0 & 3 & -2 \\ 0 & 1 & 2 & 1 \\ 0 & 0 & a-1 & b+3 \end{pmatrix}.$$

因此，当 $a=1$ 而 $b\neq-3$ 时，$r(\mathbf{A})=2$，$r(\overline{\mathbf{A}})=3$，故方程组无解；

当 $a\neq1$ 时，$r(\mathbf{A})=r(\overline{\mathbf{A}})=3=n$，故方程组有唯一解；

当 $a=1$ 且 $b=-3$ 时，$r(\mathbf{A})=r(\overline{\mathbf{A}})=2<n=3$，故方程组有无穷多解.

例 3　已知总成本 C 是产量 q 的二次函数，$C(q)=a+bq+cq^2$．根据统计资料，产量与总成本之间有如表 3－1 所示的数据．试求总成本函数中的 a，b，c.

表 3-1

时期	第一期	第二期	第三期
产量 q/件	5	10	30
总成本 C/百元	100	160	650

解　将各期的产量及总成本的值代入已知二次函数中，得方程组

$$\begin{cases} a+5b+25c=100, \\ a+10b+100c=160, \\ a+30b+900c=650. \end{cases}$$

利用初等行变换将其增广矩阵化为行简化阶梯形矩阵，即

$$\overline{\mathbf{A}}=\begin{pmatrix} 1 & 5 & 25 & 100 \\ 1 & 10 & 100 & 160 \\ 1 & 30 & 900 & 650 \end{pmatrix} \to \begin{pmatrix} 1 & 5 & 25 & 100 \\ 0 & 5 & 75 & 60 \\ 0 & 25 & 875 & 550 \end{pmatrix} \to \begin{pmatrix} 1 & 5 & 25 & 100 \\ 0 & 1 & 15 & 12 \\ 0 & 1 & 35 & 22 \end{pmatrix}$$

$$\to \begin{pmatrix} 1 & 5 & 25 & 100 \\ 0 & 1 & 15 & 12 \\ 0 & 0 & 20 & 10 \end{pmatrix} \to \begin{pmatrix} 1 & 5 & 0 & 87.5 \\ 0 & 1 & 0 & 4.5 \\ 0 & 0 & 1 & 0.5 \end{pmatrix} \to \begin{pmatrix} 1 & 0 & 0 & 65 \\ 0 & 1 & 0 & 4.5 \\ 0 & 0 & 1 & 0.5 \end{pmatrix}.$$

由此得方程组的解为 $a=65$，$b=4.5$，$c=0.5$. 因此总成本函数为 $C(q)=65+4.5q+0.5q^2$.

注意：对$\overline{\mathbf{A}}$进行初等变换显然是对线性方程组的初等变换，而线性方程组经过初等变换后其解不变.

当方程组（3.3）中 b_1，b_2，…，b_m 全为零时，称为齐次线性方程组，即

$$\begin{cases} a_{11}x_1+a_{12}x_2+\cdots+a_{1n}x_n=0, \\ a_{21}x_1+a_{22}x_2+\cdots+a_{2n}x_n=0, \\ \qquad\vdots \\ a_{m1}x_1+a_{m2}x_2+\cdots+a_{mn}x_n=0, \end{cases} \tag{3.4}$$

其矩阵形式为

$$\mathbf{AX}=\mathbf{O}$$

对齐次线性方程组（3.4）而言，由于常数项全为 0，其增广矩阵$\overline{\mathbf{A}}$的秩与系数矩阵$\mathbf{A}$ 的秩相等，即 $r(\overline{\mathbf{A}})=r(\mathbf{A})$，由定理 1 可知它总是有解的. 比如 $x_1=x_2=\cdots=x_n=0$ 就是方程组（3.4）的一个解，称之为零解. 我们所关心的是方程组（3.4）在什么条件下有非零解.

将定理 1 应用到齐次线性方程组（3.4）上，得到以下结论.

推论 1　齐次线性方程组只有零解的充分必要条件是 $r(\mathbf{A})=n$.

推论 2　齐次线性方程组有非零解的充分必要条件是 $r(\mathbf{A})<n$.

例 4　判断下列齐次线性方程组是否有非零解.

$$\begin{cases} x_1+x_2+x_3+3x_4=0, \\ x_1+x_2-3x_3-x_4=0, \\ 2x_1+x_2-2x_3+x_4=0, \\ x_1+2x_2+5x_3+8x_4=0. \end{cases}$$

解 用初等行变换将系数矩阵化为阶梯形矩阵，即

$$\boldsymbol{A}=\begin{pmatrix}1&1&1&3\\1&1&-3&-1\\2&1&-2&1\\1&2&5&8\end{pmatrix}\to\begin{pmatrix}1&1&1&3\\0&0&-4&-4\\0&-1&-4&-5\\0&1&4&5\end{pmatrix}\to\begin{pmatrix}1&1&-3&-1\\0&-1&-4&-5\\0&0&-4&-4\\0&0&0&0\end{pmatrix}.$$

因为 $r(\mathbf{A})=3<n=4$，所以齐次方程组有非零解.

例 5 设方程组

$$\begin{cases}\lambda x_1+x_2+x_3=0,\\x_1+\lambda x_2+x_3=0,\\x_1+x_2+\lambda x_3=0.\end{cases}$$

试讨论 λ 取何值时，有非零解.

解 方程组为齐次线性方程组，对其系数矩阵进行初等行变换，化成阶梯形矩阵.

$$\boldsymbol{A}=\begin{pmatrix}\lambda&1&1\\1&\lambda&1\\1&1&\lambda\end{pmatrix}\to\begin{pmatrix}1&1&\lambda\\1&\lambda&1\\\lambda&1&1\end{pmatrix}\to\begin{pmatrix}1&1&\lambda\\0&\lambda-1&1-\lambda\\0&1-\lambda&1-\lambda^2\end{pmatrix}\to\begin{pmatrix}1&1&\lambda\\0&\lambda-1&1-\lambda\\0&0&2-\lambda-\lambda^2\end{pmatrix}.$$

可以看出，当 $2-\lambda-\lambda^2=0$， 即 $\lambda=1$，或 -2 时，$r(\mathbf{A})=2<n=3$，由推论 2 知，该方程组有非零解.

习题三

1. 讨论下列方程组的解，若有解，是唯一解还是无穷多组解？

(1) $\begin{cases}x_1+2x_2-3x_3=-11,\\-x_1-x_2+x_3=7,\\2x_1-3x_2+x_3=6,\\-3x_1+x_2+2x_3=5;\end{cases}$

(2) $\begin{cases}x_1+x_2-3x_3=-1,\\2x_1+x_2-2x_3=1,\\x_1+x_2+x_3=3,\\x_1+2x_2-3x_3=1;\end{cases}$

(3) $\begin{cases}x_1+2x_2-3x_3=1,\\x_1+x_2+x_3=2.\end{cases}$

2. 判断下列齐次方程组是否有非零解.

(1) $\begin{cases}3x_1+2x_2-4x_3-5x_4=0,\\3x_1-x_2+2x_4=0,\\x_1+4x_2-5x_3=0;\end{cases}$

(2) $\begin{cases}x_1+2x_2-4x_3+2x_4=0,\\3x_1-x_2+2x_3-x_4=0,\\-2x_1+4x_2-x_3+3x_4=0,\\3x_1+9x_2-7x_3+6x_4=0;\end{cases}$

(3) $\begin{cases}x_1+2x_2+3x_3=0,\\2x_1+5x_2+3x_3=0,\\x_1+8x_3=0.\end{cases}$

3. 设线性方程组

$$\begin{cases}x_1+x_2+x_3=0,\\x_1+2x_2+x_3=0,\\x_1+x_2+\lambda x_3=0.\end{cases}$$

问当λ取何值时，有非零解.

4. 设线性方程组

$$\begin{cases}\lambda x_1+x_2+x_3=1,\\ x_1+\lambda x_2+x_3=\lambda,\\ x_1+x_2+\lambda x_3=\lambda^2.\end{cases}$$

问当λ取何值时，(1) 有唯一解；(2) 有无穷多解；(3) 无解.

5. 已知总成本C是产量q的二次函数$C(q)=a+bq+cq^2$. 根据统计资料，产量与总成本之间有如表3-2所示的数据. 试求总成本函数中的a，b，c.

表3-2

时期	第一期	第二期	第三期
产量q/件	6	10	20
总成本C/百元	104	160	370

第四节　线性方程组解的结构

上一节讨论了线性方程组有解和无解的问题. 在方程组有解的情况下，特别是有无穷多个解的情况下，如何通过适当的方式将解表示出来？这就是本节要讨论的线性方程组解的结构问题.

一、齐次线性方程组解的结构

前面已知，齐次线性方程组(3.4)的矩阵形式为$\boldsymbol{AX}=\boldsymbol{O}$，其中，$\boldsymbol{A}$为方程组(3.4)的系数矩阵，$\boldsymbol{X}$称为未知向量.

方程组(3.4)的任一组解$x_1=k_1$，$x_2=k_2$，…，$x_n=k_n$，可以看成一个n维向量

$$\begin{pmatrix}k_1\\k_2\\\vdots\\k_n\end{pmatrix},$$

称这个向量为方程组(3.4)的一个解向量.

显然，n维零向量

$$\boldsymbol{O}=\begin{pmatrix}0\\0\\\vdots\\0\end{pmatrix}$$

是方程组(3.4)的一个解向量.

齐次线性方程组$\boldsymbol{AX}=\boldsymbol{O}$的解向量具有如下两个性质.

性质 1　如果 $\boldsymbol{\xi}_1$，$\boldsymbol{\xi}_2$ 是方程组 $\boldsymbol{AX}=\boldsymbol{O}$ 的两个解向量，则 $\boldsymbol{\xi}_1+\boldsymbol{\xi}_2$ 也是 $\boldsymbol{AX}=\boldsymbol{O}$ 的解向量.

证　因为 $\boldsymbol{\xi}_1$，$\boldsymbol{\xi}_2$ 是 $\boldsymbol{AX}=\boldsymbol{O}$ 的两个解，故有

$$\boldsymbol{A\xi}_1=\boldsymbol{O},\ \boldsymbol{A\xi}_2=\boldsymbol{O},$$

$$\boldsymbol{A}(\boldsymbol{\xi}_1+\boldsymbol{\xi}_2)=\boldsymbol{A\xi}_1+\boldsymbol{A\xi}_2=\boldsymbol{O},$$

所以 $\boldsymbol{\xi}_1+\boldsymbol{\xi}_2$ 是 $\boldsymbol{AX}=\boldsymbol{O}$ 的解向量.

性质 2　如果 $\boldsymbol{\xi}$ 是方程组 $\boldsymbol{AX}=\boldsymbol{O}$ 的解向量，k 为任意实数，则 $k\boldsymbol{\xi}$ 也是 $\boldsymbol{AX}=\boldsymbol{O}$ 的解向量.

证　因为

$$\boldsymbol{A}(k\boldsymbol{\xi})=k(\boldsymbol{A\xi})=k\cdot\boldsymbol{O}=\boldsymbol{O},$$

所以，$k\boldsymbol{\xi}$ 也是 $\boldsymbol{AX}=\boldsymbol{O}$ 的解向量.

由性质 1、性质 2 可知，如果 $\boldsymbol{\xi}_1$，$\boldsymbol{\xi}_2$，…，$\boldsymbol{\xi}_s$ 是齐次线性方程组 $\boldsymbol{AX}=\boldsymbol{O}$ 的 s 个解向量，那么它们的任意线性组合 $k_1\boldsymbol{\xi}_1+k_2\boldsymbol{\xi}_2+\cdots+k_s\boldsymbol{\xi}_s$ 也是 $\boldsymbol{AX}=\boldsymbol{O}$ 的解向量，其中 k_1，k_2，…，k_s 是任意常数.

定义 1　若齐次线性方程组 $\boldsymbol{AX}=\boldsymbol{O}$ 的一组解向量 $\boldsymbol{\xi}_1$，$\boldsymbol{\xi}_2$，…，$\boldsymbol{\xi}_s$ 满足：

(1) $\boldsymbol{\xi}_1$，$\boldsymbol{\xi}_2$，…，$\boldsymbol{\xi}_s$ 线性无关；

(2) 方程 $\boldsymbol{AX}=\boldsymbol{O}$ 的任意解向量都能由 $\boldsymbol{\xi}_1$，$\boldsymbol{\xi}_2$，…，$\boldsymbol{\xi}_s$ 线性表示.

则称 $\boldsymbol{\xi}_1$，$\boldsymbol{\xi}_2$，…，$\boldsymbol{\xi}_s$ 是方程组 $\boldsymbol{AX}=\boldsymbol{O}$ 的一个基础解系.

不难看出，如果方程组 $\boldsymbol{AX}=\boldsymbol{O}$ 只有零解向量，那么方程组就不存在基础解系. 如果方程组 $\boldsymbol{AX}=\boldsymbol{O}$ 有非零解向量，那么它就有无穷多个解向量，而它的基础解系就是其全部解向量构成的向量组的一个极大线性无关组，并且有下列定理.

定理 1　如果齐次线性方程组 $\boldsymbol{AX}=\boldsymbol{O}$ 的系数矩阵的秩 $r(\boldsymbol{A})=r<n$，那么方程组一定有基础解系，并且基础解系含有 $n-r$ 个解向量.

定理 2　若 $\boldsymbol{\xi}_1$，$\boldsymbol{\xi}_2$，…，$\boldsymbol{\xi}_{n-r}$ 是齐次线性方程组 (3.4) 的一个基础解系，则方程组 (3.4) 的任一解向量 $\boldsymbol{X}$ 都可以表示为

$$\boldsymbol{X}=k_1\boldsymbol{\xi}_1+k_2\boldsymbol{\xi}_2+\cdots+k_{n-r}\boldsymbol{\xi}_{n-r},$$

其中 k_1，k_2，…，k_{n-r} 为任意实数，通常也称上式为齐次线性方程组 (3.4) 的通解或全部解.

例 1　求齐次线性方程组

$$\begin{cases} x_1+2x_2-x_3-2x_4=0, \\ -2x_1-6x_2+7x_3+x_4=0, \\ -x_1-4x_2+6x_3-x_4=0 \end{cases}$$

的基础解系和全部解.

解法一　将系数矩阵 $\boldsymbol{A}$ 化为行最简阶梯形矩阵，即

$$\boldsymbol{A}=\begin{pmatrix} 1 & 2 & -1 & -2 \\ -2 & -6 & 7 & 1 \\ -1 & -4 & 6 & -1 \end{pmatrix}\to\begin{pmatrix} 1 & 2 & -1 & -2 \\ 0 & -2 & 5 & -3 \\ 0 & -2 & 5 & -3 \end{pmatrix}\to\begin{pmatrix} 1 & 0 & 4 & -5 \\ 0 & -2 & 5 & -3 \\ 0 & 0 & 0 & 0 \end{pmatrix}$$

$$\to\begin{pmatrix} 1 & 0 & 4 & -5 \\ 0 & 1 & -\dfrac{5}{2} & \dfrac{3}{2} \\ 0 & 0 & 0 & 0 \end{pmatrix}.$$

显然，$r(\mathbf{A})=2<4$（未知量个数），故方程组有非零解．其一般解为

$$\begin{cases}x_1=-4x_3+5x_4,\\ x_2=\dfrac{5}{2}x_3-\dfrac{3}{2}x_4,\end{cases}$$

其中 x_3，x_4 为自由未知量.

令自由未知量 $\begin{pmatrix}x_3\\x_4\end{pmatrix}$ 分别取值 $\begin{pmatrix}1\\0\end{pmatrix}$，$\begin{pmatrix}0\\1\end{pmatrix}$，得到方程组的两个解

$$\boldsymbol{\xi}_1=\begin{pmatrix}-4\\ \dfrac{5}{2}\\ 1\\ 0\end{pmatrix},\ \boldsymbol{\xi}_2=\begin{pmatrix}5\\ -\dfrac{3}{2}\\ 0\\ 1\end{pmatrix}.$$

可以证明：$\boldsymbol{\xi}_1$ 与 $\boldsymbol{\xi}_2$ 线性无关，而且方程组的每个解都能由 $\boldsymbol{\xi}_1$，$\boldsymbol{\xi}_2$ 线性表示．因此 $\boldsymbol{\xi}_1$，$\boldsymbol{\xi}_2$ 就是方程组的一个基础解系.

所以方程组的全部解为

$$\mathbf{X}=k_1\boldsymbol{\xi}_1+k_2\boldsymbol{\xi}_2,$$

其中 k_1，k_2 为任意实数.

关于自由未知量，应注意以下两点：

(1) 自由未知量的个数和基础解系的个数相同，为 $n-r$ 个；

(2) 自由未知量的取法：在行最简阶梯形矩阵中，每一个非零行的第一个非零元素所对应的变量不能选为自由未知量，如本例中的 x_1，x_2 就不能选为自由未知量.

对于例 1 还可以用下面的方法求解：

解法二　将系数矩阵 $\mathbf{A}$ 化为行最简阶梯形矩阵，即

$$\mathbf{A}=\begin{pmatrix}1&2&-1&-2\\-2&-6&7&1\\-1&-4&6&-1\end{pmatrix}\to\begin{pmatrix}1&2&-1&-2\\0&-2&5&-3\\0&-2&5&-3\end{pmatrix}\to\begin{pmatrix}1&0&4&-5\\0&-2&5&-3\\0&0&0&0\end{pmatrix}\to\begin{pmatrix}1&0&4&-5\\0&1&-\dfrac{5}{2}&\dfrac{3}{2}\\0&0&0&0\end{pmatrix}$$

$\Rightarrow r(\mathbf{A})=2<4$，故方程组有非零解．其一般解为

$$\begin{cases}x_1=-4x_3+5x_4,\\ x_2=\dfrac{5}{2}x_3-\dfrac{3}{2}x_4,\end{cases}$$

其中 x_3，x_4 为自由未知量，即

$$\begin{cases}x_1=-4x_3+5x_4,\\ x_2=\dfrac{5}{2}x_3-\dfrac{3}{2}x_4,\\ x_3=x_3+0x_4,\\ x_4=0x_3+x_4.\end{cases}$$

$\Rightarrow$方程组的全部解为

$$\begin{pmatrix}x_1\\x_2\\x_3\\x_4\end{pmatrix}=k_1\begin{pmatrix}-4\\\frac{5}{2}\\1\\0\end{pmatrix}+k_2\begin{pmatrix}5\\-\frac{3}{2}\\0\\1\end{pmatrix},$$

其中 k_1，k_2 为任意实数. 而方程组的一个基础解系为

$$\boldsymbol{\xi}_1=\begin{pmatrix}-4\\\frac{5}{2}\\1\\0\end{pmatrix},\quad \boldsymbol{\xi}_2=\begin{pmatrix}5\\-\frac{3}{2}\\0\\1\end{pmatrix}.$$

例 2 求齐次线性方程组

$$\begin{cases}x_1-2x_2+x_3+\ x_4=0,\\x_1-2x_2+x_3-\ x_4=0,\\x_1-2x_2+x_3+5x_4=0\end{cases}$$

的全部解.

解 将系数矩阵 $\boldsymbol{A}$ 化为行最简阶梯形矩阵，即

$$\boldsymbol{A}=\begin{pmatrix}1&-2&1&1\\1&-2&1&-1\\1&-2&1&5\end{pmatrix}\to\begin{pmatrix}1&-2&1&1\\0&0&0&-2\\0&0&0&4\end{pmatrix}\to\begin{pmatrix}1&-2&1&1\\0&0&0&-2\\0&0&0&0\end{pmatrix}\to\begin{pmatrix}1&-2&1&0\\0&0&0&1\\0&0&0&0\end{pmatrix}$$

$\Rightarrow r(\boldsymbol{A})=2<4$，故方程组有非零解. 其一般解为

$$\begin{cases}x_1=2x_2-x_3,\\x_4=0,\end{cases}$$

其中 x_2，x_3 为自由未知量，即

$$\begin{cases}x_1=2x_2-\ x_3,\\x_2=\ x_2+0x_3,\\x_3=0x_2+\ x_3,\\x_4=0.\end{cases}$$

$\Rightarrow$方程组的全部解为

$$\begin{pmatrix}x_1\\x_2\\x_3\\x_4\end{pmatrix}=k_1\begin{pmatrix}2\\1\\0\\0\end{pmatrix}+k_2\begin{pmatrix}-1\\0\\1\\0\end{pmatrix},$$

其中 k_1，k_2 为任意实数.

二、非齐次线性方程组解的结构

由前可知非齐次线性方程组（3.3）的矩阵形式为 $\boldsymbol{AX}=\boldsymbol{B}$.

令 $\boldsymbol{B}=\boldsymbol{O}$，得到的齐次线性方程组 $\boldsymbol{AX}=\boldsymbol{O}$，称为非齐次线性方程组（3.3）的导出方程

组，简称导出组.

方程组 $\boldsymbol{AX}=\boldsymbol{B}$ 的解与其导出组 $\boldsymbol{AX}=\boldsymbol{O}$ 的解之间有着密切的联系，它们满足以下性质.

性质 3　若 $\boldsymbol{X}_1$，$\boldsymbol{X}_2$ 是非齐次线性方程组 $\boldsymbol{AX}=\boldsymbol{B}$ 的任意两个解向量，则 $\boldsymbol{X}_1-\boldsymbol{X}_2$ 是其导出组 $\boldsymbol{AX}=\boldsymbol{O}$ 的一个解向量.

证　因为 $\boldsymbol{X}_1$，$\boldsymbol{X}_2$ 是方程组 $\boldsymbol{AX}=\boldsymbol{B}$ 的两个解向量，故 $A\boldsymbol{X}_1=\boldsymbol{B}$，$\boldsymbol{AX}_2=\boldsymbol{B}$，

$$\boldsymbol{A}(\boldsymbol{X}_1-\boldsymbol{X}_2)=\boldsymbol{AX}_1-\boldsymbol{AX}_2=\boldsymbol{O}.$$

所以 $\boldsymbol{X}_1-\boldsymbol{X}_2$ 是 $\boldsymbol{AX}=\boldsymbol{O}$ 的解向量.

性质 4　若 $\boldsymbol{X}_0$ 是非齐次线性方程组 $\boldsymbol{AX}=\boldsymbol{B}$ 的一个解向量，$\boldsymbol{\xi}$ 是其导出组 $\boldsymbol{AX}=\boldsymbol{O}$ 的一个解向量，则 $\boldsymbol{X}_0+\boldsymbol{\xi}$ 是方程组 $\boldsymbol{AX}=\boldsymbol{B}$ 的一个解向量.

证　因为 $\boldsymbol{X}_0$ 是 $\boldsymbol{AX}=\boldsymbol{B}$ 的解向量，$\boldsymbol{\xi}$ 是其导出组 $\boldsymbol{AX}=\boldsymbol{O}$ 的解向量，故有

$$\boldsymbol{AX}_0=\boldsymbol{B}，\boldsymbol{A\xi}=\boldsymbol{O},$$

于是
$$\boldsymbol{A}(\boldsymbol{X}_0+\boldsymbol{\xi})=\boldsymbol{AX}_0+\boldsymbol{A\xi}=\boldsymbol{B}+\boldsymbol{O}=\boldsymbol{B},$$

所以 $\boldsymbol{X}_0+\boldsymbol{\xi}$ 是方程组 $\boldsymbol{AX}=\boldsymbol{B}$ 的解向量.

由该两条性质可得以下定理.

定理 3　如果 $\boldsymbol{X}_0$ 是非齐次线性方程组 $\boldsymbol{AX}=\boldsymbol{B}$ 的一个解向量. 那么 $\boldsymbol{AX}=\boldsymbol{B}$ 的任一解向量都可以写成

$$\boldsymbol{X}=\boldsymbol{X}_0+\boldsymbol{\xi},$$

其中 $\boldsymbol{\xi}$ 是导出组 $\boldsymbol{AX}=\boldsymbol{O}$ 的一个解向量.

证　因为 $\boldsymbol{X}$ 和 $\boldsymbol{X}_0$ 均是 $\boldsymbol{AX}=\boldsymbol{B}$ 的解向量，由性质 3，$\boldsymbol{X}-\boldsymbol{X}_0$ 是 $\boldsymbol{AX}=\boldsymbol{O}$ 的一个解向量. 令

$$\boldsymbol{\xi}=\boldsymbol{X}-\boldsymbol{X}_0,$$

即得

$$\boldsymbol{X}=\boldsymbol{X}_0+\boldsymbol{\xi}.$$

由定理 3 可知，要求 $\boldsymbol{AX}=\boldsymbol{B}$ 的全部解向量，只要找出 $\boldsymbol{AX}=\boldsymbol{B}$ 的一个解向量（也叫特解）和其导出组 $\boldsymbol{AX}=\boldsymbol{O}$ 的通解即可. 而 $\boldsymbol{AX}=\boldsymbol{O}$ 的通解可以由它的基础解系 $\boldsymbol{\xi}_1$，$\boldsymbol{\xi}_2$，…，$\boldsymbol{\xi}_{n-r}$来表示，这样，我们就得到了 $\boldsymbol{AX}=\boldsymbol{B}$ 的通解表达式为

$$\boldsymbol{X}=\boldsymbol{X}_0+k_1\boldsymbol{\xi}_1+k_2\boldsymbol{\xi}_2+\cdots+k_s\boldsymbol{\xi}_{n-r},$$

其中 k_1，k_2，…，k_{n-r}为任意常数.

例 3　解下列非齐次线性方程组

$$\begin{cases} x_1+2x_2-\ x_3+2x_4=1, \\ 2x_1+4x_2+\ x_3+\ x_4=5, \\ -x_1-2x_2-2x_3+\ x_4=-4. \end{cases}$$

解法一　将增广矩阵$\overline{\boldsymbol{A}}$化为行最简阶梯形矩阵，即

$$\overline{\boldsymbol{A}}=\begin{pmatrix} 1 & 2 & -1 & 2 & 1 \\ 2 & 4 & 1 & 1 & 5 \\ -1 & -2 & -2 & 1 & -4 \end{pmatrix} \rightarrow \begin{pmatrix} 1 & 2 & -1 & 2 & 1 \\ 0 & 0 & 3 & -3 & 3 \\ 0 & 0 & -3 & 3 & -3 \end{pmatrix} \rightarrow \begin{pmatrix} 1 & 2 & -1 & 2 & 1 \\ 0 & 0 & 1 & -1 & 1 \\ 0 & 0 & 0 & 0 & 0 \end{pmatrix}$$

$$\rightarrow \begin{pmatrix} 1 & 2 & 0 & 1 & 2 \\ 0 & 0 & 1 & -1 & 1 \\ 0 & 0 & 0 & 0 & 0 \end{pmatrix},$$

$\Rightarrow r(\overline{\mathbf{A}})=r(\mathbf{A})=2<4$，故方程组有无穷多解. 其一般解为

$$\begin{cases}x_1=2-2x_2-x_4,\\x_3=1+x_4,\end{cases}$$

其中 x_2，x_4 为自由未知量.

令 $x_2=x_4=0$，得方程组的一特解

$$\mathbf{X}_0=\begin{pmatrix}2\\0\\1\\0\end{pmatrix}.$$

方程组导出组的一般解为

$$\begin{cases}x_1=-2x_2-x_4,\\x_3=x_4,\end{cases}$$

其中 x_2，x_4 为自由未知量.

分别令 $\begin{pmatrix}x_2\\x_4\end{pmatrix}$ 为 $\begin{pmatrix}1\\0\end{pmatrix}$，$\begin{pmatrix}0\\1\end{pmatrix}$，得导出组的两个解向量

$$\boldsymbol{\xi}_1=\begin{pmatrix}-2\\1\\0\\0\end{pmatrix},\ \boldsymbol{\xi}_2=\begin{pmatrix}-1\\0\\1\\1\end{pmatrix},$$

且 $\boldsymbol{\xi}_1$，$\boldsymbol{\xi}_2$ 即导出组的一个基础解系. 所以方程组的全部解为

$$\mathbf{X}=\mathbf{X}_0+k_1\boldsymbol{\xi}_1+k_2\boldsymbol{\xi}_2,$$

其中 k_1，k_2 为任意实数.

解法二　将增广矩阵 $\overline{\mathbf{A}}$ 化为行最简阶梯形矩阵，即

$$\overline{\mathbf{A}}=\begin{pmatrix}1&2&-1&2&1\\2&4&1&1&5\\-1&-2&-2&1&-4\end{pmatrix}\to\begin{pmatrix}1&2&-1&2&1\\0&0&3&-3&3\\0&0&-3&3&-3\end{pmatrix}\to\begin{pmatrix}1&2&-1&2&1\\0&0&1&-1&1\\0&0&0&0&0\end{pmatrix}$$

$$\to\begin{pmatrix}1&2&0&1&2\\0&0&1&-1&1\\0&0&0&0&0\end{pmatrix},$$

$\Rightarrow r(\overline{\mathbf{A}})=r(\mathbf{A})=2<4$，故方程组有无穷多解. 其一般解为

$$\begin{cases}x_1=2-2x_2-x_4,\\x_3=1+x_4,\end{cases}$$

其中 x_2，x_4 为自由未知量，即

$$\begin{cases}x_1=2-2x_2-\ x_4,\\x_2=0+\ x_2+0x_4,\\x_3=1+0x_2+\ x_4,\\x_4=0+0x_2+\ x_4.\end{cases}$$

⇒方程组的通解为

$$\begin{pmatrix}x_1\\x_2\\x_3\\x_4\end{pmatrix}=\begin{pmatrix}2\\0\\1\\0\end{pmatrix}+k_1\begin{pmatrix}-2\\1\\0\\0\end{pmatrix}+k_2\begin{pmatrix}-1\\0\\1\\1\end{pmatrix},$$

其中 k_1，k_2 为任意实数.

不难看出，对于非齐次线性方程组，还是解法二比较简单.

例 4　解下列非齐次方程组

$$\begin{cases}2x_1+x_2+2x_3-x_4+3x_5=2,\\6x_1+2x_2+4x_3-3x_4+5x_5=3,\\6x_1+4x_2+8x_3-3x_4+13x_5=9,\\4x_1+x_2+x_3-2x_4+2x_5=1.\end{cases}$$

解　将增广矩阵$\overline{\mathbf{A}}$化为行最简阶梯形矩阵，即

$$\overline{\mathbf{A}}=\begin{pmatrix}2&1&2&-1&3&2\\6&2&4&-3&5&3\\6&4&8&-3&13&9\\4&1&1&-2&2&1\end{pmatrix}\to\begin{pmatrix}2&1&2&-1&3&2\\0&-1&-2&0&-4&-3\\0&1&2&0&4&3\\0&-1&-3&0&-4&-3\end{pmatrix}\to\begin{pmatrix}2&1&2&-1&3&2\\0&-1&-2&0&-4&-3\\0&0&0&0&0&0\\0&0&-1&0&0&0\end{pmatrix}$$

$$\to\begin{pmatrix}2&0&0&-1&-1&-1\\0&-1&0&0&-4&-3\\0&0&0&0&0&0\\0&0&1&0&0&0\end{pmatrix}\to\begin{pmatrix}1&0&0&-\frac{1}{2}&-\frac{1}{2}&-\frac{1}{2}\\0&1&0&0&4&3\\0&0&1&0&0&0\\0&0&0&0&0&0\end{pmatrix},$$

⇒$r(\overline{\mathbf{A}})=r(\mathbf{A})=3<5$，故方程组有无穷多解. 其一般解为

$$\begin{cases}x_1=-\frac{1}{2}+\frac{1}{2}x_4+\frac{1}{2}x_5,\\x_2=3-4x_5,\\x_3=0,\end{cases}$$

其中 x_4，x_5 为自由未知量，即

$$\begin{cases}x_1=-\frac{1}{2}+\frac{1}{2}x_4+\frac{1}{2}x_5,\\x_2=\quad 3+0x_4-4x_5,\\x_3=\quad 0+0x_4+0x_5,\\x_4=\quad 0+x_4+0x_5,\\x_5=\quad 0+0x_4+x_5.\end{cases}$$

⇒方程组的通解为

$$\begin{pmatrix} x_1 \\ x_2 \\ x_3 \\ x_4 \\ x_5 \end{pmatrix} = \begin{pmatrix} -\frac{1}{2} \\ 3 \\ 0 \\ 0 \\ 0 \end{pmatrix} + k_1 \begin{pmatrix} \frac{1}{2} \\ 0 \\ 0 \\ 1 \\ 0 \end{pmatrix} + k_2 \begin{pmatrix} \frac{1}{2} \\ -4 \\ 0 \\ 0 \\ 1 \end{pmatrix},$$

其中 k_1，k_2 为任意实数.

习题四

1. 求下列齐次线性方程组的基础解系和全部解.

(1) $\begin{cases} x_1+2x_2-x_3-x_4=0, \\ x_1+2x_2+x_4=0, \\ -x_1-2x_2+2x_3+4x_4=0; \end{cases}$　(2) $\begin{cases} x_1+2x_2+2x_3+x_4=0, \\ 2x_1+x_2-2x_3-2x_4=0, \\ x_1-x_2-4x_3-3x_4=0; \end{cases}$

(3) $\begin{cases} x_1-x_2-x_3+x_4=0, \\ x_1-x_2+2x_3+2x_4=0, \\ 2x_1-2x_2+x_3+3x_4=0; \end{cases}$　(4) $\begin{cases} x_1+x_2+x_3+4x_4-3x_5=0, \\ 2x_1+x_2+3x_3+5x_4-5x_5=0, \\ 3x_1+x_2+5x_3+6x_4-7x_5=0. \end{cases}$

2. λ 为何值时，下列齐次线性方程组

$$\begin{cases} \lambda x_1+x_2+x_3=0, \\ x_1+\lambda x_2+x_3=0, \\ x_1+x_2+\lambda x_3=0 \end{cases}$$

只有零解？有非零解？并求非零解.

3. 求下列非齐次线性方程组的全部解.

(1) $\begin{cases} x_1+x_2-3x_3-x_4=1, \\ 3x_1-x_2-3x_3+4x_4=4, \\ x_1+5x_2-9x_3-8x_4=0; \end{cases}$　(2) $\begin{cases} x_1+2x_2-x_3+x_4=1, \\ -2x_1-4x_2+x_3-3x_4=4, \\ 4x_1+8x_2-3x_3+5x_4=-2; \end{cases}$

(3) $\begin{cases} x_1+2x_2-x_3-x_4=0, \\ x_1+2x_2+x_4=4, \\ -x_1-2x_2+2x_3+4x_4=5; \end{cases}$　(4) $\begin{cases} 2x_1+x_2-x_3+x_4=1, \\ 4x_1+2x_2-2x_3+x_4=2, \\ 2x_1+x_2-x_3-x_4=1; \end{cases}$

(5) $\begin{cases} x_1+6x_2+2x_3+2x_4=6, \\ x_1+x_2+x_3+x_4+x_5=2, \\ 4x_1-x_2+3x_3+3x_4+5x_5=4, \\ 2x_1-3x_2+x_3+x_4+3x_5=0; \end{cases}$　(6) $\begin{cases} x_1-x_2+2x_3=7, \\ 2x_1-2x_2+2x_3-4x_4=12, \\ -x_1+x_2-x_3+2x_4=-4, \\ -3x_1+x_2-8x_3-10x_4=-29. \end{cases}$

4. λ 为何值时，非齐次线性方程组

$$\begin{cases} -2x_1+x_2+x_3=-2, \\ x_1-2x_2+x_3=\lambda, \\ x_1+x_2-2x_3=\lambda^2 \end{cases}$$

有解？并求出它的全部解.

5. 设线性方程组

$$\begin{cases}3x_1+2x_2+x_3+x_4-3x_5=a,\\ x_1+x_2+x_3+x_4+x_5=1,\\ x_2+2x_3+2x_4+6x_5=3,\\ 5x_1+4x_2+3x_3+3x_4-x_5=b.\end{cases}$$

讨论 a、b 为何值时，方程组有解，并求解.

第五节　典型例题详解

例 1　当 λ 为何值时，向量组 $\boldsymbol{\alpha}_1=\begin{pmatrix}1\\3\\2\end{pmatrix}$，$\boldsymbol{\alpha}_2=\begin{pmatrix}2\\1\\3\end{pmatrix}$，$\boldsymbol{\alpha}_3=\begin{pmatrix}0\\\lambda\\2\end{pmatrix}$ 线性无关？

解　三个三维向量组 $\boldsymbol{\alpha}_1$，$\boldsymbol{\alpha}_2$，$\boldsymbol{\alpha}_3$ 线性无关的充要条件是其构成的行列式不为零，事实上

$$\begin{vmatrix}1&2&0\\3&1&\lambda\\2&3&2\end{vmatrix}=\begin{vmatrix}1&2&0\\0&-5&\lambda\\0&-1&2\end{vmatrix}=-\begin{vmatrix}1&2&0\\0&-1&2\\0&-5&\lambda\end{vmatrix}=\begin{vmatrix}1&2&0\\0&1&-2\\0&-5&\lambda\end{vmatrix}=\begin{vmatrix}1&2&0\\0&1&-2\\0&0&\lambda-10\end{vmatrix}.$$

可见，当 $\lambda-10\neq0$，即 $\lambda\neq10$ 时，向量组 $\boldsymbol{\alpha}_1$，$\boldsymbol{\alpha}_2$，$\boldsymbol{\alpha}_3$ 线性无关.

例 2　证明：若向量组 $\boldsymbol{\alpha}_1$，$\boldsymbol{\alpha}_2$，$\boldsymbol{\alpha}_3$ 线性无关，则向量组 $2\boldsymbol{\alpha}_1+3\boldsymbol{\alpha}_2$，$\boldsymbol{\alpha}_2+4\boldsymbol{\alpha}_3$，$\boldsymbol{\alpha}_1+5\boldsymbol{\alpha}_3$ 也线性无关.

证　设有数 k_1，k_2，k_3，使得

$$k_1(2\boldsymbol{\alpha}_1+3\boldsymbol{\alpha}_2)+k_2(\boldsymbol{\alpha}_2+4\boldsymbol{\alpha}_3)+k_3(\boldsymbol{\alpha}_1+5\boldsymbol{\alpha}_3)=\boldsymbol{O},$$

则

$$(2k_1+k_3)\boldsymbol{\alpha}_1+(3k_1+k_2)\boldsymbol{\alpha}_2+(4k_2+5k_3)\boldsymbol{\alpha}_3=\boldsymbol{O}.$$

因为 $\boldsymbol{\alpha}_1$，$\boldsymbol{\alpha}_2$，$\boldsymbol{\alpha}_3$ 线性无关，所以

$$\begin{cases}2k_1+k_3=0,\\ 3k_1+k_2=0,\\ 4k_2+5k_3=0.\end{cases}$$

由于齐次线性方程组的系数行列式

$$D=\begin{vmatrix}2&0&1\\3&1&0\\0&4&5\end{vmatrix}=22\neq0,$$

故方程组只有零解，即 $k_1=k_2=k_3=0$，所以向量组 $\boldsymbol{\alpha}_1+\boldsymbol{\alpha}_2$，$\boldsymbol{\alpha}_2+\boldsymbol{\alpha}_3$，$\boldsymbol{\alpha}_3+\boldsymbol{\alpha}_1$ 线性无关.

例 3　λ 为何值时，线性方程组

$$\begin{cases}x_1-3x_2+2x_3+x_4=0,\\ 2x_1-5x_2+3x_3-x_4=1,\\ x_1-3x_2+2x_3+x_4=\lambda\end{cases}$$

有解？有解时求出其全部解.

解　将增广矩阵 $\overline{\mathbf{A}}$ 化为阶梯形矩阵，即

$$\overline{\mathbf{A}}=\begin{pmatrix}1&-3&2&1&0\\2&-5&3&-1&1\\1&-3&2&1&\lambda\end{pmatrix}\rightarrow\begin{pmatrix}1&-3&2&1&0\\0&1&-1&-3&1\\0&0&0&0&\lambda\end{pmatrix}\rightarrow\begin{pmatrix}1&0&-1&-8&3\\0&1&-1&-3&1\\0&0&0&0&\lambda\end{pmatrix},$$

⇒当 $\lambda=0$ 时，$r(\overline{\mathbf{A}})=r(\mathbf{A})=2<4$，方程组有无穷多解．其一般解为

$$\begin{cases}x_1=3+x_3+8x_4,\\x_2=1+x_3+3x_4,\end{cases}$$

其中 x_3，x_4 为自由未知量，即

$$\begin{cases}x_1=3+\ x_3+8x_4,\\x_2=1+\ x_3+3x_4,\\x_3=0+\ x_3+0x_4,\\x_4=0+0x_3+\ x_4.\end{cases}$$

⇒方程组的通解为

$$\begin{pmatrix}x_1\\x_2\\x_3\\x_4\end{pmatrix}=\begin{pmatrix}3\\1\\0\\0\end{pmatrix}+k_1\begin{pmatrix}1\\1\\1\\0\end{pmatrix}+k_2\begin{pmatrix}8\\3\\0\\1\end{pmatrix},$$

其中 k_1，k_2 为任意实数.

复习题三

1. 填空题.

(1) 若 $\boldsymbol{\alpha}_1$，$\boldsymbol{\alpha}_2$，…，$\boldsymbol{\alpha}_m$ 线性相关，则 $\boldsymbol{\alpha}_1$，$\boldsymbol{\alpha}_2$，…，$\boldsymbol{\alpha}_m$，$\boldsymbol{\alpha}_{m+1}$ 是线性________.

(2) 若向量组 $\boldsymbol{\alpha}_1$，$\boldsymbol{\alpha}_2$，$\boldsymbol{\alpha}_3$ 线性无关，则 $2\boldsymbol{\alpha}_1-\boldsymbol{\alpha}_2-\boldsymbol{\alpha}_3$ ________ $\boldsymbol{O}$.

(3) $n+1$ 个 n 维向量构成的向量组一定线性________.

(4) 向量组 $\boldsymbol{\alpha}_1$，$\boldsymbol{\alpha}_2$，…，$\boldsymbol{\alpha}_m$ 的秩就是指该向量组的________所含向量的个数.

(5) 齐次线性方程组中方程的个数少于未知量的个数时，它的解________.

(6) 非线性方程组 $\boldsymbol{AX}=\boldsymbol{B}$ 有唯一解，则线性方程组 $\boldsymbol{AX}=\boldsymbol{O}$ ________.

2. 单项选择题.

(1) 若向量组线性相关，则（　　）.

A. 组中任一向量都可由其余向量线性表示

B. 组中至少有某一向量可由其余向量线性表示

C. 组中各向量都可以相互线性表示

D. 向量组的部分组线性相关

(2) 非齐次线性方程组的任一解为 $\boldsymbol{X}_1$，与其导出组的基础解系组成的向量组（　　）.

A. 线性无关　　B. 线性相关

C. 可能线性无关，也可能线性相关　　D. 以上都不对

(3) 向量组 $\begin{pmatrix}1\\0\\0\end{pmatrix}$，$\begin{pmatrix}0\\1\\0\end{pmatrix}$，$\begin{pmatrix}0\\0\\1\end{pmatrix}$，$\begin{pmatrix}1\\2\\3\end{pmatrix}$，$\begin{pmatrix}4\\0\\5\end{pmatrix}$ 的秩为（　　）.

A. 2　　B. 3　　C. 4　　D. 5

(4) 以下结论正确的是（　　）.

A. 方程个数小于未知量个数的线性方程组一定有解

B. 方程个数等于未知量个数的线性方程组一定有唯一解

C. 方程个数大于未知量个数的线性方程组一定无解

D. 以上结论都不对

(5) 某个线性方程组相应的齐次线性方程组只有零解，则该线性方程组（　　）.

A. 可能无解　　B. 有唯一解　　C. 有无穷多解　　D. 可能有解

3. 若向量组 $\boldsymbol{\alpha}_1$，$\boldsymbol{\alpha}_2$，$\boldsymbol{\alpha}_3$ 线性无关，试证明 $\boldsymbol{\alpha}_1+\boldsymbol{\alpha}_2$，$\boldsymbol{\alpha}_2+\boldsymbol{\alpha}_3$，$\boldsymbol{\alpha}_1+\boldsymbol{\alpha}_3$ 也线性无关.

4. 求下列向量组的秩.

(1) $\boldsymbol{\alpha}_1=(1, 0, 0)^{\mathrm{T}}$，$\boldsymbol{\alpha}_2=(-1, 1, 0)^{\mathrm{T}}$，$\boldsymbol{\alpha}_3=(1, 1, 2,)^{\mathrm{T}}$，$\boldsymbol{\alpha}_4=(1, 0, 1)^{\mathrm{T}}$；

(2) $\boldsymbol{\alpha}_1=(1, 2, 3, 4)^{\mathrm{T}}$，$\boldsymbol{\alpha}_2=(-1, -1, -4, -2)^{\mathrm{T}}$，$\boldsymbol{\alpha}_3=(3, 4, 11, 8)^{\mathrm{T}}$.

5. λ 为何值时，线性方程组

$$\begin{cases} x_1+x_2+x_3=1, \\ x_1+2x_2+x_3=2, \\ x_1+x_2+\lambda x_3=\lambda \end{cases}$$

无解？有无穷多解？并在有解时求出其解.

6. λ 为何值时，下列齐次线性方程组只有零解？有非零解？并求非零解.

$$\begin{cases} x_1-2x_2+x_3-x_4=0, \\ 2x_1+x_2-x_3+x_4=0, \\ x_1+7x_2-5x_3+5x_4=0, \\ 3x_1-x_2-2x_3-\lambda x_4=0. \end{cases}$$

7. b_1，b_2，b_3 满足什么关系时，下列线性方程组有解？

(1) $\begin{cases} x_1+x_2+2x_3=b_1, \\ x_1+x_3=b_2, \\ 2x_1+x_2+3x_3=b_3; \end{cases}$　　(2) $\begin{cases} x_1-x_2+3x_3=b_1, \\ 3x_1-3x_2+9x_3=b_2, \\ -2x_1+2x_2-6x_3=b_3; \end{cases}$

(3) $\begin{cases} 3x_1+5x_2-x_3=b_1, \\ 4x_1-2x_2+x_3=b_2, \\ x_1-x_2+5x_3=b_3. \end{cases}$

第四章　概率论基础

概率论与数理统计是研究随机现象统计规律的数学学科，随机现象的普遍性，使得概率论与数理统计在自然科学、社会科学、工程技术、军事和工农业生产中都有着广泛的应用.

第一节　随机事件及概率

一、随机事件的有关概念

1. 随机现象

在自然界和人类社会生活中存在着两种不同类型的现象. 一种是确定性现象，例如：早晨，太阳必然从东方升起；木柴燃烧一定会产生热量；在标准大气压下，温度低于0℃时，雪一定不会融化；同性电荷必然相斥等. 这种在一定的条件下一定发生或一定不发生的现象称为确定性现象，有时将确定性现象也称之为必然现象. 另一种是非确定性现象，例如：抛掷一枚均匀的硬币，可能出现正面，也可能出现反面；买一张彩票，可能中头奖，也可能中二等奖、三等奖……还可能不中奖；某人射击一枪，可能命中，可能不中等. 这种在一定条件下可能发生也可能不发生的现象称为随机现象.

对于随机现象，人们事先不能断定它将发生哪一种结果，从表面上看好像结果是不可捉摸的，带有偶然性，其实不然，在相同的条件下进行大量试验和观察，可以发现随机现象又呈现出有规律性的一面. 例如，抛掷一枚均匀的硬币，只抛掷一次时，抛出后的结果是正面还是反面无法确定，但当多次重复抛掷一枚均匀的硬币时，就可以看到出现正面的次数约占抛掷总数的一半. 表4－1列出了浦丰等人连续抛掷硬币所得的结果.

表4－1

试验者	抛掷硬币次数 n	出现正面的次数	频率
浦丰	4 040	2 048	0.506 9
费希尔	10 000	4 979	0.497 9
皮尔逊	24 000	12 012	0.500 5

随机现象所呈现的这种规律性称为随机现象的统计规律性. 概率论就是研究随机现象统计规律的一门学科.

2. 随机试验与随机事件

在概率论中，对随机现象进行观察称为试验，具有以下两个特点的试验称为随机试验.

（1）在相同的条件下可以重复进行，且每次试验的可能结果不止一个；

（2）不能准确预言每次试验所出现的结果，但可以知道可能出现的全部结果.

随机试验简称为试验，每次试验的一个可能结果称为基本事件（样本点），记作 ω. 全体基本事件的集合称为基本事件空间（样本空间），记作 Ω.

每次试验的每一种可能结果称为一个随机事件，简称为事件，通常用大写字母 A、B、C……来表示. 事件是由若干个基本事件组成的集合，所以事件是基本事件空间的子集.

例 1　在抛掷硬币的试验中，基本事件有两个：正（正面向上），反（反面向上），试验的样本空间为 $\Omega=\{$正，反$\}$.

例 2　向上掷一枚骰子，观察朝上一面的点数. 这个试验共有 6 个基本事件，它们是："出现 1 点""出现 2 点"…"出现 6 点". 设 $\omega_i(i=1, 2, 3, 4, 5, 6)$ 表示出现 i 点，试验的样本空间为 $\Omega=\{\omega_1, \omega_2, \omega_3, \omega_4, \omega_5, \omega_6\}$.

设事件 A 表示出现奇数点，它是基本事件 ω_1，ω_3，ω_5 的集合，于是事件

$$A=\{\omega_1, \omega_3, \omega_5\}.$$

例 3　为了解一批产品的质量情况，从中随机抽出 100 件来检查（随机抽出是指每个产品被抽出的可能性是相同的），结果可能是｛没有次品｝，可能是｛有 1 件次品｝，可能是｛有 2 件次品｝，可能是｛全都是次品｝，等等，每一个结果都是一个基本事件.

此外，｛次品不多于 2 件｝｛次品在 5 件与 10 件之间｝｛次品多于 60 件｝，等等，都是随机事件.

例 4　在一批液晶显示器里任取一件，测试它的使用寿命 t. 用 t 表示使用的时间，则试验的样本空间为 $\Omega=\{t \mid t\in[0, +\infty)\}$.

设事件 A 表示液晶显示器的寿命在 8 000 h 与 10 000 h 之间，于是事件

$$A=\{t \mid 8\ 000\leqslant t\leqslant 10\ 000\}.$$

特殊地，在每次随机试验中一定会发生的事件，称为必然事件. 显然它是全部基本事件的集合，记作 Ω；相反地，如果某事件一定不会发生，则称为不可能事件，记作 $\varnothing$. 必然事件 Ω 与不可能事件 $\varnothing$ 均属于确定性现象，严格地说，它们不属于随机事件，但是，为了今后讨论方便，我们把它们作为随机现象的两个极端包括在随机事件中.

二、随机事件间的关系与运算

一个随机试验可以有很多随机事件，事件与事件之间有相互关系，能进行各种运算. 考虑到事件的集合内涵，我们借助于集合论作为讨论事件之间关系的工具.

1. 事件的包含与相等

如果事件 A 发生，必然导致事件 B 发生，则称事件 A 包含于事件 B，或称事件 B 包含事件 A，记作 $A\subset B$ 或 $B\supset A$.

事件 A 包含于事件 B，就是当 A 中的任何一个基本事件发生时，B 必定发生，即 A 中的基本事件都包含在 B 中.

对事件 A 与 B，如果同时成立 $A\subset B$ 和 $B\subset A$，则称事件 A 与事件 B 相等，记为 $A=B$ 或 $B=A$.

例 5　抽检一批商品的质量，任取 3 件. 设事件 A 是"抽到 3 个次品"，事件 B 是"抽

到至少 2 个次品”．事件 C 是“抽到 3 个都不是正品”．显然 A 发生时 B 一定发生，因此 $A\subset B$．因为“抽到 3 个次品”与“抽到 3 个都不是正品”是一回事，所以 $A=C$.

2. 事件 A 与 B 的和

“事件 A 与 B 至少有一个发生”也是一个事件，称这个事件为事件 A 与 B 的和，记作 $A+B$，即

$$A+B=\{A\text{ 与 }B\text{ 至少发生一个}\}.$$

例 6 在 10 件产品中，有 8 件正品，2 件次品，从中任意取出 2 件，用 A_1 表示｛恰有 1 件次品｝，A_2 表示｛恰有 2 件次品｝，B 表示｛至少有 1 件次品｝，则 $B=A_1+A_2$.

3. 事件 A 与 B 的积

“事件 A 与 B 同时发生”也是一个事件，称这个事件为 A 与 B 的积，记作 AB.

例 7 掷一骰子，观察出现的点数．设事件 A 表示｛出现偶数点｝，事件 B 表示｛出现的点数小于 4｝，则 AB=｛出现 2 点｝.

4. 事件 A 与 B 的差

“事件 A 发生而事件 B 不发生”这一事件称为 A 与 B 的差，记作 $A-B$．显然 $A-B=A\overline{B}$.

例 8 设 A=｛甲厂生产的产品｝，B=｛甲厂生产的合格品｝，C=｛甲厂生产的不合格品｝，则

$$C=A-B.$$

5. 事件 A 与 B 互斥（或互不相容）

事件 A 与 B 不可能同时发生，即 $AB=\varnothing$，则称事件 A 与 B 互斥或互不相容.

例 9 某射手在一次射击中，设 A=｛击中 5 环｝，B=｛击中 8 环｝．因为“击中 5 环”与“击中 8 环”不能同时发生，所以 A 与 B 为互斥事件.

6. 事件 A 与 B 对立（互逆）

在一次试验中，如果事件 A 与 B 必有一个发生，且仅有一个发生，即 A 与 B 同时满足

$$AB=\varnothing\text{ 和 }A+B=\Omega,$$

则称事件 A 与 B 是互为对立（互逆）事件，记为 $A=\overline{B}$ 或 $B=\overline{A}$.

例 10 在 10 件产品中，有 3 件正品，从中任意取出 2 件，用 A 表示｛2 件全是正品｝，B 表示｛两件中至少有 1 件次品｝，则 $B=\overline{A}$.

由于事件是通过集合来定义的，因此上面介绍的事件之间的关系与运算和相应的集合之间的关系与运算非常相似．一方面，我们可以借助集合论的知识和方法来帮助理解事件之间的关系与运算，如图 4－1 所示；另一方面，应学会用概率论的观点来解释这些关系与运算.

根据事件之间的关系和运算，对任意两个事件 A 与 B，有下列结论成立：

(1) $A-B=A\overline{B}$.

(2) $\overline{\overline{A}}=A$.

即 A 也是 $\overline{A}$ 的逆事件. 这是因为：在一次试验中 A，与 $\overline{A}$ 不可能同时发生，且必有一个发生. A 和 $\overline{A}$ 满足：$A+\overline{A}=\Omega$，$A\overline{A}=\varnothing$.

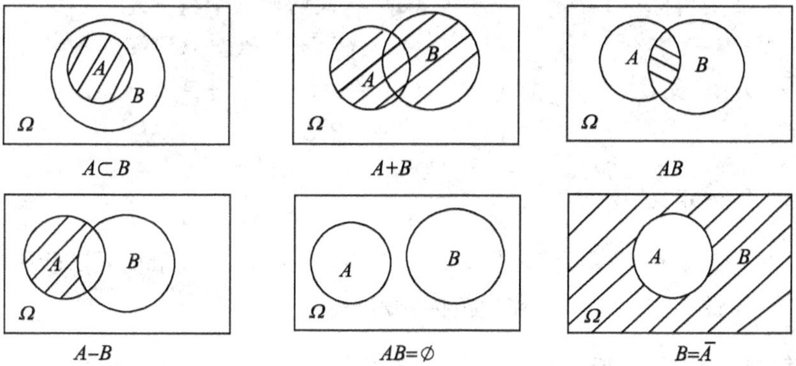

图 4 - 1

（3）德莫根（De Morgan）定律.

$$\overline{A+B}=\overline{A}\,\overline{B},\ \overline{AB}=\overline{A}+\overline{B}.$$

例 11　以直径和长度作为衡量一种零件是否合格的指标，规定两项指标中有一项不合格，则此零件不合格. 设 $A=$｛直径合格｝，$B=$｛长度合格｝，$C=$｛合格｝，则

$$\overline{A}=\{\text{直径不合格}\},\ \overline{B}=\{\text{长度不合格}\},\ \overline{C}=\{\text{不合格}\}.$$

于是　　$C=AB$，$\overline{C}=\overline{A}+\overline{B}$，即 $\overline{AB}=\overline{A}+\overline{B}$.

将事件与集合的概念和运算列表对照，如表 4 - 2 所示.

表 4 - 2

概率论		记号	集合论
必然事件（样本空间）	试验的所有基本结果	Ω	全集
不可能事件	某事件一定不会发生	$\varnothing$	空集
基本事件（样本点）	每次试验的一个可能结果	$\omega\in\Omega$	Ω 中的元素
事件 A	试验的每一种可能结果	$A\subset\Omega$	Ω 的子集
事件 A 包含于事件 B	事件 A 发生导致事件 B 发生	$A\subset B$	集合 B 包含集合 A
事件 A 与事件 B 相等	$A\subset B$ 与 $B\subset A$ 同时发生	$A=B$	集合 A 等于集合 B
事件 A 与事件 B 的和	事件 A 与事件 B 至少有一个发生	$A+B$	集合 A 与集合 B 的并集
事件 A 与事件 B 的积	事件 A 与事件 B 同时发生	AB	集合 A 与集合 B 的交集
事件 A 的逆事件	事件 A 与 $\overline{A}$ 必有一个发生，且仅有一个发生	$\overline{A}$	集合 A 的补集
事件 A 与事件 B 的差	事件 A 发生而事件 B 不发生	$A-B$	集合 A 与集合 B 的差集
事件 A 与事件 B 互斥	事件 A 与 B 不可能同时发生	$AB=\varnothing$	集合 A 与集合 B 互不相交

例 12　甲、乙、丙三人各向目标射击一发子弹，以 A、B、C 分别表示甲、乙、丙命中目标，试用 A、B、C 的运算关系表示下列事件：

(1) 至少有一人命中目标；　　(2) 恰有一人命中目标；

(3) 恰有两人命中目标；　　(4) 至多有一人命中目标；

(5) 三人均命中目标；　　(6) 三人均未命中目标.

解 (1) $A+B+C$；　　(2) $A\overline{B}\overline{C}+\overline{A}B\overline{C}+\overline{A}\overline{B}C$；

(3) $AB\overline{C}+\overline{A}BC+A\overline{B}C$；　　(4) $\overline{A}\overline{B}\overline{C}+A\overline{B}\overline{C}+\overline{A}B\overline{C}+\overline{A}\overline{B}C$；

(5) ABC；　　(6) $\overline{A}\overline{B}\overline{C}$.

三、概率的统计定义

随机事件在一次试验中有可能发生，也可能不发生，但在大量重复试验中事件发生的可能性有一定的规律性，这种规律的数量指标就是概率.

如果对某一试验重复进行 n 次，而事件 A 发生 k 次，那么称$\frac{k}{n}$为事件 A 发生的频率.

当试验次数 n 很大时，如果事件 A 发生的频率$\frac{k}{n}$稳定地在某一常数 P 附近摆动，并且随着试验次数的增多而摆动的幅度越来越小，那么称常数 P 为事件 A 发生的概率，记作

$$P(A)=P.$$

例如，在掷一枚硬币的试验中，抛掷 10 次，出现正面向上的次数并不一定是 5 次，但在多次重复试验中，“正面向上”的次数越来越接近于试验总次数的一半，即“正面向上”的概率为 0.5（表 4－1).

在实际问题中对某一试验进行无限多次往往是做不到的，因此常用频率来近似代表概率. 如：射手的命中率，种子的发芽率，产品的合格率等.

由于事件 A 发生的次数 k 总不大于试验的总次数 n，因此事件 A 的概率满足：

(1) $0\leqslant P(A)\leqslant 1$；

(2) $P(\varnothing)=1$；

(3) $P(\Omega)=1$.

四、古典概型

尽管概率是通过大量重复试验中频率的稳定性定义的，但不能认为概率取决于试验. 一个事件发生的概率完全由事件本身决定，是客观存在的，可以通过试验把它揭示出来.

对于某些随机事件，我们不必通过大量的试验去确定它的概率，而是研究它的内在规律，通过直观分析确定它的概率. 如袋中有 5 个大小质地均相同的球，其中 2 个红球，任取一个，取得红球的概率显然是$\frac{2}{5}$. 这种类型的概率问题，是概率论最早研究的内容，称其为古典概型.

古典概型具有以下特点：

(1) 基本事件的总数是有限的；

(2) 每一个基本事件发生的可能性是相等的.

定义 1 如果古典概型中的所有基本事件的个数是 n，事件 A 包含的基本事件的个数是 k，则事件 A 的概率 $P(A)$ 为

$$P(A)=\frac{\text{事件 }A\text{ 中包含的基本事件}}{\text{所有基本事件}}=\frac{k}{n}.$$

概率的这种定义，称为概率的古典定义.

例 13　一次发行社会福利奖券 100 000 张，其中有 2 个一等奖，10 个二等奖，100 个三等奖，1 000 个四等奖，试问购买 1 张奖券中奖的概率是多少？

解　因中奖的机会均等，基本事件的总数为 100 000，设事件 $A=\{$中奖$\}$，则 A 包含有 $2+10+100+1000=1112$ 个基本事件，所以

$$P(A)=\frac{1112}{100000}=0.01112.$$

例 14　10 件表面完全一样的产品中，有 8 件正品，2 件次品，从中任取 3 件，求以下事件的概率：

(1) $A=\{$恰有两件次品$\}$；

(2) $B=\{$没有次品$\}$.

解　从 10 件产品中任意抽取 3 件产品，共有 C_{10}^3 种抽取方法，即基本事件总数 $n=C_{10}^3$.

(1) 事件 $A=\{$恰有两件次品$\}$ 相当于取出的 3 件产品中有 2 件次品和 1 件正品，而 2 件次品从 2 件次品中取得，共有 C_2^2 种取法，1 件正品从 8 件正品中取得，共有 C_8^1 种取法，故事件 A 包含的基本事件个数 $k=C_2^2\times C_8^1$，从而 A 的概率

$$P(A)=\frac{C_2^2\times C_8^1}{C_{10}^3}=\frac{8}{120}=\frac{1}{15}.$$

(2) 事件 $B=\{$没有次品$\}$ 相当于取出的 3 件产品全是正品，故 B 包含的基本事件个数 $k=C_8^3$，从而 B 的概率

$$P(B)=\frac{C_8^3}{C_{10}^3}=\frac{56}{120}=\frac{7}{15}.$$

读者思考一下，抽取的 3 件产品中至少有一件是次品的概率是多少？

五、加法公式

1. 互斥事件的加法公式

性质 1　若 $AB=\varnothing$，则 $P(A+B)=P(A)+P(B)$.

推论 1　若 A_1，A_2，…，A_n 两两互斥，则

$$P(A_1+A_2+\cdots+A_n)=P(A_1)+P(A_2)+\cdots+P(A_n).$$

推论 2　对任意事件 A，有 $P(A)+P(\overline{A})=1$.

例 15　某班学生共 50 人，学习成绩分为四级：优秀 10 人，良好 15 人，中等 20 人，不及格 5 人，求该班学生成绩的及格率与不及格率.

解　设 $A=\{$优秀$\}$，$B=\{$良好$\}$，$C=\{$中等$\}$，$D=\{$不及格$\}$，$E=\{$及格$\}$，则

$$P(A)=\frac{10}{50},\ P(B)=\frac{15}{50},\ P(C)=\frac{20}{50},\ P(D)=\frac{5}{50}.$$

因为 A、B、C、D 都是互不相容事件，所以

$$P(E)=P(A+B+C)=\frac{10}{50}+\frac{15}{50}+\frac{20}{50}=\frac{45}{50}=0.9$$

因为 D 与 E 是对立事件，所以

$$P(D)=1-P(E)=1-0.9=0.1.$$

2. 任意两事件的加法公式

性质 2　设 A，B 为任意两个事件，则

$$P(A+B)=P(A)+P(B)-P(AB).$$

例 16　已知一、二、三班男、女生的人数，见表 4-3.

表 4-3

性别	班级			总　计
	一班	二班	三班	
男	23	22	24	69
女	25	24	22	71
总计	48	46	46	140

从中随机抽取一人，求该学生是一班学生或是男生的概率？

解　设 A 表示 {一班学生}，B 表示 {男学生}，则

$$P(A)=\frac{48}{140},\ P(B)=\frac{69}{140},\ P(AB)=\frac{23}{140}.$$

于是

$$\begin{aligned}P(A+B)&=P(A)+P(B)-P(AB)\\&=\frac{48}{140}+\frac{69}{140}-\frac{23}{140}=\frac{47}{70}\approx 0.67,\end{aligned}$$

即该学生是一班学生或是男学生的概率是 0.67.

习题一

1. 写出下列试验的所有随机事件：

(1) 把一枚硬币连续掷两次；

(2) 两人向目标各射击一次；

(3) 从有 2 件次品，8 件正品的包装箱中，取出三件产品.

2. 在产品质量的抽样检验中，每次抽取一个产品，记事件 $A_i=\{$第 i 次取到正品$\}$，$i=1,2,3$. 用事件运算的关系式表示下列事件：

(1) 前两次都取到正品，第三次未取到正品；

(2) 三次都未取到正品；

(3) 三次中只有一次取到正品；

(4) 三次中至多有一次取到正品；

(5) 三次中至少有一次取到正品.

3. 设有 10 件产品，其中 8 件是合格品，2 件是次品。现从中任意抽取 3 件产品，求：

(1) 取出的这 3 件产品中恰有一件次品的概率；

（2）取出的这 3 件产品中至少有一件次品的概率.

4. 同时掷两颗骰子，观察它们出现的点数，求两颗骰子掷得点数不同的概率.

5. 从一付扑克的 52 张（去掉两张王牌）牌中任意抽取两张，求它们都是红桃的概率.

6. 某设备由甲、乙两个部件组成，当超载负荷时，各自出故障的概率分别是 0.9 和 0.85，同时出故障的概率为 0.8，求该设备在超载负荷时出故障的概率.

7. 电梯从第 1 层到第 15 层，开始时电梯里有 10 个人，每个人都可能在 2～15 层下电梯，求下列事件的概率：

（1）10 个人在同一层下电梯；

（2）10 个人都在第 10 层下电梯；

（3）10 个人中有 5 个人在第 10 层下电梯.

第二节　条件概率和事件的独立性

一、条件概率

在实际问题中，除了要知道事件 A 的概率 $P(A)$ 外，有时还需要知道“在事件 B 发生的条件下，事件 A 发生的概率”，例如在桥牌游戏中，已经知道对家手中有两张 K，想知道梅花 K 在他手中的概率；又如在医学上，如果知道某患者有糖尿病的家族史，问该病人得糖尿病的概率有多大. 这种带有条件的概率称为条件概率，记为 $P(A \mid B)$. 由于增加了新的条件“事件 B 已经发生”，因此，一般情况下，$P(A \mid B)$ 与 $P(A)$ 不同.

例 1　设箱中有 100 件同型产品，其中 70 件（50 件正品，20 件次品）来自甲厂，30 件（25 件正品，5 件次品）来自乙厂，现从中任取 1 件产品：

（1）求取得次品的概率；

（2）求取得甲厂产品的概率；

（3）已知取得的是甲厂产品，求取得的是次品的概率.

解　记 $A=\{$取得次品$\}$，$B=\{$取得甲厂产品$\}$，$AB=\{$取得次品，且是甲厂的产品$\}$，$A \mid B=\{$已知取得的是甲厂产品的条件下，取得的是次品$\}$. 对于问题（1）和（2），由古典概率计算法，显然有

$$P(A)=\frac{25}{100}=\frac{1}{4};$$

$$P(B)=\frac{70}{100}=\frac{7}{10};$$

$$P(AB)=\frac{20}{100}=\frac{1}{5}.$$

而对于问题（3），由于增加了一个条件“已知取得的是甲厂产品”，所以该问题实质上就是从甲厂 70 件（50 件正品，20 件次品）中任取 1 件，求取得的是次品的概率，从而

$$P(A|B)=\frac{20}{70}=\frac{2}{7}.$$

由此看到

$$P(A)\neq P(A|B).$$

通过例 1 我们可以这样理解条件概率 $P(A \mid B)$：事件 B 已经发生，意味着试验产生的可能结果总包含于 B，所以，为了计算 A 发生的条件概率，我们只需在 B 中考察导致 A 发生的事件，显然这一事件为 AB，如图 4－2 所示. 自然地，我们将条件概率 $P(A \mid B)$ 定义为概率 $P(AB)$ 与 $P(B)$ 之比，即有：

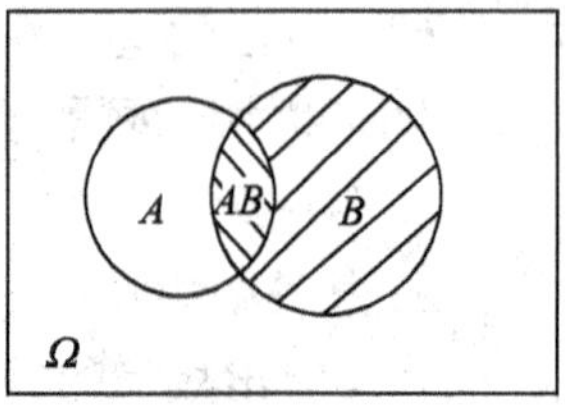

图 4－2

定义 1 设 A 与 B 为两个事件，若 $P(B)\neq 0$，则称

$$P(A|B)=\frac{P(AB)}{P(B)}$$

为在事件 B 发生的条件下，事件 A 发生的条件概率.

例 2 全班 50 名学生中，有男生 31 人，女生 19 人，男生中有 11 人是本地人，20 人是外地人；女生中有 12 人是本地人，7 人是外地人. 从中任选一名学生参加演讲比赛，求：

(1) 此学生是男生的概率；

(2) 已知此学生是男生的情况下，求该生是本地人的概率.

解 设 $A=\{$男生$\}$，$B=\{$本地人$\}$.

(1) $P(A)=\frac{31}{50}=0.62$；

(2) 由于事件 AB 表示该生既是男生同时又是本地人，由题意可知，

$$P(AB)=\frac{11}{50}=0.22.$$

因此在事件 A 已经发生的条件下，事件 B 发生的概率为：

$$P(B|A)=\frac{P(AB)}{P(A)}=\frac{0.22}{0.62}=0.354\ 8.$$

所以已知此学生是男生的情况下，该生是本地人的概率为 0.354 8.

二、乘法公式

由条件概率定义，容易推出求两个事件乘积的概率公式.

设 A 和 B 为两个随机事件，

若 $P(B)\neq 0$，则

$$P(AB)=P(B)\cdot P(A|B); \tag{4.1}$$

若 $P(A)\neq 0$，则

$$P(AB)=P(A)P(B|A). \tag{4.2}$$

式 (4.1) 和式 (4.2) 称为乘法公式.

乘法公式还可以推广到任意有限个事件的情形：

$$P(ABC)=P(A)P(B|A)P(C|AB),\quad (P(AB)\neq 0).$$

$$P(A_1A_2\cdots A_n)=P(A_1)P(A_2|A_1)\cdots P(A_n|A_1A_2\cdots A_{n-1}),\ (P(A_1A_2\cdots A_{n-1})\neq 0).$$

例 3 10 张奖券中含有 4 张中奖的奖券，某人连续摸三次，每次摸一张，取后不放回，求第一次摸到的是中奖奖券，第二次摸到的是未中奖奖券，第三次又摸到中奖奖券的概率.

解 设 $A_i=\{$第 i 次摸到中奖奖券$\}$，$\overline{A}_i=\{$第 i 次摸到未中奖奖券$\}$ $i=1,2,3$. 则第一次摸到中奖奖券的概率为 $P(A_1)=\frac{4}{10}=\frac{2}{5}$.

在已知第一次摸到中奖奖券的条件下，第二次摸到未中奖奖券的概率为

$$P(\overline{A}_2 \mid A_1)=\frac{6}{9}=\frac{2}{3}.$$

在已知第一次摸到中奖奖券、第二次摸到未中奖奖券的条件下，第三次又摸到中奖奖券的概率为

$$P(A_3 \mid A_1\overline{A}_2)=\frac{3}{8}.$$

所以，由乘法公式可得第一次摸到中奖奖券、第二次摸到未中奖奖券、第三次又摸到中奖奖券的概率为

$$P(A_1\overline{A}_2A_3)=P(A_1)P(\overline{A}_2|A_1)P(A_3|A_1\overline{A}_2)=\frac{2}{5}\times\frac{2}{3}\times\frac{3}{8}=\frac{1}{10}.$$

三、全概率公式与贝叶斯公式

1. 全概率公式

在概率中，我们经常利用已知的简单事件的概率，推算出未知的复杂事件的概率. 为此，常需把一个复杂事件分解为若干个互不相容的简单事件的和，再由简单事件的概率求得最后结果.

例 4　某厂有三条流水线生产同一产品，该三条流水线的产量分别占总产量的 1/4，1/4，1/2，各流水线的次品率分别为 2%，1%，3%. 从出厂产品中随机抽取一件，求此产品为次品的概率是多少?

为了求解例 4，先看下面的定义和定理：

定义 2　若事件组 A_1，A_2，…，A_n 满足：

(1) A_1，A_2，…，A_n 两两互斥，且 $P(A_i)>0$ $(i=1, 2, \cdots, n)$；

(2) $A_1+A_2+\cdots+A_n=\Omega$.

则称 A_1，A_2，…，A_n 构成一个完备事件组.

显然，A，$\overline{A}$ 构成一个完备事件组.

定理 1　设 A_1，A_2，…，A_n 构成一个完备事件组，则对任意事件 B，有

$$\begin{aligned}P(B) &= P(A_1)P(B \mid A_1)+P(A_2)P(B \mid A_2)+\cdots+P(A_n)P(B \mid A_n)\\ &=\sum_{i=1}^{n}P(A_i)P(B \mid A_i).\end{aligned}\tag{4.3}$$

式 (4.3) 称为全概率公式.

全概率公式实质上是将一个复杂事件的概率变为若干个事件的概率的和.

下面我们来解决例 4 提出的问题.

设 B={任取一件产品是次品}，A_i={第 i 条流水线生产的产品} $(i=1, 2, 3)$，则

$$P(A_1)=\frac{1}{4},\qquad P(A_2)=\frac{1}{4},\qquad P(A_3)=\frac{1}{2};$$

$$P(B|A_1)=2\%\qquad P(B|A_2)=1\%,\qquad P(B|A_3)=3\%.$$

显然 A_1，A_2，A_3 构成一个完备事件组，则由全概率公式

$$P(B)=P(A_1)P(B|A_1)+P(A_2)P(B|A_2)+P(A_3)P(B|A_3)$$
$$=\frac{1}{4}\times2\%+\frac{1}{4}\times1\%+\frac{1}{2}\times3\%\approx0.025\ 5.$$

例 5 设袋中装有 10 个球，其中 2 个带有中奖标志，两人分别从袋中任取一球，问第二个人中奖的概率是多少?

解 设 $A_i=\{$第 i 个人中奖$\}$ $(i=1, 2)$ 显然

$$P(A_1)=\frac{2}{10},\ P(\overline{A})=\frac{8}{10},$$

即 A_1，$\overline{A}_1$ 构成一个完备事件组，则由全概率公式

$$P(A_2)=P(A_1)P(A_2|A_1)+P(\overline{A}_1)P(A_2|\overline{A}_1)$$
$$=\frac{2}{10}\times\frac{1}{9}+\frac{8}{10}\times\frac{2}{9}=\frac{1}{5}.$$

注：第二人中奖的概率与第一人中奖的概率是相等的.

2. 贝叶斯公式

下面讨论与全概率公式相反的问题，即一事件 B 已经发生，寻求引发该事件发生的各种事件对其影响的大小问题.

定理 2 设 A_1，A_2，…，A_n 构成一个完备事件组，则对任意事件 B，$P(B)>0$，有

$$P(A_j \mid B)=\frac{P(A_j)P(B \mid A_j)}{\sum\limits_{i=1}^{n}P(A_i)P(B \mid A_i)},\ (j=1,\ 2,\ \cdots,\ n). \tag{4.4}$$

式（4.4）称为贝叶斯公式，也称为逆概率公式.

当 $j=1$ 时，公式（4.4）成为

$$P(A_1 \mid B)=\frac{P(A_1)P(B \mid A_1)}{\sum\limits_{i=1}^{n}P(A_i)P(B \mid A_i)}.$$

例 6 在例 4 中，现从总产品中抽取一件为次品，求它是第一条流水线生产的概率?

解 设 $B=\{$任取一件产品是次品$\}$，则所求的概率为 $P(A_1 \mid B)$.
由贝叶斯公式（4.4）得

$$P(A_1 \mid B)=\frac{P(A_1)P(B \mid A_1)}{\sum\limits_{i=1}^{3}P(A_i)P(B \mid A_i)}$$
$$=\frac{\frac{1}{4}\times2\%}{\frac{1}{4}\times2\%+\frac{1}{4}\times1\%+\frac{1}{2}\times3\%}\approx0.022\ 2.$$

因此，这件次品是第一条流水线生产的概率为 0.022 2.

例 7 一位具有症状 S 的病人前来医院就诊，他可能患有疾病 d_1，d_2，d_3，d_4 中的一种. 根据历史资料，该地区患疾病 d_1，d_2，d_3，d_4 的概率分别为 0.42，0.20，0.26 和 0.12，又由以往的病例记录知道，当病人患有疾病 d_1，d_2，d_3，d_4 时，出现症状 S 的概率

分别为 0.90，0.72，0.54 和 0.30，问：应认为该病人患哪种疾病?

解　设 B={具有 S 症状}，A_i={患有疾病 d_i}（$i=1，2，3，4$）则由贝叶斯公式 (4.4) 得

$$P(A_1 \mid B)=\frac{P(A_1)P(B \mid A_1)}{\sum_{i=1}^{4}P(A_i)P(B \mid A_i)}$$

$$=\frac{0.42\times 0.9}{0.42\times 0.9+0.20\times 0.72+0.26\times 0.54+0.12\times 0.30}$$

$$=\frac{0.378}{0.6984}\approx 0.5412;$$

$$P(A_2 \mid B)=\frac{P(A_2)P(B \mid A_2)}{\sum_{i=1}^{4}P(A_i)P(B \mid A_i)}=\frac{0.20\times 0.72}{0.6984}\approx 0.206\,2;$$

$$P(A_3 \mid B)=\frac{P(A_3)P(B \mid A_3)}{\sum_{i=1}^{4}P(A_i)P(B \mid A_i)}=\frac{0.26\times 0.54}{0.6984}\approx 0.201\,0;$$

$$P(A_4 \mid B)=\frac{P(A_4)P(B \mid A_4)}{\sum_{i=1}^{4}P(A_i)P(B \mid A_i)}=\frac{0.12\times 0.30}{0.6984}\approx 0.051\,5.$$

所以，该病人患有疾病 d_1 的可能性最大.

四、事件的独立性

由乘法公式 $P(AB)=P(A)P(B \mid A)$，在一般情况，$P(B \mid A)\neq P(B)$，但在特殊情况下也有例外，先看下面的例子.

例 8　袋中有 3 个红球，2 个白球，从中有放回地抽取两次，每次取一个，求：

(1) 在已知第一次取出红球的条件下，第二次取出红球的概率；

(2) 第二次取出红球的概率.

解　设 A={第一次取出红球}，B={第二次取出红球}，因为是有放回的抽取，所以

$$P(B|A)=P(B)=\frac{3}{5}.$$

显然，例 8 中事件 B 发生的概率与已知 A 发生的条件无关. 这样乘法公式 $P(AB)=P(A)P(B \mid A)$ 就变成了 $P(AB)=P(A)P(B)$.

又由于 $P(AB)=P(B)P(A \mid B)$，因此 $P(A|B)=P(A)$，即事件 A 发生的概率也与已知事件 B 发生的条件无关. 这时我们称事件 A，B 相互独立.

定义 3　若事件 A 与 B 满足

$$P(AB)=P(A)P(B) \tag{4.5}$$

则称事件 A 与事件 B 相互独立，简称 A、B 独立.

事实上，A，B 独立；$\overline{A}$，B 独立；A，$\overline{B}$ 独立；$\overline{A}$，$\overline{B}$ 独立是等价的.

事件独立性的概念可推广到有限多个事件的情形，当 A_1，A_2，…，A_n 相互独立时，

$$P(A_1A_2\cdots A_n)=P(A_1)P(A_2)\cdots P(A_n).$$

在实际应用中，事件的独立性往往根据实际情况加以分析判定.

例 9 某工人照管甲、乙两部机床，在一段时间内甲、乙两部机床需要照管的概率分别为 0.1 和 0.2，求：

(1) 在一段时间内甲、乙两部机床都需要照管的概率；

(2) 在这段时间内需要照管甲机床，而不需要照管乙机床的概率.

解 设 $A=\{$甲机床需要照管$\}$，$B=\{$乙机床需要照管$\}$，则

$$P(A)=0.1, P(B)=0.2.$$

由实际经验知 A，B 独立；A，$\bar{B}$ 独立. 因此

(1) 两部机床都需要照管的概率为

$$P(AB)=P(A)P(B)=0.9\times 0.8=0.72.$$

(2) 甲需照管而乙不需照管的概率为

$$P(A\bar{B})=P(A)P(\bar{B})=0.1\times(1-0.2)=0.08.$$

例 10 某企业招工时需要进行三项考核，这三项考核的通过率分别为 0.6，0.8，0.85，只有这三项考核都通过后，才被录用. 求招工时的淘汰率.

解 设 $A_i=\{$通过第 i 项考核$\}$ $(i=1, 2, 3)$，显然，A_1，A_2，A_3 是相互独立的，则事件 $A_1A_2A_3$ 表示被录取，$\overline{A_1A_2A_3}$表示被淘汰. 因此

$$\begin{aligned}P(\overline{A_1A_2A_3})&=1-P(A_1A_2A_3)\\&=1-P(A_1)P(A_2)P(A_3)\\&=1-0.6\times 0.8\times 0.85=0.592.\end{aligned}$$

因此，该企业招工时的淘汰率为 0.592.

习题二

1. 已知 $P(A)=\frac{1}{2}$，$P(B)=\frac{1}{3}$，$P(B\mid A)=\frac{1}{2}$. 求

(1) $P(AB)$； (2) $P(A+B)$； (3) $P(A\mid B)$.

2. 在 100 个零件中有 4 个次品，从中接连抽取两次，每次取一个，无放回抽取，求下列事件的概率：

(1) 第二次才取到正品；

(2) 两次都取到正品；

(3) 两次中恰取到一个正品.

3. 一个盒子中有 4 只坏晶体管和 6 只好晶体管，在其中任取两次，每次取一只，第一次取出的不放回，若已经发现第一只是好的，求第二只也是好的概率.

4. 设甲袋中有 4 个白球，6 个黑球；乙袋中有 5 个白球，4 个黑球. 现从甲袋中任取 3 个球放入乙袋中，然后再从乙袋中任取一球，此时取得白球的概率是多少？

5. 某工厂有甲、乙、丙三个车间生产同一种产品，这三个车间生产的产品数量分别占全部产品的$\frac{1}{2}$，$\frac{3}{10}$，$\frac{1}{5}$. 而它们生产的正品数分别为本车间产品的 95%，96%，97%. 把这三个车间的产品混在一起，求任取一件是正品的概率.

6. 每箱产品有 10 件，其中的次品数从 0 到 2 是等可能的. 开箱试验时，从中一次抽取 2 件，如果发现有次品，则拒收该箱产品. 求：

(1) 一箱产品通过验收的概率；

(2) 已通过验收的一箱产品中无次品的概率.

7. 市场上某种商品由甲、乙、丙三厂家分别生产，这三个厂家的市场占有率分别是甲厂占 60%，乙厂占 30%，丙厂占 10%，它们的次品率分别是 3%，5%和 10%. 求：

(1) 市场上该种产品的次品率；

(2) 在市场上任选了一件发现是次品，这件商品是哪家生产的可能性最大（计算出结果后用数据来回答）?

8. 两射手同时射击同一目标，设甲射中的概率为 0.9，乙射中的概率为 0.8，求两人各射一次而击中目标的概率.

9. 甲、乙、丙三人在同一时间内分别破译某个密码. 设甲、乙、丙三人能单独译出的概率分别为 0.8，0.7 和 0.6，求：

(1) 密码能译出的概率；

(2) 最多只有一人能译出的概率.

第三节　随机变量及其分布

前面，我们学习了用随机事件描述随机试验的结果，对随机现象的统计规律有了初步的认识. 但若要从整体上对随机现象的统计规律性进行全面的、深入的研究与探讨，就需要引入新的概念——随机变量及其概率分布.

一、随机变量的概念

我们在讨论随机事件及其概率中发现，多数随机试验的结果与数值发生关联，有的随机试验的结果本身就是一个数值.

例 1　投掷一枚均匀的骰子，观察出现的点数. 如果用 X 表示出现的点数，则 X 所有可能的取值为 1、2、3、4、5、6，即

$$X=\begin{cases}1，出现\ 1\ 点，\\2，出现\ 2\ 点，\\3，出现\ 3\ 点，\\4，出现\ 4\ 点，\\5，出现\ 5\ 点，\\6，出现\ 6\ 点.\end{cases}$$

显然，X 是一个变量，它取值是随机的. X 所取不同的数值表示试验中可能发生的不同结果，且 X 是以一定的概率取值的. 例如 $\{X=3\}=\{出现\ 3\ 点\}$，且 $P\{X=3\}=\frac{1}{6}$.

例 2　在 10 件同类产品中，有 3 件次品，从中任意抽取 2 件，如果用 Y 表示抽取所得的次品数，则 Y 所有可能的取值为 0、1、2，即

$$Y=\begin{cases}0，抽到 0 件次品，\\1，抽到 1 件次品，\\2，抽到 2 件次品.\end{cases}$$

显然，Y 也是一个变量，它的取值也是随机的. Y 所取不同的数值表示抽取到不同的结果，且 Y 也是以一定的概率取值的.

设 $\{Y=i\}=\{$抽到 i 件次品$\}$，$i=0$，1，2，则

$$P\{Y=0\}=\frac{C_7^2}{C_{10}^2}=\frac{7}{15}；P\{Y=1\}=\frac{C_3^1C_7^1}{C_{10}^2}=\frac{7}{15}；P\{Y=2\}=\frac{C_3^2}{C_{10}^2}=\frac{1}{15}.$$

例 3 某汽车站每 10 min 一班车，有位乘客事先并不知道汽车到达的时间，并且它在任一时刻到达车站都是可能的. 若用 Z 表示其等候汽车的时间，则 Z 的取值由候车的时间所确定，可为区间 $[0，10]$ 上的任意一个数. 可见 Z 是一个变量，它取不同的数值表示不同的候车时间. 例如，$\{Z=5\}$ 表示候车时间为 5 min，而 $\{Z\leqslant5\}$ 表示候车时间不超过 5 min，$P\{Z\leqslant5\}$ 则表示候车时间不超过 5 min 的概率.

定义 1 由随机试验的结果来确定的变量称为随机变量，常用 X，Y，Z 等来表示.

我们主要研究的随机变量有两大类：第一类随机变量它全部的可能取值是有限个或可列无限多个，如例 1、例 2 中的随机变量就属于这一类，我们称这类随机变量为离散型随机变量. 第二类如例 3 所介绍的这类随机变量称为连续型随机变量，它是依照一定的概率规律在数轴上的某个区间上取值.

二、离散型随机变量及其概率分布

定义 2 若某个随机变量的全部可能取值是有限个或无限可列个，则称这个随机变量为离散型随机变量.

设离散型随机变量 X 所有可能取的值为 $x_k(k=1，2，\cdots)$，且取各个值的概率为

$$P\{X=x_k\}=p_k，(k=1，2，\cdots). \tag{4.6}$$

称式（4.6）为离散型的随机变量 X 的概率分布，简称分布列或分布律. 为清楚起见，X 及其分布列也可以用如下表格的形式来表示.

X	x_1	x_2	…	x_k	…
P	p_1	p_2	…	p_k	…

由概率的定义可知，p_k 具有如下性质：

(1) $p_k\geqslant0$ $(k=1，2，\cdots)$；

(2) $\sum\limits_{k}^{\infty}p_k=1$.

例 4 求例 2 中随机变量 Y 的概率分布列.

解 显然随机变量 Y 的概率分布列为：

$$P\{Y=k\}=\frac{C_3^kC_7^{2-k}}{C_{10}^2}\ (k=0，1，2)，$$

即

Y	0	1	2
P	$\frac{7}{15}$	$\frac{7}{15}$	$\frac{1}{15}$

三、连续型随机变量及其概率分布

定义 3　设随机变量 X，若存在非负可积函数 $f(x)$（$-\infty<x<+\infty$）使得对任意实数 $a\leqslant b$，有

$$P\{a\leqslant X\leqslant b\}=\int_a^b f(x)\mathrm{d}x, \tag{4.7}$$

则称 X 为连续型随机变量. 称 $f(x)$ 为 X 的概率密度函数，简称概率密度或分布密度.

由定义可知，概率密度函数 $f(x)$ 具有以下性质：

(1) $f(x)\geqslant 0$.

(2) $\int_{-\infty}^{+\infty} f(x)\mathrm{d}x=1$.

上述性质说明密度函数 $y=f(x)$ 的曲线位于 x 轴上方，且 $y=f(x)$ 与 x 轴之间的平面图形的面积等于 1（图 4-3），而 X 落在区间 $[a, b]$ 上的概率就等于图 4-4 中阴影部分的面积.

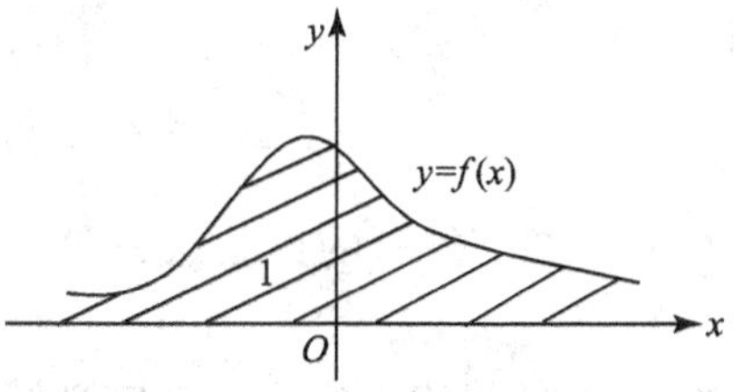

图 4-3

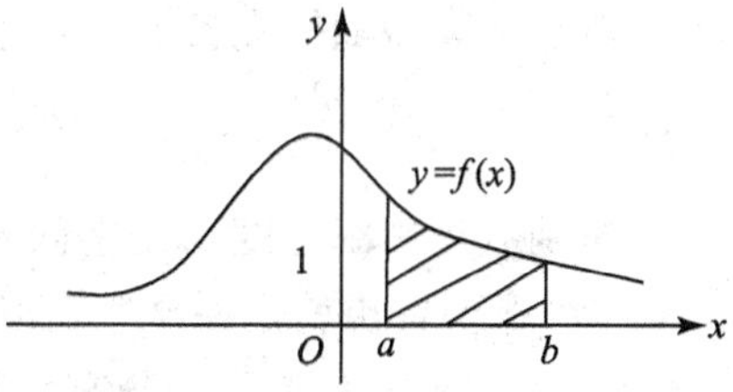

图 4-4

特别需要指出的是，对于连续型随机变量 X，它取任一指定的实数值 c 的概率为零，即 $P\{X=c\}=0$. 所以计算连续型随机变量 X 落在某一区间上的概率时，不必考虑该区间是开区间还是闭区间，所有这些概率都是相等的，即

$$P\{a<X\leqslant b\}=P\{a\leqslant X\leqslant b\}=P\{a<X<b\}=P\{a\leqslant X<b\}=\int_a^b f(x)\mathrm{d}x.$$

例 5　已知 X 的概率密度函数为 $f(x)=\begin{cases} cx, & 0\leqslant x\leqslant 1, \\ 0, & \text{其他}. \end{cases}$

试求：(1) 系数 c；

(2) X 落在区间 $\left(0, \frac{1}{2}\right)$、$\left(\frac{1}{2}, 2\right)$ 上的概率.

解　(1) 由式 (4.9) 可得

$$1=\int_{-\infty}^{+\infty} f(x)\mathrm{d}x=\int_0^1 f(x)\mathrm{d}x=\int_0^1 cx\,\mathrm{d}x=\frac{1}{2}cx^2\Big|_0^1=\frac{c}{2}.$$

由此得 $c=2$.

(2) $P\left\{0\leqslant X\leqslant\frac{1}{2}\right\}=\int_0^{\frac{1}{2}}2x\mathrm{d}x=x^2\Big|_0^{\frac{1}{2}}=\frac{1}{4}$；

$P\left\{\frac{1}{2}\leqslant X\leqslant 2\right\}=\int_{\frac{1}{2}}^{2}2x\mathrm{d}x=\int_{\frac{1}{2}}^{1}2x\mathrm{d}x=x^2\Big|_{\frac{1}{2}}^{1}=\frac{3}{4}$.

四、随机变量的分布函数

1. 分布函数的概念

对离散型随机变量和连续型随机变量的概率分布，可以分别用分布列和概率密度来描述. 对这两类随机变量能否用统一的形式来研究它们的概率分布？为了解决这一问题我们引进分布函数的概念.

定义 4 设 X 为一随机变量，函数

$$F(x)=P\{X\leqslant x\}\ (-\infty<x+\infty) \tag{4.8}$$

称为 X 的分布函数.

对于离散型随机变量 X，若它的概率分布是 $P\{X=x_k\}=p_k$，($k=1$, 2, ⋯)，则 X 的分布函数为

$$F(x)=P\{X\leqslant x\}=\sum_{x_k\leqslant x}p_k. \tag{4.9}$$

对于连续型随机变量 X，若它的概率密度是 $f(x)$，则 X 的分布函数为

$$F(x)=P\{X\leqslant x\}=\int_{-\infty}^{x}f(t)\mathrm{d}t, \tag{4.10}$$

即分布函数是概率密度的变上限定积分. 由微积分的知识可知，在 $f(x)$ 的连续点 x 处有 $F'(x)=f(x)$，也就是说概率密度是分布函数的导数.

显然，随机变量 X 的分布函数 $F(x)$ 就是随机事件 $\{X\leqslant x\}$ 的概率，它是一个定义域为 $(-\infty, +\infty)$，值域为 $[0, 1]$ 的普通实函数，它的引入使许多概率问题转化为函数问题而得到简化.

分布函数 $F(x)$ 具有如下性质：

(1) $F(x)$ 是一个单调不减的函数，即当 $x_1<x_2$ 时，有 $F(x_1)\leqslant F(x_2)$；

(2) $0\leqslant F(x)\leqslant 1$；

(3) $F(-\infty)=\lim\limits_{x\to-\infty}F(x)=0$，$F(+\infty)=\lim\limits_{x\to+\infty}F(x)=1$；

(4) $P\{a<X\leqslant b\}=P\{X\leqslant b\}-P\{X\leqslant a\}=F(b)-F(a)$； (4.11)

或
$$\int_a^b f(x)\mathrm{d}x=F(b)-F(a).$$

从性质 4 可知，只要 X 的分布函数 $F(x)$ 已知，就可以求出 X 落入任一区间 $(a, b]$ 的概率，所以分布函数能较完整地描述随机变量的统计规律.

2. 分布函数的计算

例 6 设 X 的分布为：

X	-1	0	2
P	0.3	0.5	0.2

求：(1) X 的分布函数 $F(x)$；

(2) 绘出 $F(x)$ 的图像；

(3) $F(1.5)$；

(4) $P\{X>0\}$ 和 $P\{-0.5<X\leqslant 5\}$.

解　(1) 当 $x\in(-\infty,\ -1)$ 时，$F(x)=0$，

当 $x\in[-1,\ 0)$ 时，$F(x)=P\{X=-1\}=0.3$，

当 $x\in[0,\ 2)$ 时，$F(x)=P\{X=-1\}+P\{X=0\}=0.8$，

当 $x\in[2,\ +\infty)$ 时，$F(x)=P\{X=-1\}+P\{X=0\}+P\{X=2\}=1$.

因此

$$F(x)=\begin{cases}0, & x<-1,\\ 0.3, & -1\leqslant x<0,\\ 0.8, & 0\leqslant x<2,\\ 1, & x\geqslant 2.\end{cases}$$

(2) $F(x)$ 的图像如图 4-5 所示.

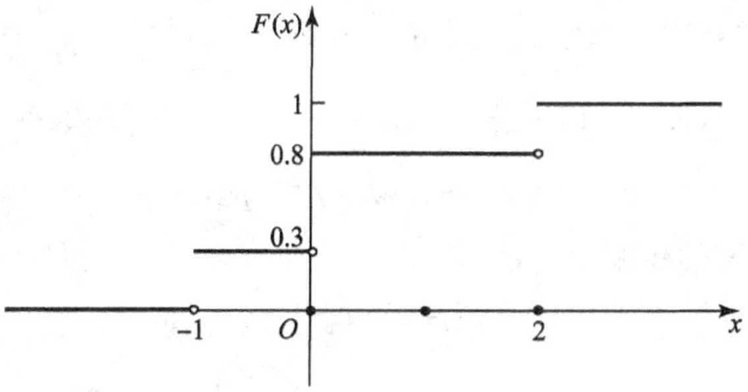

图 4-5

(3) $F(1.5)=0.8$.

(4) $P\{X>0\}=1-P\{X\leqslant 0\}=1-F(0)=1-0.8=0.2$；

$P\{-0.5<X\leqslant 5\}=F(5)-F(-0.5)=1-0.3=0.7$.

例 7　已知随机变量 X 的概率密度为

$$f(x)=\begin{cases}2x, & 0\leqslant x\leqslant 1,\\ 0, & \text{其他}.\end{cases}$$

求 (1) 分布函数 $F(x)$；(2) $P\{X\leqslant 0.2\}$，$P\{0\leqslant X\leqslant 0.5\}$.

解　(1) 由式 (4.10) 知，当 $x<0$ 时，$f(x)=0$，故 $F(x)=0$；

当 $0\leqslant x<1$ 时，$F(x)=\int_{-\infty}^{x}f(t)\mathrm{d}t=\int_{0}^{x}2t\mathrm{d}t=t^2\Big|_0^x=x^2$；

当 $x\geqslant 1$ 时，$F(x)=\int_{-\infty}^{x}f(t)\mathrm{d}t=\int_{-\infty}^{0}0\mathrm{d}t+\int_{0}^{1}2t\mathrm{d}t+\int_{1}^{x}0\mathrm{d}t=1$.

所以
$$F(x)=\begin{cases}0, & x<0,\\ x^2, & 0\leqslant x<1,\\ 1, & x\geqslant 1.\end{cases}$$

(2) $P\{X\leqslant 0.2\}=F(0.2)=0.2^2=0.04$,

$$P\{0\leqslant X\leqslant 0.5\}=F(0.5)-F(0)=0.5^2-0^2=0.25.$$

由此可见，已知随机变量的分布函数求某一事件的概率更简单.

习题三

1. 若 X 的概率分布为：

X	0	1	2	3
P	c	$2c$	$3c$	$4c$

求：(1) c；(2) $P\{X<3\}$；(3) $P\{X\geqslant 1\}$.

2. 某产品 40 件，其中有次品 3 件，现从其中任取 3 件，求取出的 3 件产品中的次品数 X 的分布列.

3. 某射手有 5 发子弹，每射一次命中的概率为 0.9，如果命中了就停止射击，否则一直射到子弹用尽为止，求耗用子弹数 X 的概率分布列.

4. 设 X 的分布为 $P(X=-1)=\dfrac{1}{2}$，$P(X=1)=\dfrac{1}{3}$，$P(X=2)=\dfrac{1}{6}$.

求：(1) X 的分布函数，并作出 $F(x)$ 的图形；(2) $P\{0<X\leqslant 2\}$ 及 $P\{0<X<2\}$.

5. 已知随机变量 X 的概率密度是
$$f(x)=\begin{cases}Ax^2, & x\in(0,1),\\ 0, & \text{其他}.\end{cases}$$
试求：(1) 常数 A 的值；(2) X 的分布函数 $F(x)$；(3) $P\{0<X<0.5\}$.

第四节　几种常见随机变量的分布

一、几种常见离散型随机变量的分布

1. 两点分布

定义 1　若随机变量 X 只可能取 0，1 两个值，它的概率分布为
$$P\{X=1\}=p,\ P\{X=0\}=1-p \quad (0<p<1), \tag{4.12}$$
则称 X 服从参数为 p 的两点分布（或称 0−1 分布），记为 $X\sim(0,1)$.

两点分布刻画的是一般只有两个结果的试验，虽然简单，却用处广泛. 例如掷一枚硬币只有正面和反面，检验产品只有正品和次品，试验是否成功，系统电路是否畅通等都可用两点分布来描述.

两点分布也可写成

X	1	0
P	p	$1-p$

例 1　100 件产品中有 3 件次品和 97 件正品，从中任取一件，求取到正品数 X 的分布列.

解　X 的分布为

X	1	0
P	0.97	0.03

2. 二项分布

如果随机试验只有两个可能的结果 A、$\overline{A}$，称这样的试验为贝努利试验.

如果在相同的条件下独立地重复进行 n 次贝努利试验，每次试验中，事件 A 出现的概率为 p，则称这种试验为 n 重贝努利试验（或 n 重独立试验）.

在 n 重贝努利试验中，事件 A 发生的次数 X 是一个随机变量. 而 X 的所有的可能取值为 0，1，2，…，n. 我们可以推得：在 n 重贝努利试验中，事件 A 恰好发生 k 次的概率为

$$P\{X=k\}=C_n^k p^k(1-p)^{n-k}，(k=0，1，2，\cdots，n).$$

例 2　从一工厂的产品中进行重复抽样检查，共取 200 件样品，检查结果发现其中有四件废品，问我们能否相信此工厂所说的废品率不超过 0.5%?

解　设废品数为 X，假设工厂的废品率为 0.5%，则从 200 件产品中发现 4 件废品的概率是：

$$P\{X=4\}=C_{200}^4(0.005)^4(0.995)^{196}\approx 0.015.$$

根据人们在长期实践中总结出来的原理：概率很小的事件在一次试验中几乎是不可能发生的（概率论上称为小概率的实际不可能性原理）. 若工厂的废品率确为 0.5%，则检查 200 件产品出现 4 件废品是一概率很小的事件，现在它竟然在一次试验中就出现了，令人怀疑工厂给出的废品率的准确性.

实际中，真正完全重复的现象并不多见，常见的是近似的重复. 如对一大批产品进行抽样检验时，抽样的数目相对较小，因而可以当作有放回抽取，上例中取 200 件样品可以看作是做了 200 次独立试验.

定义 2　*若随机变量 X 满足*

$$P\{X=k\}=C_n^k p^k(1-p)^{n-k}，(k=0，1，2，\cdots，n). \tag{4.13}$$

其中 n，p 为参数，则称 X 服从参数为 n、p 的二项分布或贝努利分布，记为 $X\sim B(n, p)$.

二项分布的背景是 n 重贝努利试验. 设在单次试验中，事件 A 发生的概率为 p，那么在 n 次试验中，事件 A 恰好发生 k 次的概率就服从二项分布.

显然，当 $n=1$ 时二项分布就是两点分布.

例 3　在一大批产品中有 10% 的次品，进行重复抽样检验，共取 5 件样品，设 X 为取得的次品数，求：

(1) X 的分布；

(2) 恰好抽到 2 件次品的概率；

(3) 至多有 2 件次品的概率.

解 (1) 在产品中每抽一个进行检验可看作一次试验. 显然该试验只有两种结果：正品和次品，每次抽样检验是相互独立的. 抽样检验虽然是不放回的，但因产品数量很大，抽取的样品数相对产品总数很小，因而可以当作有放回抽样处理，因此每次抽到次品的概率可以认为是不变的. 从而 X 服从二项分布，即 $X \sim B(5, 0.1)$，其分布为

$$P\{X=k\}=C_5^k(0.1)^k(0.9)^{5-k}, \quad (k=0, 1, 2, \cdots, 5).$$

(2) $P\{5$ 件样品中恰好有 2 件次品$\}=P\{X=2\}=C_5^2(0.1)^2(0.9)^3 \approx 0.0729$.

(3) $P\{5$ 件样品中至多有 2 件次品$\}=P\{X \leqslant 2\}=P\{X=0\}+P\{X=1\}+P\{X=2\}=\sum_{k=0}^{2} C_5^k(0.1)^k(0.9)^{5-k}=0.9914$.

由于在实际中二项分布应用广泛，而计算又复杂，为了便于应用，本书在附录中选录了二项分布表供读者查阅，它表示的是随机变量 X 从 0 到 x 的累积概率，即 $F(x)$ 的值.

例 4 某工厂生产的某种工件的次品率为 0.05，设每个工件是否为次品是相互独立的，这个工厂将这种工件 10 个打一包出售，并承诺若发现一包中多于一个次品即可退货. 求某包工件次品个数的分布列和售出后的工件的退货率.

解 根据题意对 10 个一包的工件进行检验显然有 $X \sim B(10, 0.05)$，其分布为

$$P(X=k)=C_{10}^k(0.05)^k(0.95)^{10-k}, \quad (k=0, 1, 2, \cdots, 10).$$

设 $A=\{$该包工件被退回$\}$，则

$$P(A)=P\{X>1\}=1-P\{X \leqslant 1\}=1-F(1).$$

查二项分布表 ($n=10$, $x=1$, $p=0.05$)，有

$$P(A)=1-0.9139=0.0861 \approx 0.09,$$

即退货率为 9%.

3. 泊松分布

定义 3 若随机变量 X 满足

$$P\{X=k\}=\frac{\lambda^k}{k!}e^{-\lambda}, \quad (k=0, 1, 2, \cdots), \tag{4.14}$$

其中 $\lambda>0$ 是常数，则称 X 服从参数为 λ 的泊松分布，记为 $X \sim P(\lambda)$.

具有泊松分布的随机变量在实际应用中是很多的. 例如，在每个时段内电话交换台收到的电话的呼唤次数、某商店在一天内的顾客数、某页教材的错字数、火车站的乘客数、通过某十字路口的车辆数等都是服从泊松分布的.

例 5 电话交换台每分钟接到的呼叫次数 X 为随机变量，设 $X \sim P(4)$，求：(1) 一分钟内呼叫次数恰为 8 次的概率；(2) 一分钟内呼叫次数不超过 1 次的概率.

解 因为 $\lambda=4$，所以

$$P\{X=k\}=\frac{4^k}{k!}e^{-4}, \quad (k=0, 1, 2, \cdots).$$

(1) $P\{X=8\}=\frac{4^8}{8!}e^{-4}=0.0298$.

(2) $P\{X\leqslant 1\}=P\{X=0\}+P\{X=1\}=\frac{4^0}{0!}e^{-4}+\frac{4^1}{1!}e^{-4}=0.092.$

在二项分布中，若 n 很大，而 p 很小时，可以用泊松分布作近似计算，其中 $\lambda=np$. 一般，当 $n\geqslant 100$，$np\leqslant 10$ 时，用泊松分布代替二项分布最好.

例 6　某银行营业部对其现金出纳员的要求是收付款差错率不能超过 0.001，求在 5 000 次收付款中，出纳员有两次或两次以上出错的概率.

解　设 X 表示在 5 000 次收付款中出纳员的出错次数，则 $X\sim B(5\,000, 0.001)$. 此时 $n=5\,000$，$p=0.001$，$\lambda=np=5$，所以可利用泊松分布代替二项分布，于是所求概率为

$$P\{X\geqslant 2\}=1-P\{X=0\}+P\{X=1\}=1-\frac{5^0}{0!}e^{-5}-\frac{5}{1!}e^{-5}\approx 0.959\,6.$$

二、几种常见连续型随机变量的分布

1. 均匀分布

定义 4　若随机变量 X 的概率密度是

$$f(x)=\begin{cases}\frac{1}{b-a}, & a\leqslant x\leqslant b,\\ 0, & \text{其他}.\end{cases} \tag{4.15}$$

则称 X 在区间 $[a, b]$ 上服从均匀分布，记为 $X\sim U(a, b)$.

由定义可知，$f(x)\geqslant 0$ 且 $\int_{-\infty}^{+\infty}f(x)\mathrm{d}x=\int_a^b\frac{1}{b-a}\mathrm{d}x=1$.

均匀分布的均匀性是指随机变量 X 落在 $[a, b]$ 内长度相等的子区间上的概率都是相同的.

例 7　在某公共汽车站，每隔 10 min 有一辆汽车通过，一位乘客在任一时刻到达车站是等可能的. 求：(1) 这位乘客候车时间 X 的概率分布；(2) 这位乘客候车时间超过 5 min 的概率.

解　(1) 显然，这位乘客在 0～10 min 内乘上汽车的可能性是相同的，即候车时间 X 在区间 $[0, 10]$ 上服从均匀分布，其密度函数为

$$f(x)=\begin{cases}\frac{1}{10}, & 0\leqslant x\leqslant 10,\\ 0, & \text{其他}.\end{cases}$$

(2) 乘客候车时间超过 5 min 的概率为

$$P\{X>5\}=\int_5^{+\infty}f(x)\mathrm{d}x=\int_5^{10}\frac{1}{10}\mathrm{d}x=\frac{1}{2}.$$

2. 指数分布

定义 5　若随机变量 X 的概率密度是

$$f(x)=\begin{cases}\lambda e^{-\lambda x}, & x>0,\\ 0, & x\leqslant 0,\end{cases} \tag{4.16}$$

其中 $\lambda>0$，则称 X 服从参数为 λ 的指数分布，记作 $X\sim \exp(\lambda)$.

显然有：$f(x)\geqslant 0$ 且 $\int_{-\infty}^{+\infty} f(x)\mathrm{d}x = \int_{0}^{+\infty} \lambda \mathrm{e}^{-\lambda x}\mathrm{d}x = 1$.

指数分布是一种应用广泛的分布，许多电子产品的寿命分布一般服从指数分布．有的系统的寿命分布也可用指数分布来近似，它在电子产品的可靠性研究中是最常用的一种分布形式，如半导体器件的抽验方案大都是采用指数分布．

例 8 若某电子元件的寿命 X 服从参数 $\lambda=\frac{1}{2\,000}$ 的指数分布，求 $P\{X\leqslant 1\,200\}$.

解 $$P\{X\leqslant 1\,200\} = \int_{0}^{1\,200} \frac{1}{2\,000}\mathrm{e}^{-\frac{x}{2\,000}}\mathrm{d}x = -\mathrm{e}^{-\frac{x}{2\,000}}\Big|_{0}^{1\,200}$$
$$= 1-\mathrm{e}^{-0.6} \approx 0.451.$$

3. 正态分布

定义 6 若随机变量 X 的概率密度是

$$f(x)=\frac{1}{\sqrt{2\pi}\sigma}\mathrm{e}^{-\frac{(x-\mu)^2}{2\sigma^2}}，(-\infty<x<+\infty)， \tag{4.17}$$

其中 μ 和 σ 为常数，且 $\sigma>0$，则称随机变量 X 服从参数为 μ 和 σ 的正态分布或高斯分布，记为 $X\sim N(\mu, \sigma^2)$.

由定义可得，$f(x)\geqslant 0$ 且 $\int_{-\infty}^{+\infty} f(x)\mathrm{d}x = 1$.

概率密度函数 $f(x)$ 的图形称为正态曲线，它是一条钟形曲线，如图 4－6 所示，它有如下特性：

(1) $f(x)$ 以 $x=\mu$ 为对称轴，并在 $x=\mu$ 处达到最大，最大值为 $\frac{1}{\sqrt{2\pi}\sigma}$；

(2) 当 $x\to\pm\infty$ 时，$f(x)\to 0$，即 $f(x)$ 以 x 轴为渐近线；

(3) 用求导的方法可以证明：$x=\mu\pm\sigma$ 为 $f(x)$ 的两个拐点的横坐标，且 σ 为拐点到对称轴的距离；

(4) 若固定 σ 而改变 μ 的值，则正态分布曲线沿着 x 轴平行移动，而不改变其形状，可见曲线的位置完全由参数 μ 确定，如图 4－7 所示．若固定 μ 改变 σ 的值，则当 σ 越小时图形变得越陡峭；反之，当 σ 越大时图形变得越平缓，因此 σ 的值刻画了随机变量取值的分散程度：即 σ 越小，取值分散程度越小，σ 越大，取值分散程度越大，如图 4－8 所示．

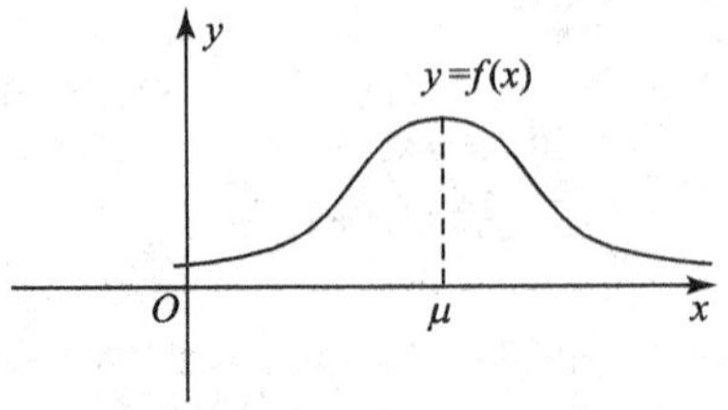

图 4－6

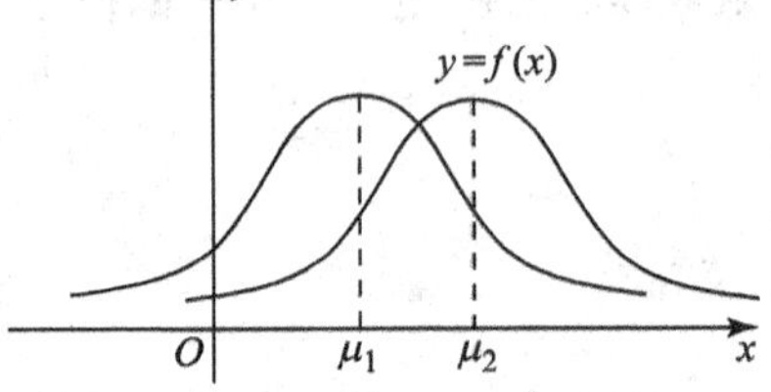

图 4－7

特别地，当参数 $\mu=0$，$\sigma=1$ 时的正态分布称为标准正态分布，记为 $X\sim N(0, 1)$，其密度函数记为

$$\varphi(x)=\frac{1}{\sqrt{2\pi}}e^{-\frac{x^2}{2}} \quad (-\infty<x<+\infty). \tag{4.18}$$

标准正态分布的密度函数图形关于 y 轴对称，如图 4-9 所示.

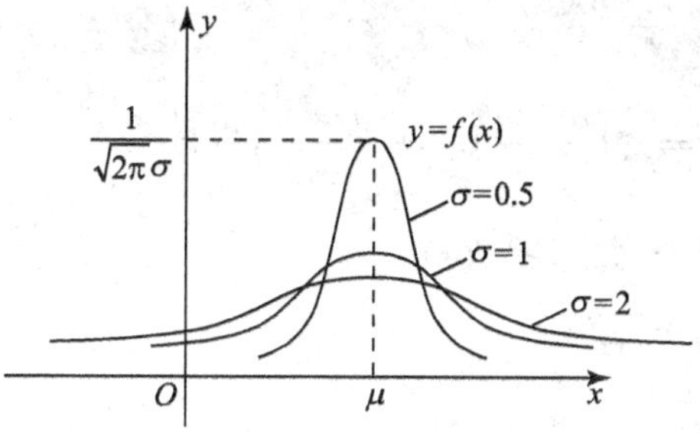

图 4-8

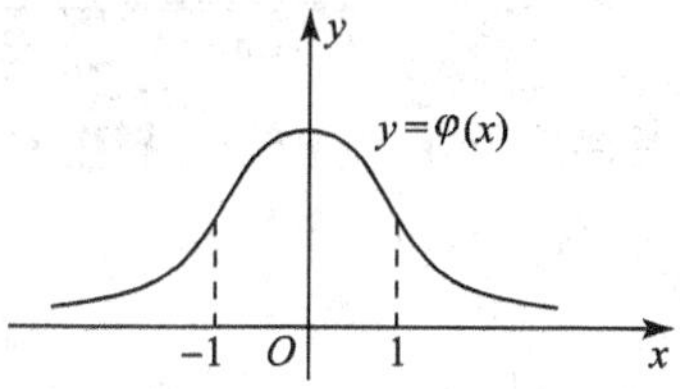

图 4-9

正态分布是一个非常重要的分布，在数理统计中占有重要的地位，这是因为自然现象和社会现象中，大量的随机变量如：测量误差、灯泡寿命、农作物的收获量、人的身高和体重、射击时弹着点与靶心的距离等都可以认为服从正态分布.

4. 正态分布的概率计算

若 $X\sim N(0,\ 1)$，则标准正态分布的分布函数为

$$\Phi(x)=\int_{-\infty}^{x}\varphi(t)\mathrm{d}t=\int_{-\infty}^{x}\frac{1}{\sqrt{2\pi}}e^{-\frac{t^2}{2}}\mathrm{d}t \quad (-\infty<x<+\infty). \tag{4.19}$$

为了方便计算 $\Phi(x)$ 的函数值，数学工作者编制了 $\Phi(x)$ 的函数值表，称为正态分布表（见附表 1），因此标准正态分布的概率计算只要查表就可以了.

由式（4.11），对任意的实数 a，$b(a<b)$ 有

$$P\{a<X\leqslant b\}=\Phi(b)-\Phi(a). \tag{4.20}$$

同时由标准正态分布曲线的对称性，有（图 4-10，图 4-11）

$$\Phi(-x)=1-\Phi(x).$$

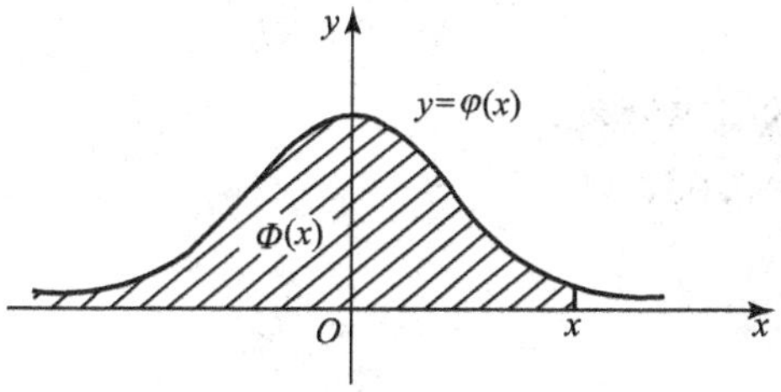

图 4-10

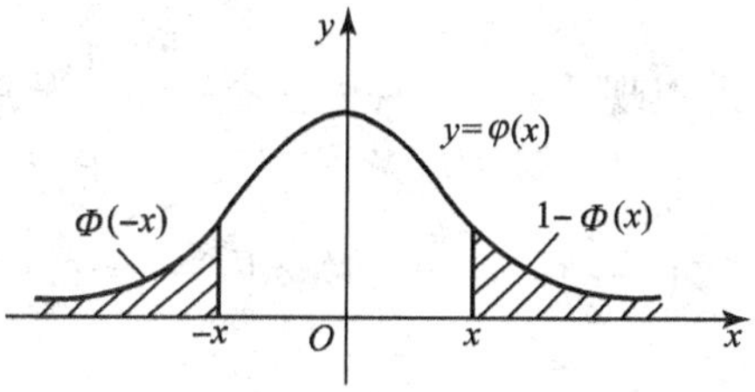

图 4-11

例 9　已知 $X\sim N(0,\ 1)$，求 $P\{-\infty<X<-3\}$，$P\{|X|<3\}$.

解　$P\{-\infty<X<-3\}=\Phi(-3)=1-\Phi(3)$.

查标准正态分布表得，$\Phi(3)=0.998\ 7$，故 $P\{-\infty<X<-3\}=1-0.998\ 7=0.001\ 3$.

$$\begin{aligned}P\{|X|<3\}&=P\{-3<X<3\}=\Phi(3)-\Phi(-3)=\Phi(3)-[1-\Phi(3)]\\&=2\Phi(3)-1=2\times0.998\ 7-1=0.997\ 4.\end{aligned}$$

对于一般正态分布的概率计算，可以应用定积分的换元法将其转换为标准正态分布的概

率计算.

若 X 服从一般正态分布，即 $X \sim N(\mu, \sigma^2)$，则

$$P\{a < X \leqslant b\} = \int_a^b \frac{1}{\sqrt{2\pi}\sigma} \mathrm{e}^{-\frac{(x-\mu)^2}{2\sigma^2}} \mathrm{d}x$$

$$\xlongequal[\mathrm{d}x=\sigma\cdot\mathrm{d}y]{y=\frac{x-\mu}{\sigma}} \frac{1}{\sqrt{2\pi}} \int_{\frac{a-\mu}{\sigma}}^{\frac{b-\mu}{\sigma}} \mathrm{e}^{-\frac{y^2}{2}} \mathrm{d}y = \Phi\left(\frac{b-\mu}{\sigma}\right) - \Phi\left(\frac{a-\mu}{\sigma}\right). \tag{4.21}$$

因此，对一般的正态分布，若记 $X \sim N(\mu, \sigma^2)$ 的分布函数为 $F(x)$，则

$$F(x) = \Phi\left(\frac{x-\mu}{\sigma}\right). \tag{4.22}$$

例 10　已知 $X \sim N(1, 4)$，求 $P\{5 < X \leqslant 7.2\}$，$P\{0 < X \leqslant 1.6\}$.

解　$\mu=1$，$\sigma=2$，

$$P\{5<X\leqslant 7.2\} = F(7.2) - F(5) = \Phi\left(\frac{7.2-1}{2}\right) - \Phi\left(\frac{5-1}{2}\right)$$

$$= \Phi(3.1) - \Phi(2) = 0.999\,0 - 0.977\,2 = 0.021\,8.$$

$$P\{0<X\leqslant 1.6\} = F(1.6) - F(0) = \Phi\left(\frac{1.6-1}{2}\right) - \Phi\left(\frac{0-1}{2}\right)$$

$$= \Phi(0.3) - \Phi(-0.5) = \Phi(0.3) - [1 - \Phi(0.5)]$$

$$= 0.617\,9 - (1 - 0.691\,5) = 0.309\,4.$$

例 11　设一批零件的长度 X（cm）服从 $N(20, 0.04)$，现从这批零件中任取一件，求：

(1) 误差不超过 0.3 cm 的概率？

(2) 能以 0.95 的概率保证零件的误差不超过多少厘米？

解　因为 $X \sim N(20, 0.04)$，即 $\mu=20$，$\sigma=0.2$，由式 (4.21)，则

(1) $P\{|X-20|<0.3\} = P\{19.7 < X < 20.3\}$

$$= \Phi\left(\frac{20.3-20}{0.2}\right) - \Phi\left(\frac{19.7-20}{0.2}\right)$$

$$= \Phi(1.5) - \Phi(-1.5) = 2\Phi(1.5) - 1$$

$$= 2 \times 0.933\,2 - 1 = 0.866\,4.$$

所以现从这批零件中任取一件，误差不超过 0.3 cm 的概率为 86.64%.

(2) 设 $P\{|X-20| \leqslant \varepsilon\} = P(20-\varepsilon \leqslant X \leqslant 20+\varepsilon) = 0.95$，则

$2\Phi\left(\frac{\varepsilon}{0.2}\right) - 1 = 0.95$，$\Phi\left(\frac{\varepsilon}{0.2}\right) = 0.975$，查标准正态分布表，得

$$\frac{\varepsilon}{0.2} = 1.96，\varepsilon = 0.392 \approx 0.4.$$

因此能以 0.95 的概率保证零件的误差不超过 0.4 cm.

例 12　已知 $X \sim N(\mu, \sigma^2)$，求 $P\{|X-\mu| < 3\sigma\}$.

解　$P\{|X-\mu|<3\sigma\} = P\{\mu-3\sigma < X < \mu+3\sigma\} = \Phi(3) - \Phi(-3)$

$$= 2\Phi(3) - 1 = 0.997\,3.$$

在企业管理中，用于质量检查和工艺过程控制的三倍标准差规则，也称为 3σ 原则，就是一般正态分布在实际中的典型应用. 其含义是：对于 $X \sim N(\mu, \sigma^2)$ 的变量 X，因

$$P\{|X-\mu|<3\sigma\}=0.9973,$$

即 X 落在区间（$\mu-3\sigma$，$\mu+3\sigma$）的概率很大，所以实际应用中常在区间（$\mu-3\sigma$，$\mu+3\sigma$）内取值.

习题四

1. 某年级学生的英语考试及格率为 $p=92\%$，用 $\{X=1\}$ 表示及格的事件，用 $\{X=0\}$ 表示不及格的事件，求离散型随机变量 X 的分布列及其分布函数.

2. 一批产品的次品率 $p=0.2$，从中每次取一件，取后放回，共取 6 次，用 X 表示所取 6 次中取到的次品数，求 6 次抽取中有两次取到次品的概率.

3. 某物业公司负责 40 家住户的维修业务. 已知每家住户在一周内向该物业公司报修的概率为 0.1，求在一周内有 3 到 5 家住户向物业公司报修的概率.

4. 某人独立地射击，设每次射击的命中率为 0.02，射击 200 次，求至少击中目标两次的概率.

5. 若书中的某一页上印刷错误的个数 X 服从参数为 0.5 的泊松分布，求在此页上至少有一处印错的概率.

6. 设 X 服从参数 λ 为 3 的指数分布. 求 (1) $P\{X\geqslant 2\}$；(2) $P\{-2\leqslant X\leqslant 2\}$.

7. 在某公共汽车站，汽车每隔 8 min 发一班车，一位乘客在任一时刻到达车站是等可能的. 求：(1) 这位乘客候车时间 X 的概率分布；(2) 这位乘客候车时间超过 2 min 但不到 5 min 的概率.

8. 设随机变量 $X\sim N(0,1)$，求 $P\{X<1.65\}$，$P\{1.65\leqslant X<2.09\}$，$P\{X\geqslant 2.09\}$.

9. 设随机变量 $X\sim N(1,0.2^2)$，求 $P\{X<1.2\}$ 及 $P\{0.7\leqslant X<1.1\}$.

10. 设成年男子身高 $X\sim N(170,16^2)$，某种公共汽车门的高度是按成年男子碰头的概率在 1%以下来设计的，问车门的高度最少应是多少？

11. 某厂生产一种设备，其平均寿命为 10 年，标准差为 2 年. 如该设备的寿命服从正态分布，求整批设备中寿命不低于 9 年的占多大比例.

第五节　随机变量的数字特征

前面讨论了随机变量的分布，这是对随机变量的一种完全描述，完整地刻画了随机变量取值的规律性，但在许多实际问题中确定随机变量的分布有时比较困难. 在很多情况下，我们并不需要去全面地考察随机变量的变化情况，而只需知道随机变量取值的平均数以及描述随机变量取值的分散程度等一些数字特征即可. 这些数字特征在一定程度上刻画出随机变量的基本形态，这也是在数理统计分析中的两个最基本的量度. 对随机变量的数字特征的研究具有理论和实际上的重要意义.

一、随机变量的数学期望（均值）

本节将要根据随机变量的分布确定一个数值，它反映随机变量取值的“平均值”，随着试验的重复进行，随机变量可以取各种不同的值，这些值带有一定的随机波动性. 但是人们发现这与事件频率的稳定性很相似. 在大量重复试验中，随机变量取值的算术平均值也具有稳定性，即它围绕着某一常数做微小的摆动，而且一般来说，试验次数越大，摆动幅度越小，我们自然认为该常数是随机变量取值的“平均值”，称它为随机变量的数学期望（简称期望或均值).

1. 离散型随机变量的数学期望

例 1 一批产品经测量得它的长度 L 的相应件数的分布如下表：

L/mm	98	99	100	101
件数	1	4	2	3

解 该批零件的平均长度等于

$$\frac{98\times1+99\times4+100\times2+101\times3}{10}$$

$$=98\times\frac{1}{10}+99\times\frac{4}{10}+100\times\frac{2}{10}+101\times\frac{3}{10}=99.7\text{（mm）},$$

即该批产品的平均长度为 99.7mm.

从计算中可看出，求产品的平均长度，是经测量得到的产品的长度值与它相应的频率乘积之和. 由该问题得到启发，一般随机变量取值的“平均值”，是随机变量所有可能取值与其相应的概率乘积之和，也就是以概率为权重的加权平均值，对离散型随机变量的数学期望，一般定义如下：

定义 1 设离散型随机变量的概率分布为

$$P\{X=x_i\}=p_i \quad (i=1，2，\cdots).$$

若级数 $\sum_{i=1}^{\infty}|x_i|p_i$ 收敛，则称 $\sum_{i=1}^{\infty}x_ip_i$ 为 X 的数学期望或均值，记作 $E(X)$，即

$$E(X)=\sum_{i=1}^{\infty}x_ip_i.$$

若随机变量 X 的取值有限，则

$$E(X)=\sum_{i=1}^{n}x_ip_i. \tag{4.23}$$

从定义中可以看出，数学期望是随机变量 X 所有可能取值及以其概率为权重的加权平均值.

例 2 某工厂年利润 80 万元、90 万元、100 万元的概率分布为 0.3、0.5、0.2，试求年平均利润.

解 工厂年利润 X 是一个随机变量，它的分布为

X	80	90	100
P	0.3	0.5	0.2

由式（4.23)，得

$$E(X)=80\times0.3+90\times0.5+100\times0.2=89\text{（万元）},$$

故该厂的年平均利润是 89 万元.

例 3 一批产品中有一、二、三等品和废品 4 种，相应比例分别为 60%、20%、10%和 10%，若各等级产品的产值分别为 6 元、4.8 元、4 元及 0 元，求该产品的平均产值.

解 设一个产品的产值为 X 元，依题意，它的分布为

X	6	4.8	4	0
P	0.6	0.2	0.1	0.1

由式（4.23），得

$$E(X)=6\times0.6+4.8\times0.2+4\times0.1+0\times0.1=4.96\text{（元）},$$

故该产品的平均产值为 4.96 元.

对于离散型随机变量 X 的函数 $Y=f(X)$ 的数学期望有如下公式：
如果 $f(X)$ 的数学期望存在，则

$$E[f(X)]=\sum_{i=1}^{\infty}f(x_i)p_i \tag{4.24}$$

例 4 设 X 的概率分布为

X	-1	0	2	3
P	$\frac{1}{8}$	$\frac{1}{4}$	$\frac{3}{8}$	$\frac{1}{4}$

求：$E(X)$，$E(X^2)$，$E(-2X+1)$.

解 由式（4.23），得

$$E(X)=(-1)\times\frac{1}{8}+0\times\frac{1}{4}+2\times\frac{3}{8}+3\times\frac{1}{4}=\frac{11}{8};$$

由式（4.24），得

$$E(X^2)=(-1)^2\times\frac{1}{8}+0^2\times\frac{1}{4}+2^2\times\frac{3}{8}+3^2\times\frac{1}{4}=\frac{31}{8};$$

$$E(-2X+1)=3\times\frac{1}{8}+1\times\frac{1}{4}+(-3)\times\frac{3}{8}+(-5)\times\frac{1}{4}=-\frac{7}{4}.$$

2. 连续型随机变量的数学期望

定义 2 设 X 是一个连续型随机变量，其概率密度为 $f(x)$，若积分 $\int_{-\infty}^{+\infty}xf(x)\mathrm{d}x$ 绝对收敛，则称此积分为 X 的数学期望，记为 $E(X)$，即

$$E(X)=\int_{-\infty}^{+\infty}xf(x)\mathrm{d}x. \tag{4.25}$$

注：连续型随机变量的数学期望定义是离散型随机变量数学期望定义的拓展，只要应用定积分的定义和中值定理就可以知道它只不过是将离散型的级数运算变为相应的连续的积分运算.

对于连续型随机变量 X 的函数 $Y=g(X)$ 的数学期望有如下公式：如果 $g(X)$ 的数学期望存在，则 Y 的数学期望

$$E(Y)=\int_{-\infty}^{+\infty} g(x)f(x)\mathrm{d}x. \tag{4.26}$$

下面给出几个连续型随机变量的例子.

例 5 已知某电子元器件的寿命 X 服从参数为 $\lambda=0.001$ 的指数分布（单位：h）即

$$f(x)=\begin{cases}\lambda \mathrm{e}^{-\lambda x}, & x \geqslant 0,\\ 0, & x<0.\end{cases}$$

求这类电子元器件的平均寿命 $E(X)$.

解 由定义知

$$\begin{aligned}E(X)&=\int_{-\infty}^{+\infty} x f(x)\mathrm{d}x=\int_{0}^{+\infty} x\lambda \mathrm{e}^{-\lambda x}\mathrm{d}x\\ &=-\left(x\mathrm{e}^{-\lambda x}+\frac{\mathrm{e}^{-\lambda x}}{\lambda}\right)\Bigg|_{0}^{+\infty}=\frac{1}{\lambda}.\end{aligned}$$

又因为 $\lambda=0.001$，所以 $E(X)=\dfrac{1}{0.001}=1\ 000$（h），即这类电子元器件的平均寿命为 1 000 h.

由此例可知，指数分布的数学期望 $E(X)=\dfrac{1}{\lambda}$.

例 6 设随机变量 X 服从均匀分布

$$f(x)=\begin{cases}\dfrac{1}{b-a}, & a \leqslant x \leqslant b,\\ 0, & \text{其他}.\end{cases}$$

求 X 和 $Y=5X^2$ 的数学期望.（a，b 为常数）

解 $$E(X)=\int_{-\infty}^{+\infty} x f(x)\mathrm{d}x=\int_{0}^{a} x\cdot\frac{1}{b-a}\cdot\mathrm{d}x=\frac{a+b}{2};$$

$$E(Y)=\int_{-\infty}^{+\infty} 5x^2 f(x)\mathrm{d}x=\int_{a}^{b} 5x^2\cdot\frac{1}{b-a}\cdot\mathrm{d}x=\frac{5}{3}(a^2+ab+b^2).$$

由此例可知，均匀分布的数学期望 $E(X)=\dfrac{a+b}{2}$.

二、随机变量的方差

数学期望反映了随机变量的平均值，它是一个很重要的数字特征. 但是，在某些场合下只知道数学期望是不够的. 例如已知一批零件的平均长度为 $E(X)=10$ cm，仅有这一个指标还不能断定这批零件的长度是否合格，这是由于若其中一部分的长度较长，而另一部分的长度较短，它们的平均数也可能是 10 cm，为了评定这批零件的长度是否合格，还应考察零件长度与平均长度的偏离程度，若偏离程度较小，说明这批零件的长度基本稳定在 10 cm 附近，整体质量较好；反之，若偏离程度较大，说明这批零件的长度参差不齐，整体质量不好. 那么如何考察随机变量 X 与其均值 $E(X)$ 的偏离程度呢？因为 $X-E(X)$ 有正有负，$X-E(X)$ 的正负相抵会掩盖其真实性，所以容易想到取绝对值，即用 $E\{|X-E(X)|\}$ 来

度量 X 与均值 $E(X)$ 的偏离程度，但此式含有绝对值，运算上不方便，因此通常用 $E\{[X-E(X)]^2\}$ 来度量 X 与均值 $E(X)$ 的偏离程度．这个值就称为 X 的方差．

定义 3　设 X 是一个随机变量，若 $E\{[X-E(X)]^2\}$ 存在，则称 $E\{[X-E(X)]^2\}$ 是 X 的方差，记作 $D(X)$，即

$$D(X)=E\{[X-E(X)]^2\}. \tag{4.27}$$

在实际问题中常用 $\sigma=\sqrt{D(X)}$ 表示随机变量的分散程度，称 σ 为 X 的标准差或均方差．

若 X 为离散型随机变量，则

$$D(X)=\sum_{i=1}^{\infty}[x_i-E(X)]^2 p_i,$$

其中 $p_i=P(X=x_i)$，$(i=1，2，\cdots)$ 为 X 的分布列．

若 X 为连续型随机变量，则

$$D(X)=\int_{-\infty}^{+\infty}[x-E(X)]^2 f(x)\mathrm{d}x,$$

其中 $f(x)$ 为 X 的概率密度．

从方差定义的数学表达式可以看出，方差实际上是随机变量与它的数学期望差的平方的数学期望值，它的大小自然可以衡量随机变量的稳定状态，所以方差反映了随机变量的变异特征，对于一个随机变量来讲，方差是一个稳定常数，不再是随机的了．

对于方差的计算除了定义外，我们还常用到公式：

$$D(X)=E(X^2)-[E(X)]^2. \tag{4.28}$$

例 7　在同样条件下，用两种生产工艺制造某种零件，零件长度的设计标准为 $\mu_0=5$ cm．在两种工艺生产的两批产品中，分别抽取大量零件，测试其长度，得到如下分布表：

长度 L/mm	48	49	50	51	52
工艺Ⅰ的概率	0.1	0.1	0.6	0.1	0.1
工艺Ⅱ的概率	0.2	0.2	0.2	0.2	0.2

问哪种工艺的产品质量较高．

解　设 $X_1=\{$工艺Ⅰ产品的长度$\}$，$X_2=\{$工艺Ⅱ产品的长度$\}$．

可以算出 $E(X_1)=E(X_2)=50$．在这种情况下，显然产品长度方差越小，质量越高．

$$\begin{aligned}D(X_1)&=\sum_{i=1}^{5}[x_i-E(X_1)]^2 p_i\\&=(48-50)^2\times0.1+(49-50)^2\times0.1+(50-50)^2\times0.6+(51-50)^2\times\\&\quad 0.1+(52-50)^2\times0.1=1.\end{aligned}$$

$$\begin{aligned}D(X_2)&=\sum_{i=1}^{5}[x_i-E(X_2)]^2 p_i\\&=(48-50)^2\times0.2+(49-50)^2\times0.2+(50-50)^2\times0.2+(51-50)^2\times\\&\quad 0.2+(52-50)^2\times0.2=2.\end{aligned}$$

可见工艺Ⅰ优于工艺Ⅱ．

三、期望与方差的性质

随机变量 X 的期望与方差具有下列性质：

性质 1 $E(c)=c$，$D(c)=0$（c 为常数）.

性质 2 设 k 是常数，则 $E(kX)=kE(X)$，$D(kX)=k^2D(X)$.

性质 3 对任意的常数 a，b，$E(aX+b)=aE(X)+b$，$D(aX+b)=a^2D(X)$.

性质 4 对任意两个随机变量 X 和 Y，有 $E(X\pm Y)=E(X)\pm E(Y)$.

这个性质可以推广到任意有限个随机变量和的情形，即

$$E\left(\sum_{i=1}^{n}X_i\right)=\sum_{i=1}^{n}E(X_i).$$

对于相互独立的两个随机变量 X 和 Y，有

$$E(XY)=E(X)E(Y),\ D(X+Y)=D(X)+D(Y).$$

这个性质也可以推广，设 X_1，X_2，…，X_n 相互独立，则有

$$E(X_1X_2\cdots X_n)=E(X_1)E(X_2)\cdots E(X_n),$$

$$D(X_1+X_2+\cdots+X_n)=D(X_1)+D(X_2)+\cdots+D(X_n).$$

四、常见的随机变量的期望与方差

我们通过列表给出常见分布的期望与方差（推导过程省略），见表 4-4.

表 4-4

分布类型	分布列或概率密度	期望	方差	参数范围
两点分布 $X\sim B(1,\ p)$	$P(X=1)=p$ $P(X=0)=q$	p	pq	$0<p<1$, $p+q=1$
二项分布 $X\sim B(n,\ p)$	$P(X=k)=p_k=C_n^kp^kq^{n-k}$ $(k=0,1,2,\cdots,n)$ n 为自然数	np	npq	$0<p<1$, $p+q=1$
泊松分布 $X\sim P(\lambda)$	$P(X=k)=p_k=\dfrac{\lambda^k}{k!}e^{-\lambda}$ $(k=0,1,2,\cdots)$	λ	λ	$\lambda>0$
均匀分布 $X\sim U(a,\ b)$	$f(x)=\begin{cases}\dfrac{1}{b-a}, & x\in[a,b],\\ 0, & \text{其他}\end{cases}$	$\dfrac{a+b}{2}$	$\dfrac{(b-a)^2}{12}$	$b>a$
指数分布 $X\sim \exp(\lambda)$	$f(x)=\begin{cases}\lambda e^{-\lambda x}, & 0\leqslant x<\infty,\\ 0, & \text{其他}\end{cases}$	$\dfrac{1}{\lambda}$	$\dfrac{1}{\lambda^2}$	$\lambda>0$
正态分布 $X\sim N(\mu,\ \sigma^2)$	$f(x)=\dfrac{1}{\sqrt{2\pi}\sigma}e^{-(x-\mu)^2/2\sigma^2}$	μ	σ^2	μ 任意, $\sigma>0$

习题五

1. 已知随机变量 X 的概率分布为

X	0	1	2	3
P	0.2	0.3	0.1	0.4

求 $E(X)$，$D(X)$.

2. 已知随机变量 X 的概率密度为 $f(x)=\begin{cases}2x, & 0\leqslant x\leqslant 1,\\ 0, & \text{其他}.\end{cases}$ 求 $E(X)$，$D(X)$.

3. 甲乙两台生产同一种零件的车床，一天生产中次品数的概率分布为

$X_{甲}$	0	1	2	3
P	0.4	0.2	0.3	0.1

$X_{乙}$	0	1	2	3
P	0.3	0.4	0.3	0

如果两台机床的产量相同，哪台机床平均生产的次品数少？

4. 盒中有 5 个球，其中 3 个白球，2 个黑球，有放回地抽两次，每次取一个，求取到的白球数 X 的均值和方差.

5. 射击比赛，每人射击四次（每次一发），约定全部不中得 0 分，只中一弹得 15 分，中二弹得 30 分，中三弹得 55 分，中四弹得 100 分，甲每次射中率为 $\frac{3}{5}$，问他期望得多少分.

6. 已知 $X\sim B(n,\ p)$，且 $E(X)=2$，$D(X)=1.2$，求 $P(X=3)$.

第六节　典型例题详解

例 1　甲、乙、丙三人同时向一架飞机射击，它们击中目标的概率分别为 0.4、0.5、0.7. 假设飞机只有一人击中时，坠毁的概率为 0.2，若有 2 人击中，飞机坠毁的概率为 0.6，而飞机被 3 人击中时一定坠毁. 现在如果发现飞机被击中坠毁，计算飞机是由 3 人同时击中的概率.

解　设 $A_i=\{3$ 个人中有 i 个人击中飞机$\}$，$i=0,1,2,3$.

A_0、A_1、A_2、A_3 两两互不相容，并且 $A_0+A_1+A_2+A_3=\Omega$.

设事件 B 表示｛飞机被击中坠毁｝，依题意，有

$$P(B|A_0)=0,\ P(B|A_1)=0.2,\ P(B|A_2)=0.6,\ P(B|A_3)=1.$$

设事件 C_1、C_2、C_3 分别表示甲、乙、丙击中飞机，C_1、C_2、C_3 相互独立，由题设可知：

$$\begin{aligned}P(A_0)&=P(\overline{C}_1\,\overline{C}_2\,\overline{C}_3)=P(\overline{C}_1)P(\overline{C}_2)P(\overline{C}_3)\\&=0.6\times 0.5\times 0.3=0.09;\\P(A_1)&=P(C_1\,\overline{C}_2\,\overline{C}_3)+P(\overline{C}_1C_2\,\overline{C}_3)+P(\overline{C}_1\,\overline{C}_2C_3)\\&=0.4\times 0.5\times 0.3+0.6\times 0.5\times 0.3+0.6\times 0.5\times 0.7=0.36;\\P(A_3)&=P(C_1C_2C_3)=0.4\times 0.5\times 0.7=0.14;\\P(A_2)&=1-P(A_0)-P(A_1)-P(A_3)=0.41;\end{aligned}$$

由贝叶斯公式得

$$P(A_3|B)=\frac{P(A_3)P(B|A_3)}{\sum_{i=0}^{3}P(A_i)P(B|A_i)}=\frac{0.14\times 1}{0.09\times 0+0.36\times 0.2+0.41\times 0.6+0.14\times 1}$$
$$=0.306.$$

因此，飞机是由 3 人同时击中的概率是 0.306.

例 2　设离散型随机变量 X 的概率分布如下表 4－5 所示.

表 4－5

X	0	1	2
P	$4c$	$3c$	c

求：(1) c；(2) $P\{X>0.5\}$；(3) $E(X)$，$D(X)$.

解　(1) 由离散型随机变量概率分布的性质 2，知 $4c+3c+c=1$，得 $c=\frac{1}{8}$.

(2) 将 $c=\frac{1}{8}$ 代入表 4－5，得到随机变量 X 的概率分布，如表 4－6 所示.

表 4－6

X	0	1	2
P	$\frac{1}{2}$	$\frac{3}{8}$	$\frac{1}{8}$

$$P\{X>0.5\}=P\{X=1\}+P\{X=2\}=\frac{3}{8}+\frac{1}{8}=\frac{1}{2}.$$

(3) 由离散型随机变量数学期望的公式 (4.23) 得

$$E(X)=0\times\frac{1}{2}+1\times\frac{3}{8}+2\times\frac{1}{8}=\frac{5}{8},$$

要计算方差，先计算 $E(X^2)=0^2\times\frac{1}{2}+1^2\times\frac{3}{8}+2^2\times\frac{1}{8}=\frac{7}{8}$，然后将其带入方差公式 (4.28)，得

$$D(X)=E(X^2)-[E(X)]^2=\frac{7}{8}-\left(\frac{5}{8}\right)^2=\frac{31}{64}.$$

例 3　有一供货商提供了一批某种产品，共 300 件，其过去的质量记录显示该产品中含有 2％的不合格品. 现在从这批产品中随机抽取 40 件进行质量检验. 问：(1) 这 40 件样品中不多于 2 件不合格品的概率；(2) 这 40 件样品中恰有 2 件不合格品的概率.

解　(1) 因为从 300 件中随机抽取 40 件，可以看成有放回抽取. 这就是一个二项分布问题，其中 $n=40$，$p=0.02$. 设 X 为不合格品数，问题就是求：

$$P(X\leqslant 2)=P(X=0)+P(X=1)+P(X=2).$$

因为 n 和 p 的差异较大，$\lambda=np=40\times 0.02=0.8$，所以可利用泊松分布代替二项分布，于是所求概率（查泊松分布表：$\lambda=0.8$，$m=2$）得 $P\{X\leqslant 2\}=0.952\,6$，即这 40 件样品中不多于 2 件不合格品的概率是 95.26％.

(2) 如果求各个单独的概率，只要把泊松分布表中相关值相减即可.

$$P\{X=2\}=P\{X\leqslant 2\}-P\{X\leqslant 1\}=0.952\,6-0.808\,8=0.143\,8.$$

这 40 件样品中恰有 2 件不合格品的概率是 14.38％.

例 4　某商场根据过去的经验，知道所出售的一种特种灯泡的寿命是属于正态分布的类型，并且它们的平均寿命为 1 000 (h)，标准差 200 (h). (1) 问在所购进的这种灯泡中，

有多少灯泡在 1 400 (h) 后仍然可用；(2) 商场规定若购买此商品后的 1 年内（大约 500 h）非人为损坏而不能使用给免费更换新的．问 1 年内的免费更换率是多少．

解　设灯泡的使用寿命为 X，由题设知 $X \sim N(1\,000, 200^2)$．

(1) $P\{X>1\,400\}=1-P\{X\leqslant 1\,400\}=1-\Phi\left(\frac{1\,400-1\,000}{200}\right)=1-\Phi(2)$

$=1-0.977\,2=0.022\,8$，

即在所购进的这种灯泡中，有 2.28% 的灯泡在 1 400 (h) 后仍然可用；

(2) $P\{X\leqslant 500\}=\Phi\left(\frac{500-1\,000}{200}\right)=\Phi(-2.5)=1-\Phi(2.5)$

$=1-0.993\,8=0.006\,2$．

此商品 1 年内免费更换率是 0.62%．

复习题四

1. 某地区气象资料表明，邻近的甲、乙两城市全年雨天比例分别为 12%、9%，甲、乙两市至少有一市为雨天的比例为 16.8%，求下列事件的概率：

(1) 甲、乙两市同为雨天；

(2) 在甲市雨天的条件下乙市也为雨天；

(3) 在乙市无雨的条件下甲市也无雨。

2. 盒内有一个白球与一个黑球，先从盒内任意抽取一个球，若取到白球则终止取球；若取到黑球，则把黑球放回盒内，同时再放入盒内一个黑球，然后再从盒内任意抽取一个球。如此下去，直到取到白球则终止抽取．求下列事件的概率：

(1) 抽取了 4 次均未取到白球；

(2) 在第 4 次抽取后停止抽取；

(3) 在第 n 次抽取后停止抽取．

3. 某人投篮 4 次，已知 4 次中至少投中一次的概率为 0.998 4，求此人 4 次投篮最多投中一次的概率．

4. 在 4 件产品中，有 3 件正品，1 件次品，从中任取两件，用 $\{X=0\}$ 表示所取产品中有次品，$\{X=1\}$ 表示所取两件中无次品，试写出 X 的概率分布．

5. 一大楼装有 3 个同类型的供水设备，调查表明在任一时刻 t 每个设备使用的概率为 0.1，问在同一时刻

(1) 恰有 2 个设备被使用的概率是多少．

(2) 至少有 2 个设备被使用的概率是多少．

(3) 至多有一个设备被使用的概率是多少．

6. 某印刷厂的出版物每页上错别字的数目 X 服从 $\lambda=3$ 的泊松分布，今任意抽取一页，求：

(1) 该页上无错别字的概率；

(2) 有 2～3 个错别字的概率．

7. 把温度调节器放入储存着某种液体的容器中，调节器定在 d ℃，液体的温度 T 是随

机变量，设 $T\sim N(d, 0.5^2)$ 试求：(1) 若 $d=90$ ℃时，$T\leqslant 89$ ℃的概率；(2) 若要求保持液体的温度至少为 80 ℃的概率不低于 0.99，问 d 至少为多少度.

8. 已知某车间工人完成某道工序的时间 X 服从正态分布 $N(10, 3^2)$，问：

(1) 从该车间工人中任选一人，其完成该道工序的时间不到 7 min 的概率；

(2) 为了保证生产连续进行，要求以 95%的概率保证该道工序上工人完成工作时间不多于 15 min，这一要求能否得到保证？

9. 假设一部机器在一天内发生故障的概率为 0.2，机器发生故障时全天停止工作，若一周 5 个工作日里无故障，可获利润 10 万元；发生一次故障仍可获利 5 万元；发生两次故障所获利润 0 万元；发生三次或三次以上故障就要亏损 2 万元. 求一周内期望利润.

10. 已知甲、乙两箱中装有同种产品，其中甲箱中装有 3 件合格品和 3 件次品；乙箱中仅装有 3 件合格品，从甲箱中任取 3 件产品放入乙箱后，求：

(1) 乙箱中次品件数 X 的数学期望；

(2) 从乙箱中任取一件产品是次品的概率.

11. 设 X 为一个随机变量，其概率密度为

$$f(x)=\begin{cases}1+x, & -1\leqslant x\leqslant 0,\\ 1-x, & 0<x<1,\\ 0, & \text{其他}.\end{cases}$$

求：$E(3X+5)$，$D(3X+5)$.

第五章　数理统计

在上一章中，我们讨论了概率论的基础知识，学会了用随机变量来描述随机现象. 在概率论问题的讨论中，我们总是假定随机变量的概率分布或某些数字特征是已知的. 例如，在产品质量检验中，假定整批产品中次品所占比例是已知的；假定某产品的测量值服从何种分布等. 但在实际问题中，这些是不知道或不完全知道的. 这也正是研究者所希望了解的内容，是研究随机现象的目的. 要想解决这些问题，一般是对要研究的随机现象进行观察和试验，从中收集一些相关数据，并以概率论为基础，使用这些数据对随机现象的客观规律作出种种合理的估计和推断. 这就是数理统计的核心问题.

数理统计在自然科学、工程技术、管理科学及人文社会科学中有着广泛的应用. 它的内容十分丰富，本章只介绍其中的参数估计与假设检验的部分内容. 在讨论具体问题之前我们先介绍数理统计中的几个基本概念.

第一节　数理统计的基本概念

一、总体和样本

数理统计是从局部观测资料的统计特性来推断随机现象整体统计特性的一门科学. 其方法是：从所有研究的全体对象中抽取一小部分进行试验观测，然后进行分析研究，根据这一小部分所显示的统计特性来推断全体对象的统计特性. 例如研究某工厂生产的电脑显示器的平均寿命，一般从所有产品中抽取一部分进行寿命测试，再根据这部分显示器的寿命数据推测所有显示器的平均寿命.

在数理统计中通常把研究对象的全体称为总体（母体），把组成总体的每一个单位称为个体. 例如上例中，该厂生产的所有显示器的寿命组成一个总体，其中每一个显示器的寿命为一个个体. 由此可知总体是一个集合，而个体是集合中的元素. 而我们抽取的部分显示器构成的集合称为一个样本.

由于每个个体的出现是随机的，因此相应的数量指标也带有随机性. 从而可以把这种数量指标看成一个随机变量，因此随机变量的分布就是该数量指标在总体中的分布. 这样，总体就可以用一个随机变量 X 及其分布函数 $F(x)$ 来描述.

为推断总体分布及其各种特征，按一定规则从总体中抽取若干个体进行观察试验，以获得有关总体的信息，这一抽取过程称为“抽样”，所抽取的部分个体构成的集合称为样本. 样本中所包含的个体数目称为样本容量. 一旦取定一个样本，得到的是 n 个具体的数（x_1，x_2，…，x_n），称其为样本的一次观察值，简称样本值.

由于抽样的目的是为了对总体进行推断，为了使抽取的样本能很好地反映总体的信息，必须考虑抽样方法. 最常用的一种抽样方法叫作“简单随机抽样”，它要求抽取的样本满足下面两点：

(1) 代表性：X_1，X_2，…，X_n 中每一个变量都与所考察的总体有相同的分布；

(2) 独立性：X_1，X_2，…，X_n 是相互独立的随机变量.

简单地说，简单随机抽样就是总体中的每一个个体被抽取到的可能性是相同的.

由简单随机抽样得到的样本称为简单随机样本，它可以用与总体独立同分布的 n 个相互独立的随机变量 X_1，X_2，…，X_n 表示.

简单随机样本是最常见的情形. 今后，当说到"X_1，X_2，…，X_n 是取自某总体的样本"时，若不特别说明，就指简单随机样本.

事实上我们抽样后得到的资料都是具体的、确定的值. 如我们从某班学生中抽取 10 人测量身高，得到 10 个数，它们是样本值而不是样本. 我们只能观察到随机变量取的值而见不到随机变量. 统计是用已有的资料（样本值），去推断总体的情况，即总体的性质. 样本是联系二者的桥梁，总体分布决定了样本取值的概率规律，也就是样本取到样本值的规律，因而可以由样本值去推断总体情况.

二、统计量及其分布

1. 统计量

由样本值去推断总体，在抽取样本后，我们并不是立即用样本进行推断. 而是需要对样本值进行"加工"和"提炼"，把样本中所包含的我们关心的信息集中起来，这便是针对不同问题构造一些样本函数，我们把不含任何未知参数的样本函数称为统计量. 它完全是由样本决定的量.

定义 1　若样本（X_1，X_2，…，X_n）的函数

$$T=g(X_1,\ X_2,\ \cdots,\ X_n)$$

不含任何未知参数. 则称 T 为一个统计量.

如果（x_1，x_2，…，x_n）是一组样本值，则 $g(x_1,\ x_2,\ \cdots,\ x_n)$ 是统计量 $T=g(X_1,\ X_2,\ \cdots,\ X_n)$ 的一个观测值.

例 1　设总体 $X\sim N(\mu,\ \sigma^2)$，其中 μ 未知，σ^2 已知.（X_1，…，X_n）是从总体中抽取的样本，指出下面各式哪些是统计量，哪些不是，为什么？

(1) $\overline{X}=\dfrac{1}{n}\sum\limits_{i=1}^{n}X_i$；　(2) $\dfrac{\overline{X}-\mu}{\sigma/\sqrt{10}}$；　(3) $\dfrac{\overline{X}}{\sigma/\sqrt{10}}$；

(4) $\dfrac{\overline{X}-\mu}{\sqrt{n}}$；　(5) $\dfrac{S^2}{\sigma^2}$；　(6) $\overline{X}/\sigma-\mu$.

解　(1)(3)(5) 式为统计量，因为这些随机变量函数中无未知参数，用已知的样本值就可以求出函数值（统计量的值）；而 (2)(4)(6) 式不是统计量，因为这些表达式中含有未知参数 μ.

下面介绍几个常见统计量：

样本均值

$$\overline{X}=\frac{1}{n}\sum_{i=1}^{n}X_i; \tag{5.1}$$

样本方差

$$S^2 = \frac{1}{n-1}\sum_{i=1}^{n}(X_i - \overline{X})^2; \tag{5.2}$$

样本标准差（均方差）

$$S = \sqrt{\frac{1}{n-1}\sum_{i=1}^{n}(X_i - \overline{X})^2}; \tag{5.3}$$

对于一组具体的样本值 x_1，x_2，…，x_n，样本均值

$$\bar{x} = \frac{1}{n}\sum_{i=1}^{n}x_i$$

表示数据集中的位置，样本方差

$$s^2 = \frac{1}{n-1}\sum_{i=1}^{n}(x_i - \bar{x})^2$$

描述了数据对均值 $\bar{x}$ 的离散程度. s^2 越大，数据越分散，表明数据的波动性越大；s^2 越小，数据越集中，数据的波动性越小.

样本 k 阶原点矩

$$A_k = \frac{1}{n}\sum_{i=1}^{n}X_i^k,\ (k=1,\ 2,\ \cdots);$$

样本 k 阶中心矩

$$B_k = \frac{1}{n}\sum_{i=1}^{n}(X_i - \overline{X})^k,\ (k=2,\ 3,\ \cdots).$$

显然，样本均值是样本一阶原点矩，而样本方差不是样本二阶中心矩.

2. 抽样分布

统计量既然是依赖于样本的，而后者又是随机变量，故统计量也是随机变量，因而就有一定的分布，这个分布叫做统计量的“抽样分布”. 抽样分布就是随机变量函数的分布. 只是这一分布是由一个统计量所产生的. 研究统计量的性质和评价一个统计推断的优良性，完全取决于其抽样分布的性质. 由于许多随机现象多服从正态分布，因此我们重点讨论正态总体的推断问题. 下面介绍几个由正态总体样本构成的常用统计量的分布，这几个分布在下面的统计推断中经常使用.

(1) χ^2 分布（读作：卡方分布）。

χ^2 分布是由正态分布派生出来的一种分布.

定义 2　设 X_1，X_2，…，X_n 相互独立，且都服从正态分布 $N(0,\ 1)$，则称统计量

$$\chi^2 = X_1^2 + X_2^2 + \cdots + X_n^2$$

服从自由度为 n 的 χ^2 分布，记为 $\chi^2 \sim \chi^2(n)$.

χ^2 分布的概率密度函数为

$$f(t) = \begin{cases} \dfrac{1}{2^{\frac{n}{2}}\Gamma\left(\dfrac{n}{2}\right)} t^{\frac{n}{2}-1}e^{-\frac{t}{2}}, & t \geqslant 0, \\ 0, & t < 0. \end{cases}$$

其中伽马函数 $\Gamma(x)$ 通过积分 $\Gamma(x)=\int_0^{\infty} e^{-t}t^{x-1}dt$，$x>0$ 来定义，如图 5-1 所示.

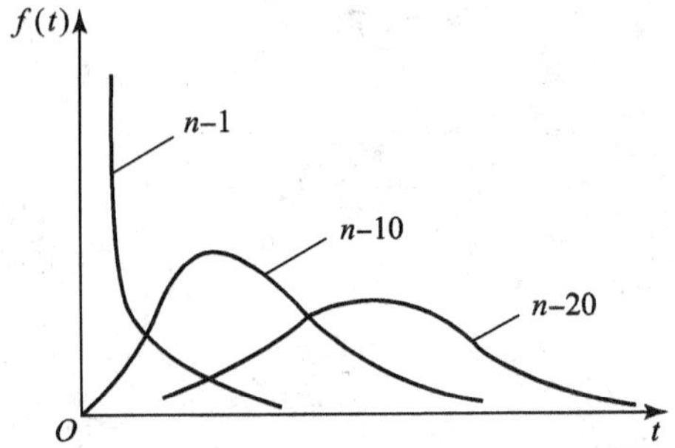

图 5-1

由 χ^2 分布的定义，不难得到如下性质：

性质 1 χ^2 分布的可加性

设 $\chi_1^2 \sim \chi^2(n_1)$，$\chi_2^2 \sim \chi^2(n_2)$，且 χ_1^2，χ_2^2 相互独立，则 $\chi_1^2+\chi_2^2 \sim \chi^2(n_1+n_2)$. 这个性质可以推广到多个随机变量的情形.

性质 2 χ^2 分布的数学期望与方差

若 $\chi^2 \sim \chi^2(n)$，则 $E(\chi^2)=n$，$D(\chi^2)=2n$.

性质 3 χ^2 分布的分位点（临界值）

对于给定的 α，$0<\alpha<1$，称满足 $P\{\chi^2>\chi_\alpha^2(n)\}=\alpha$ 的值 $\chi_\alpha^2(n)$ 为 χ^2 分布的 α 分位点（临界值），如图 5-2 所示.

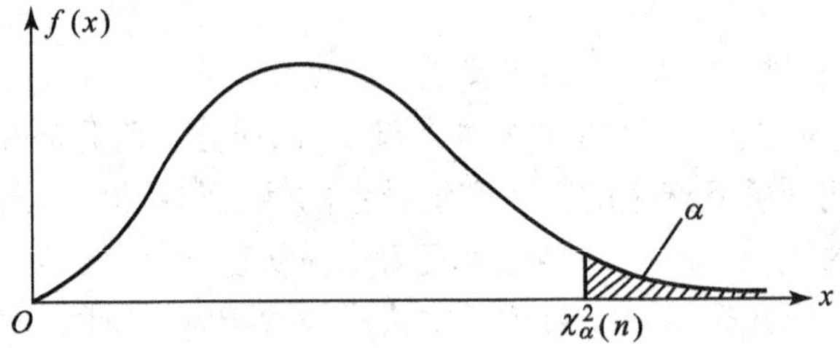

图 5-2

$\chi_\alpha^2(n)$ 的值可从 χ^2 分布表中查到.

例如在 χ^2 分布表中查 $n=25$，$\alpha=0.01$，得到 $\chi_{0.01}^2(25)=44.314$，它的含义是随机变量 X 服从自由度为 25 的 χ^2 分布，且 $P(X>44.314)=0.01$. 同样查 $n=15$，$\alpha=0.975$ 得到 $\chi_{0.975}^2(15)=6.262$. 它的含义是随机变量 X 服从自由度为 15 的 χ^2 分布，且 $P(X>6.262)=0.975$.

(2) t 分布。

定义 3 设随机变量 $X \sim N(0, 1)$，$Y \sim \chi^2(n)$，且 X 与 Y 相互独立，则称随机变量

$$T=\frac{X}{\sqrt{\frac{Y}{n}}}$$

服从自由度为 n 的 t 分布，记为 $T\sim t(n)$.

T 的概率密度函数为

$$f(t)=\frac{\Gamma\left(\frac{n+1}{2}\right)}{\Gamma\left(\frac{n}{2}\right)\Big/\sqrt{n\pi}}\left(1+\frac{t^2}{n}\right)^{-\frac{n+1}{2}},(-\infty<t<\infty).$$

如图 5-3 所示，t 分布的概率密度曲线关于纵轴对称，自由度 n 越大图像越陡. 且当自由度 n 越大时越接近标准正态的概率密度曲线.

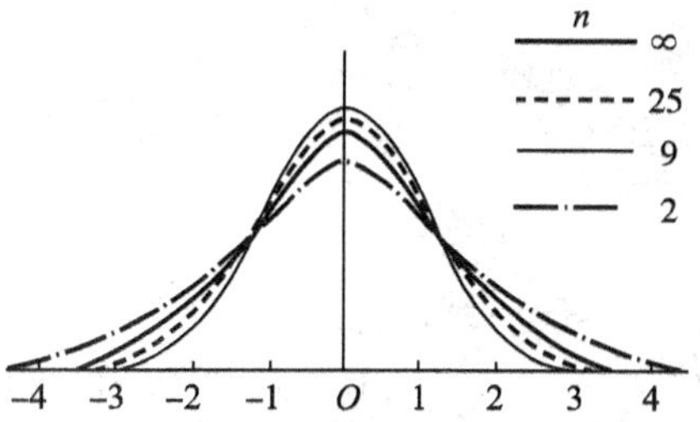

图 5-3

t 分布的分位点（临界值）：对于给定的 α，$0<\alpha<1$，称满足 $P\{t>t_\alpha(n)\}=\alpha$ 的值 $t_\alpha(n)$ 为 t 分布的 α 分位点（临界值），如图 5-4 所示. $t_\alpha(n)$ 的值可从 t 分布表中查到.

例如在 t 分布表中查 $n=15$，$\alpha=0.025$ 得到 $t_{0.025}(15)=2.131\,5$，它的含义是随机变量 X 服从自由度为 15 的 t 分布，且 $P(X>2.131\,5)=0.025$.

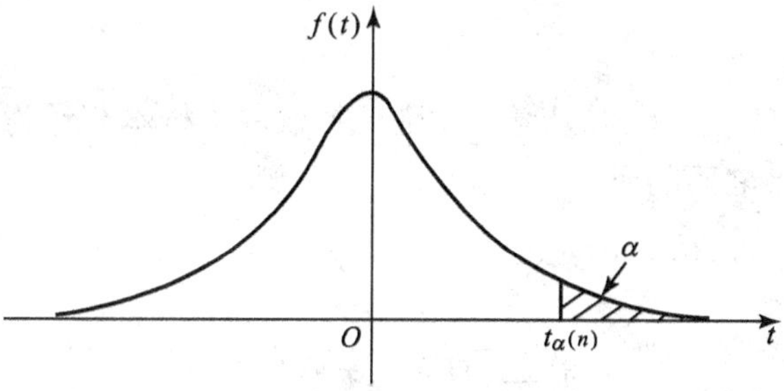

图 5-4

3. 几个重要的抽样分布定理

定理 1　样本均值的分布

设 X_1，X_2，…，X_n 是取自正态总体 $N(\mu,\sigma^2)$ 的样本，$\overline{X}$ 是样本均值，则有

$$\overline{X}\sim N\left(\mu,\frac{\sigma^2}{n}\right),\tag{5.4}$$

$$\frac{\overline{X}-\mu}{\sigma/\sqrt{n}}\sim N(0,1).\tag{5.5}$$

定理 2　样本方差的分布

设 X_1，X_2，…，X_n 是取自正态总体 $N(\mu,\sigma^2)$ 的样本，$\overline{X}$ 和 S^2 分别为样本均值和样

本方差，则有：

(1) $\frac{(n-1)S^2}{\sigma^2} \sim \chi^2(n-1)$；　　(5.6)

(2) $\overline{X}$ 和 S^2 相互独立.

定理 3　设 X_1，X_2，…，X_n 是取自正态总体 $N(\mu, \sigma^2)$ 的样本，$\overline{X}$ 和 S^2 分别为样本均值和样本方差，则有

$$\frac{\overline{X}-\mu}{S/\sqrt{n}} \sim t(n-1). \tag{5.7}$$

习题一

1. 请解释下列名词.

总体、样本、样本容量、样本值、统计量.

2. 设有样本观察值 0.497，0.506，0.518，0.524，0.488，0.510，0.515，0.512，求样本均值 $\overline{X}$ 和样本方差 S^2.

3. 设总体 $X \sim N(\mu, \sigma^2)$，μ 未知，σ^2 已知.（X_1，…，X_{10}）是从总体中抽取的样本，指出下面各式哪些是统计量，哪些不是，为什么？

(1) $\overline{X} = \frac{1}{10}\sum_{i=1}^{10} X_i$；　(2) $\frac{1}{10}\sum_{i=1}^{10}(X_i - \overline{X})^2$；　(3) $\frac{\overline{X}-\mu}{\sigma}$；

(4) $\sum_{i=1}^{10}(X_i-\mu)^2$；　(5) $\frac{\sum_{i=1}^{10} X_i}{\sigma}$；　(6) $X_1 + X_2$.

4. 设总体 $X \sim N(52, 6.3^2)$，从总体中随机抽取一个样本容量为 36 的样本，求样本均值 $\overline{X}$ 落在 50.8 到 53.8 之间的概率.

5. 查表求 $\chi^2_{0.975}(10)$，$\chi^2_{0.05}(5)$，$t_{0.025}(9)$，$t_{0.05}(10)$，并说明其含义.

第二节　参数估计

数理统计研究的主要问题是统计推断，统计推断要处理的问题主要有两大类：参数估计和假设检验. 本节将讨论参数估计. 所谓参数估计就是利用从总体中抽样得到的信息即样本观测值 x_1，x_2，…，x_n 来估计总体的某些未知参数或者数字特征，而且由给出的可靠程度确定出估计值的精度. 参数估计分为点估计与区间估计两类，下面先介绍点估计.

一、参数的点估计

我们通过几个例子来认识一下参数估计.

例 1　要了解某灯泡厂生产的灯泡的使用寿命，就要随机抽取部分灯泡，测量他们的使用寿命. 如随机抽取 4 只，测得寿命（单位：h）为：

1 502　　1 453　　1 367　　1 650

对它的均值 $E(X)$ 和方差 $D(X)$ 进行估计.

例 2　已知电视机显像管的寿命 X 服从正态分布 $N(\mu, \sigma^2)$，其中参数 μ，σ^2 未知. 用样本观测值估计 μ，σ^2，并计算其寿命高于（低于）某值的概率.

从上面的例子可以看到，参数估计一般分为两种类型，一种总体分布未知，我们只想了解总体的主要数字特征；一类是总体分布已知，但含有未知参数，对总体的未知参数进行估计.

定义 1　设总体 X 的分布函数为 $F(x, \theta)$，其中 θ 为未知参数，从总体 X 中抽取样本 $X_1, X_2, \cdots, X_n$，其观察值为 $x_1, x_2, \cdots, x_n$. 构造某个统计量 $\hat{\theta}=\hat{\theta}(X_1, X_2, \cdots, X_n)$，用它的观察值 $\hat{\theta}=\hat{\theta}(x_1, x_2, \cdots, x_n)$ 来估计未知参数 θ，则称 $\hat{\theta}(x_1, x_2, \cdots, x_n)$ 为 θ 的估计值，且称此统计量 $\hat{\theta}(X_1, X_2, \cdots, X_n)$ 为 θ 的估计量. 这种估计称为 θ 的一个点估计.

点估计的方法很多，在这里只介绍最简单的一种，样本数字特征法. 由于样本在不同程度上反映了总体信息，自然想到是用样本的数字特征值作为总体相应数字特征的估计量.

(1) 以样本均值 $\overline{X}$ 作为总体均值 $E(X)$ 的点估计量，即

$$\hat{E}(X)=\overline{X}=\frac{1}{n}\sum_{i=1}^{n}X_i. \tag{5.8}$$

而

$$\hat{E}(X)=\overline{x}=\frac{1}{n}\sum_{i=1}^{n}x_i$$

为 $E(X)$ 的点估计值.

(2) 以样本方差 S^2 作为总体方差 $D(X)$ 的点估计量，即

$$\hat{D}(X)=S^2=\frac{1}{n-1}\sum_{i=1}^{n}(X_i-\overline{X})^2. \tag{5.9}$$

而

$$\hat{D}(X)=s^2=\frac{1}{n-1}\sum_{i=1}^{n}(x_i-\overline{x})^2$$

为 $D(X)$ 的点估计值.

这种求估计量的方法称为样本数字特征法. 这是数理统计中最常用最简单的一种点估计法，它不需要知道总体的分布形式，而且实践证明样本容量越大估计得就越准确.

例 3　由例 1 中给出的一组样本值估计总体的均值与方差.

$$\hat{E}(X)=\overline{x}=\frac{1}{n}\sum_{i=1}^{n}x_i=\frac{1}{4}(1\,502+1\,453+1\,367+1\,650)=1\,493;$$

$$\begin{aligned}\hat{D}(X)=s^2&=\frac{1}{n-1}\sum_{i=1}^{n}(x_i-\overline{x})^2\\&=\frac{1}{3}[(1\,502-1\,493)^2+(1\,453-1\,493)^2+(1\,367-1\,493)^2+(1\,650-1\,493)^2]\\&=14\,069\,.\end{aligned}$$

二、估计量的评价标准

对同一未知参数，可以有许多不同的估计量，不同的估计方法可能得到不同的估计量，原则上讲，任意一个统计量都可作为未知参数的估计量. 但在这些估计量中哪一个更好呢？

这就涉及用什么评价标准来评价估计量的问题．下面介绍两个常用的评价标准．

1. 无偏性

定义 2 设$\hat{\theta}=\hat{\theta}(X_1, X_2, \cdots, X_n)$的数学期望等于参数$\theta$，即$E(\hat{\theta})=\theta$，则称$\hat{\theta}$是参数$\theta$的无偏估计量，反之称为有偏估计量．

设总体X服从任意分布，且$E(X)=\mu$，$D(X)=\sigma^2$，X_1，X_2，…，X_n是样本．可以证明样本均值$\overline{X}=\frac{1}{n}\sum_{i=1}^{n}X_i$和样本方差$S^2=\frac{1}{n-1}\sum_{i=1}^{n}(X_i-\overline{X})^2$分别是$\mu$和$\sigma^2$的无偏估计量，而统计量$\frac{1}{n}\sum_{i=1}^{n}(X_i-\overline{X})^2$是$\sigma^2$的有偏估计量．因此一般用样本方差$S^2=\frac{1}{n-1}\sum_{i=1}^{n}(X_i-\overline{X})^2$来估计总体方差．

2. 有效性

定义 3 设$\hat{\theta}_1=\hat{\theta}_1(X_1, X_2, \cdots, X_n)$和$\hat{\theta}_2=\hat{\theta}_2(X_1, X_2, \cdots, X_n)$是$\theta$的两个无偏估计量，若$D(\hat{\theta}_1)<D(\hat{\theta}_2)$，则称$\hat{\theta}_1$比$\hat{\theta}_2$有效．

当θ的两个无偏估计量$\hat{\theta}_1$和$\hat{\theta}_2$的取值都在θ周围波动，但若$\hat{\theta}_1$取值比$\hat{\theta}_2$取值更集中在θ的附近，便认为用$\hat{\theta}_1$来估计θ更好些，即称$\hat{\theta}_1$比$\hat{\theta}_2$来估计θ有效．

例 4 设总体$X\sim N(\mu, 1)$，X_1，X_2为此总体的样本，记

$$\hat{\mu}_1=\frac{1}{3}X_1+\frac{2}{3}X_2,\quad \hat{\mu}_2=\frac{1}{4}X_1+\frac{3}{4}X_2,\quad \hat{\mu}_3=\frac{1}{2}X_1+\frac{1}{2}X_2,\quad \hat{\mu}_4=\frac{2}{5}X_1+\frac{3}{5}X_2.$$

验证这四个无偏估计量中，最有效的是$\hat{\mu}_3$．

解 $D(\hat{\mu}_1)=D\left(\frac{1}{3}X_1\right)+D\left(\frac{2}{3}X_2\right)=\frac{1}{9}D(X_1)+\frac{4}{9}D(X_2)=\frac{1}{9}\times1+\frac{4}{9}\times1=\frac{5}{9}$，

同理 $D(\hat{\mu}_2)=\frac{5}{8}$， $D(\hat{\mu}_3)=\frac{1}{2}$， $D(\hat{\mu}_4)=\frac{13}{25}$．

故最有效的是$\hat{\mu}_3$．

三、参数的区间估计

前面我们简单讨论了参数点估计，它是用样本观测值计算出一个数来估计未知参数．这仅仅是未知参数的一个近似值，它没有反映出这个近似值的误差范围，使用起来把握不大．如例 3 中用 1 493 h 估计总体寿命，总体寿命恰好就是 1 493 h 的可能性并不大，只能表示总体寿命在 1 493 h 附近，总体寿命也可能大于 1 493 h，也可能小于 1 493 h．若能给出一个区间，在此区间内合理地相信总体寿命的真值就在其中，这样对总体寿命的估计就有把握多了．也就是说，希望确定一个区间，使我们能以比较高的可靠程度相信它包含真的参数值．这种估计总体参数在某一区间内的方法称为区间估计．区间估计正好弥补了点估计的不足．

1. 置信区间

定义 4 设θ是总体分布的一个未知参数，给定$\alpha>0$，若由样本X_1，X_2，…，X_n确定

的两个统计量

$$\underline{\theta}=\underline{\theta}(X_1,\ X_2,\ \cdots,\ X_n),\ \overline{\theta}=\overline{\theta}(X_1,\ X_2,\ \cdots,\ X_n)\ (\underline{\theta}<\overline{\theta})$$

满足

$$P\{\underline{\theta}\leqslant\theta\leqslant\overline{\theta}\}\geqslant 1-\alpha,$$

则称区间 $[\underline{\theta},\ \overline{\theta}]$ 是参数 θ 的 $1-\alpha$ 的置信区间．其中 $1-\alpha$ 称为置信水平（置信度、置信概率），$\underline{\theta}$ 和 $\overline{\theta}$ 分别称为置信下限和置信上限．

前面提到的“可靠程度”是用概率来度量的，称为置信概率、置信度或置信水平．

当置信度为 $1-\alpha=0.95$ 时，参数 θ 的 0.95 置信区间 $[\underline{\theta},\ \overline{\theta}]$ 的意思是参数 θ 的真值在此区间的可能性为 95％，也是参数 θ 的真值在 $\underline{\theta}$ 与 $\overline{\theta}$ 之间的概率为 0.95．

下面仅讨论正态总体均值与方差的 $1-\alpha$ 置信区间．

2. 正态总体均值的置信区间

（1）已知总体方差 σ^2，求总体均值 μ 的置信区间．

因为 $X\sim N(\mu,\ \sigma^2)$，而 σ^2 已知，所以由第一节的定理 1 可知，选 μ 的点估计量为 $\overline{X}$，含有 μ，σ 及估计量 $\overline{X}$ 的统计量 $Z=\dfrac{\overline{X}-\mu}{\sigma/\sqrt{n}}\sim N(0,\ 1)$，对给定的置信水平 $1-\alpha$，知 $P(|Z|<z_{\alpha/2})=1-\alpha$（$z_{\alpha/2}$ 称为临界值），得 $\Phi(z_{\alpha/2})=1-\dfrac{\alpha}{2}$．查标准正态分布表，求出 $z_{\alpha/2}$，使

$$P\left\{\left|\frac{\overline{X}-\mu}{\sigma/\sqrt{n}}\right|\leqslant z_{\alpha/2}\right\}=1-\alpha,$$

如图 5-5 所示．

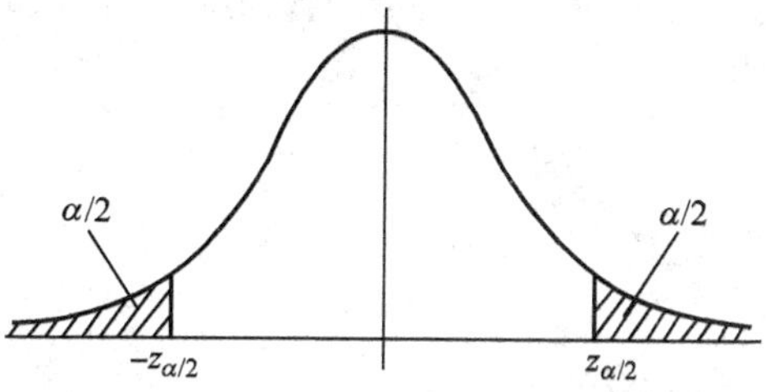

图 5-5

从上式推出　$P\left\{\overline{X}-\dfrac{\sigma}{\sqrt{n}}z_{\alpha/2}\leqslant\mu\leqslant\overline{X}+\dfrac{\sigma}{\sqrt{n}}z_{\alpha/2}\right\}=1-\alpha.$

于是 μ 的置信区间为

$$\left[\overline{X}-\frac{\sigma}{\sqrt{n}}z_{\alpha/2},\ \overline{X}+\frac{\sigma}{\sqrt{n}}z_{\alpha/2}\right].\tag{5.10}$$

例 5　某厂生产一种轴承，从以往经验可以认为其长度 X 服从正态分布．从某天的产品中随机抽取 6 个，测得长度如下（单位：cm）：

14.60　15.21　14.90　14.91　15.32　15.42

若已知这种轴承长度的方差是 0.05，试求出这种轴承平均长度的置信区间（$\alpha=0.01$）．

解　计算样本均值

$$\bar{x}=\frac{1}{6}(14.60+15.21+14.90+14.91+15.32+15.42)=15.06.$$

选择统计量
$$Z=\frac{\bar{X}-\mu}{\sigma/\sqrt{n}}\sim N(0,\ 1),$$

对于 $\alpha=0.01$，$P(|Z|<z_{\alpha/2})=0.99$，得 $\Phi(z_{\alpha/2})=1-\frac{\alpha}{2}=0.995$. 查标准正态分布表，得 $z_{\alpha/2}=2.58$，又 $n=6$，$\sigma^2=0.05$，代入置信区间公式（5.10），求置信下限和置信上限.

$$\underline{\theta}=\bar{x}-z_{\alpha/2}\frac{\sigma}{\sqrt{n}}=15.06-2.58\times\frac{0.223\ 6}{\sqrt{6}}=14.82,$$

$$\bar{\theta}=\bar{x}+z_{\alpha/2}\frac{\sigma}{\sqrt{n}}=15.06+2.58\times\frac{0.223\ 6}{\sqrt{6}}=15.30.$$

因此，该种轴承平均长度的置信度为 0.99 的置信区间是 [14.82，15.30]，即这种轴承的平均长度在 14.82～15.30cm 之间的可能性是 99%.

我们希望置信度越大越好，而置信区间长度越小越好，但可靠度与精度是一对矛盾，在样本容量一定的条件下，两者不能同时满足. 因为置信度 $1-\alpha$ 增大，使 $\frac{\alpha}{2}$ 减少，$z_{\alpha/2}$ 增大，导致置信区间长度 $\frac{\sigma}{\sqrt{n}}z_{\alpha/2}$ 增大. 一般 $1-\alpha$ 不取得过大，通常取 $1-\alpha=0.9$，0.95，0.99 等. 在保证可靠度的条件下尽可能提高精度的方法是加大样本容量 n.

（2）未知总体方差 σ^2，求总体均值 μ 的置信区间.

因为方差未知，我们用样本标准差 S 代替它，所以由第一节的定理 3 可知，含有 μ，S 及估计量 $\bar{X}$ 的统计量 $T=\frac{\bar{X}-\mu}{S/\sqrt{n}}\sim t(n-1)$，对给定的置信度 $1-\alpha$，通过查 t 分布表，确定分位点（临界值）$t_{\alpha/2}(n-1)$，使得 $P\{|T|\leqslant t_{\alpha/2}(n-1)\}=1-\alpha$，即 $P\left\{\left|\frac{\bar{X}-\mu}{S/\sqrt{n}}\right|\leqslant t_{\alpha/2}(n-1)\right\}=1-\alpha$，如图 5－6 所示.

从上式推出
$$P\left\{\bar{X}-\frac{S}{\sqrt{n}}t_{\alpha/2}(n-1)\leqslant\mu\leqslant\bar{X}+\frac{S}{\sqrt{n}}t_{\alpha/2}(n-1)\right\}=1-\alpha.$$

于是 μ 的置信区间为
$$\left[\bar{X}-\frac{S}{\sqrt{n}}t_{\alpha/2}(n-1),\bar{X}+\frac{S}{\sqrt{n}}t_{\alpha/2}(n-1)\right].\qquad(5.11)$$

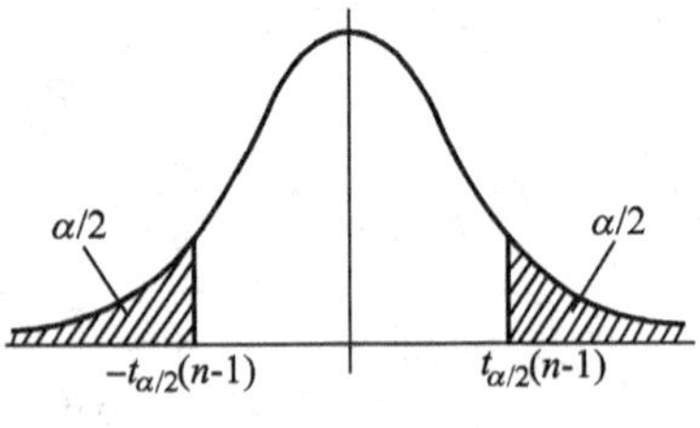

图 5－6

例 6　已知某高炉的炉温服从正态分布，用某种仪器测量炉温，重复测量 5 次，得到的数据（单位:℃）如下：

1 250　1 265　1 245　1 260　1 275

问该高炉的平均炉温在什么范围内（置信度为 95%）.

解　用 X 表示炉温，它服从正态分布.

$$\bar{x}=\frac{1}{5}(1\ 250+1\ 265+1\ 245+1\ 260+1\ 275)=1\ 259;$$

$$s^2 = \frac{1}{n-1}\sum_{i=1}^{n}(x_i - \bar{x})^2$$
$$= \frac{1}{4}[(1\ 250 - 1\ 259)^2 + (1\ 265 - 1\ 259)^2 + (1\ 245 - 1\ 259)^2 + (1\ 260 - 1\ 259)^2 + (1\ 275 - 1\ 259)^2]$$
$$= 142.5;$$
$$s = 11.94.$$

因为方差未知，选择统计量 $T=\frac{\overline{X}-\mu}{S/\sqrt{n}}\sim t(n-1)$，对于给定的 $\alpha=1-0.95=0.05$，$P\{|T|\leqslant t_{\alpha/2}(n-1)\}=1-\alpha$，查 t 分布表，得 $t_{\alpha/2}(n-1)=t_{0.025}(4)=2.776\ 4$.
又 $n=5$，$s=11.94$，代入置信区间公式（5.11），计算置信下限和置信上限

$$\underline{\theta}=\bar{x}-t_{\alpha/2}(n-1)\frac{s}{\sqrt{n}}=1\ 259-2.776\ 4\times\frac{11.94}{\sqrt{5}}=1\ 244.2,$$

$$\overline{\theta}=\bar{x}+t_{\alpha/2}(n-1)\frac{s}{\sqrt{n}}=1\ 259-2.776\ 4\times\frac{11.94}{\sqrt{5}}=1\ 273.8.$$

因此该高炉的平均炉温有 95%的可能在［1244.2，1273.8］内.

上述置信区间都是双侧置信限，但在许多实际问题中只需要确定置信上限或置信下限即可. 如对某种材料的强度，人们只需要知道平均强度不低于某个值，否则不能用. 这就需要估计材料强度均值的置信下限，而置信上限取$+\infty$. 下面介绍正态总体 σ^2 未知时，均值的置信下限如何求出.

（3）正态总体 σ^2 未知，求总体均值 μ 的置信下限.

选择统计量

$$T=\frac{\overline{X}-u}{S/\sqrt{n}}\sim t(n-1).$$

对给定的置信度 $1-\alpha$，由 t 分布知

$$p\left\{\frac{\overline{X}-u}{S/\sqrt{n}}<t_\alpha(n-1)\right\}=1-\alpha$$

成立. 通过查 t 分布表确定单侧临界值 $t_\alpha(n-1)$，并推出

$$p\left\{\mu>\overline{X}-\frac{S}{\sqrt{n}}t_\alpha(n-1)\right\}=1-\alpha$$

成立. 故由上式可求出均值的单侧置信下限为

$$\overline{X}-\frac{S}{\sqrt{n}}t_\alpha(n-1), \tag{5.12}$$

单侧置信区间为 $\left[\overline{X}-\frac{S}{\sqrt{n}}t_\alpha(n-1),\ +\infty\right)$.

例 7 设某种材料强度 $X\sim N(\mu,\sigma^2)$，进行了 5 次测试，得样本强度均值 $\bar{x}=1\ 160$ kg/cm²，样本标准差 $s=99.75$.

试求该材料强度 μ 在置信度为 0.99 的条件下不低于多少.

解　由题意知，σ^2 未知，选择统计量 $T=\dfrac{\overline{X}-u}{S/\sqrt{n}}\sim t(n-1)$，又知 $n=5$，$1-\alpha=0.99$（即 $\alpha=0.01$），查 t 分布表得

$$t_\alpha(n-1)=t_{0.01}(4)=3.7469.$$

将 $\bar{x}$ 和 s 代入式（5.12），得

$$\overline{X}-\frac{S}{\sqrt{n}}t_\alpha(n-1)=1160-\frac{99.75}{\sqrt{5}}\times 3.7469=992.85(\text{kg/cm}^2).$$

μ 的单侧置信区间为 $[992.85,+\infty)$. 因此说明这批材料强度有 99%的可能不低于 992.85 kg/cm^2.

3. 正态总体方差的置信区间

总体均值 μ 未知，求总体方差 σ^2 的置信区间.

因为 μ 未知，所以由第一节的定理 2 可知，含有 σ^2 及估计量 S 的统计量是

$$\frac{(n-1)S^2}{\sigma^2}\sim\chi^2(n-1),$$

对给定的置信度 $1-\alpha$，使得 $P\left\{\chi^2_{1-\alpha/2}(n-1)\leqslant\dfrac{(n-1)S^2}{\sigma^2}\leqslant\chi^2_{\alpha/2}(n-1)\right\}=1-\alpha$，如图 5-7 所示. 从上式推出

$$P\left\{\frac{(n-1)S^2}{\chi^2_{\alpha/2}(n-1)}\leqslant\sigma^2\leqslant\frac{(n-1)S^2}{\chi^2_{1-\alpha/2}(n-1)}\right\}=1-\alpha.$$

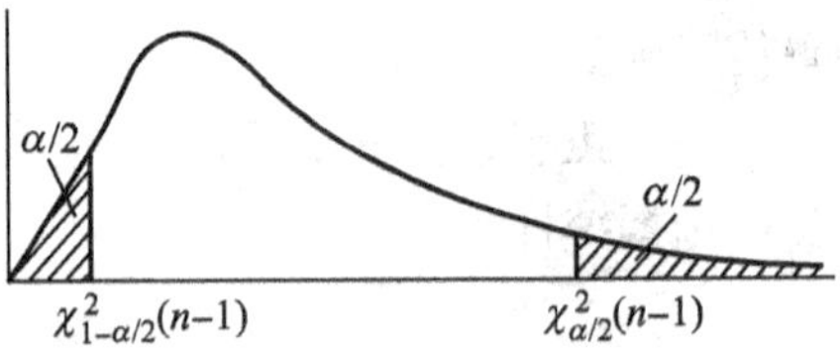

图 5-7

查 χ^2 分布表，确定分位点（临界值）$\chi^2_{1-\alpha/2}(n-1)$，$\chi^2_{\alpha/2}(n-1)$，得 σ^2 的置信水平为 $1-\alpha$ 的置信区间：

$$\left[\frac{(n-1)S^2}{\chi^2_{\alpha/2}(n-1)},\frac{(n-1)S^2}{\chi^2_{1-\alpha/2}(n-1)}\right].\tag{5.13}$$

σ 的置信水平为 $1-\alpha$ 的置信区间：

$$\left[\sqrt{\frac{(n-1)S^2}{\chi^2_{\alpha/2}(n-1)}},\sqrt{\frac{(n-1)S^2}{\chi^2_{1-\alpha/2}(n-1)}}\right].\tag{5.14}$$

例 8　设某数控车床加工的一种零件的长度 $X\sim N(\mu,\sigma^2)$. 现从产品中随机抽取 16 件，测得它们的长度（单位：mm）为：

12.15　12.12　12.01　12.28　12.08　12.16　12.03　12.06
12.01　12.13　12.07　12.11　12.08　12.01　12.03　12.06

试求该零件长度的标准差 σ 置信度为 0.95 的置信区间.

解
$$\begin{aligned}\bar{x}=\sum_{i=1}^{16}x_i&=\frac{1}{16}(12.15+12.12+12.01+12.28+12.08+12.16+12.03+12.06+\\&\quad 12.01+12.13+12.07+12.11+12.08+12.01+12.03+12.06)\\&=12.087,\end{aligned}$$

$$s^2=\frac{1}{n-1}\sum_{i=1}^{n}(x_i-\bar{x})^2=\frac{1}{15}\sum_{i-1}^{16}(x_i-12.087)^2=0.005076.$$

因为总体均值 μ 未知，选择统计量 $\dfrac{(n-1)S^2}{\sigma^2}\sim\chi^2(n-1)$.

又知 $n-1=15$，$\alpha=0.05$，查 χ^2 分布表得

$$\chi^2_{1-\alpha/2}(n-1)=\chi^2_{0.975}(15)=6.262,\ \chi^2_{\alpha/2}(n-1)=\chi^2_{0.025}(15)=27.488,$$

将其代入置信区间公式（5.14），得

$$\left[\sqrt{\frac{(n-1)s^2}{\chi^2_{\alpha/2}(n-1)}},\ \sqrt{\frac{(n-1)s^2}{\chi^2_{1-\alpha/2}(n-1)}}\right]=\left[\sqrt{\frac{15\times 0.005\,076}{27.488}},\ \sqrt{\frac{15\times 0.005\,076}{6.262}}\right]=[0.053,\ 0.110].$$

因此该零件长度的标准差 σ 置信度为 0.95 的置信区间为 [0.053，0.110].

关于正态总体参数的区间估计仍有许多情形，讨论的方法、步骤类似，只是统计量的选择不同而已，在这里不再一一讨论.

4. 总体参数置信区间的求法

总结上述例题，求总体参数置信区间的过程如下：

(1) 寻找未知参数 θ 的一个良好估计值 T；

(2) 选择一个与待估参数和估计量有关的统计量 Z 且 Z 的分布已知；

(3) 对于给定的置信水平是 $1-\alpha$，通过查表求出使 $P(a<Z<b)=1-\alpha$ 成立的临界值 a，b；

(4) 把 $P(a<Z<b)=1-\alpha$ 变形为 $P(\underline{\theta}<\theta<\overline{\theta})=1-\alpha$，所求置信区间为 $(\underline{\theta},\ \overline{\theta})$.

将上面讨论的几种情形通过表 5－1 给出待估参数的置信区间.

表 5－1

待估参数		统计量	随机变量的分布	置信区间
总体均值 μ	总体方差 σ^2 已知	$\dfrac{\overline{X}-\mu}{\sigma/\sqrt{n}}$	$N(0,1)$	$\left[\overline{X}\pm z_{\alpha/2}\dfrac{\sigma}{\sqrt{n}}\right]$
	总体方差 σ^2 未知	$\dfrac{\overline{X}-\mu}{S/\sqrt{n}}$	$t(n-1)$	$\left[\overline{X}\pm t_{\alpha/2}(n-1)\dfrac{S}{\sqrt{n}}\right]$
	总体方差 σ^2 未知	$\dfrac{\overline{X}-\mu}{S/\sqrt{n}}$	$t(n-1)$	$\left[\overline{X}-t_{\alpha}(n-1)\dfrac{S}{\sqrt{n}},\ +\infty\right)$
总体方差 σ^2	总体均值 μ 未知	$\dfrac{(n-1)S^2}{\sigma^2}$	$\chi^2(n-1)$	$\left[\dfrac{(n-1)S^2}{\chi^2_{\alpha/2}(n-1)},\ \dfrac{(n-1)S^2}{\chi^2_{1-\alpha/2}(n-1)}\right]$

习题二

1. 一天随机测了 6 次气温（单位:℃），得数据如下：

27　38　30　37　35　31

试用数字特征法求该天平均气温及方差的估计值.

2. 从一批同种饮料中随机抽取 16 件，测其维生素含量，得数据如下：

17　22　21　20　23　21　19　15　13　17　23　20　18　22　16　25

已知维生素含量服从正态分布，均方差为 3.98，试求维生素含量均值的置信度为 0.98 的置

信区间.

3. 自动包装机包装大米，从一天的成品中随机抽取 12 袋，称得质量（单位：kg）如下：

10.1　10.3　10.4　10.5　10.2　9.7　9.8　10.1　10.0　9.9　9.8　10.3

假设袋装大米的质量服从正态分布，求该天大米的平均质量的置信度为 0.95 的置信区间.

4. 从刚生产出来的一大堆钢珠中随机抽出 7 个，测量它们的直径（单位：mm）为

5.52　5.41　5.18　5.32　5.64　5.22　5.76

若钢珠直径 $X \sim N(\mu, \sigma^2)$，σ 未知，试求钢珠平均直径 μ 的置信度为 95%的置信区间.

5. 岩石密度的测量误差服从正态分布，随机抽取容量为 15 的一样本，得测量误差的样本均方差为 $s=0.2$，求总体方差 σ^2 的置信区间（$\alpha=0.1$）.

6. 假定新生儿的体重服从正态分布，随机测得 12 名新生儿的体重（单位：g）如下：

3 100　2 520　3 000　3 600　3 160　2 540　3 000　3 560　3 320　2 880　3 400　2 600

试以 95%的置信度计算新生儿平均体重与均方差的置信区间.

7. 从某自动机床加工的同类零件中抽取 16 件，测得零件直径长度的标准差 $s=0.071$ mm. 设零件直径长度服从正态分布，试求标准差 σ 的 0.95 置信上限.

第三节　假设检验

统计推断的另一类重要问题是假设检验问题. 假设检验在实际工作中经常遇到.

一、假设检验问题的提出

统计问题总是从样本去推断总体的性质，如果总体的分布类型是已知的，只是参数未知，总体的一些性质就归结为参数的性质. 例如要检查纺织厂生产的棉纱的抗拉力是否达到标准，不可能将生产的棉纱全部检测，把它们拉断看抗拉力多大. 只能抽检一小部分，从而判断这批棉纱的质量是否合格. 问题要求回答的是“合格”或“不合格”，并不要求计算这批棉纱的抗拉力是多少. 前者是一个检验问题，后者是一个估计问题. 又如研究建筑物承受的载荷时，测量了不少数据，这时想从这些数据中判断：载荷是否为正态分布，问题要求回答的是“是”或“否”，这也是一类检验问题. 再如某可乐罐装车间生产流水线上罐装可乐不断地封装，然后装箱外运. 可乐的容量按标准应在 350 mL 和 360 mL 之间. 怎么知道这批罐装可乐的容量是否合格呢? 通常的办法是进行抽样检查. 每隔一定时间，抽查若干罐. 如每隔 1 h，抽查 5 罐，得 5 个容量的值 x_1，x_2，…，x_5，根据这些值来判断生产是否正常，以此来控制生产过程中的产品质量.

以上这些问题有一个共同特点，问题所关心的是关于总体情况的某个命题是否成立（合格与否，正常与否等)，因此它所要求回答的总是定性的，这个命题成立或不成立. 在统计中待考察的命题就称为假设，由样本判断假设是否成立就称为假设检验. 假设检验就是对所提出的假设作出是接受，还是拒绝的抉择过程.

下面我们通过一个具体实例说明假设检验的基本思想与基本方法.

例 1　某工厂生产一种零件，零件的标准长度为 2 cm，根据历史资料知该零件的长度服从正态分布且标准差为 0.05 cm. 现为了提高该产品的质量进行了技术革新，采用了一种新工艺生产，抽取新工艺加工的零件 10 件，其平均长度 $\bar{x}$ 为 1.980 cm. 问：抽取的这 10 个

零件的平均长度与零件的标准长度的差异（误差）是随机误差造成的，还是工艺的改变造成的？

产品在生产过程中可能存在的误差主要有两种：一种是由于工艺（设备）条件的改变引起的误差，称为系统（条件）误差，这种误差理论上认为是可以避免的；一种是由偶然因素引起的误差，称为随机（抽样）误差，这种误差是不可避免的，但是是可以控制的．

用μ_0表示零件的标准长度，即零件长度X的数学期望（均值），μ表示新工艺生产的零件长度的数学期望（未知），假设工艺的改变对零件长度没有显著影响，也就是$\bar{x}$与μ_0的误差纯粹是随机误差，不存在系统误差，那么从理论上讲命题$\mu=\mu_0$应该是成立的．

假设检验就是要根据样本的10个观测值数据来判断命题H_0：$\mu=\mu_0$是否成立．命题H_0：$\mu=\mu_0$称为原假设（或零假设），是待检验的假设，它的对立命题$\mu\neq\mu_0$称为对立假设（或备择假设），记作H_1：$\mu\neq\mu_0$．一般命题可表述为

$$H_0: \mu=\mu_0,\ H_1: \mu\neq\mu_0. \tag{5.15}$$

容易想到如果H_0成立，那么$|\bar{x}-\mu_0|$应该很小，一旦$|\bar{x}-\mu_0|$太大，就应该拒绝H_0，也就是认为原假设H_0是不成立的．但是$|\bar{x}-\mu_0|$的值大到什么程度才算是太大了呢？这就需要确定出一个合理的值k，当$|\bar{x}-\mu_0|>k$时，就拒绝H_0；当$|\bar{x}-\mu_0|\leqslant k$时，就接受$H_0$．拒绝$H_0$的区域称为检验的拒绝域（如$|\bar{x}-\mu_0|>k$），这个$k$就称为检验$H_0$的临界值．于是问题就变成如何确定临界值$k$了．

如何确定临界值k呢？我们知道如果原假设H_0成立，则事件$|\bar{x}-\mu_0|>k$发生的概率应该很小，即

$$p(|\bar{x}-\mu_0|>k)=\alpha. \tag{5.16}$$

α的值很小，称α为显著性水平．一般是根据问题事先选定，常选的值为0.05、0.01、0.001等．表示$|\bar{x}-\mu_0|>k$是一个小概率事件．假设检验依据的原理就是“小概率事件在一次试验中是不可能发生的”，简称小概率的实际不可能性原理．一旦小概率事件发生我们就有理由怀疑H_0是否成立．

本例已知总体X服从正态分布，且$\sigma=0.05$已知，选定显著性水平$\alpha=0.05$．假设H_0：$\mu=\mu_0$成立，由于σ已知，选取检验统计量$Z=\dfrac{\overline{X}-\mu_0}{\sigma/\sqrt{n}}\sim N(0,1)$，它能衡量$|\overline{X}-\mu_0|$大小且分布已知．于是式（5.16）化为

$$p(|\bar{x}-\mu_0|>k)=p\left(\left|\frac{\bar{x}-\mu_0}{\sigma/\sqrt{n}}\right|>\frac{k}{\sigma/\sqrt{n}}\right)=p\left(|Z|>\frac{k}{\sigma/\sqrt{n}}\right)=\alpha=0.05.$$

对给定的显著性水平α，可以在标准正态分布表中查到临界值$z_{\alpha/2}$，使

$$P\{|Z|>z_{\alpha/2}\}=\alpha=0.05,$$

如图5-8所示．查标准正态分布表，知$z_{\alpha/2}=1.96$，即$P\{|Z|>1.96\}=0.05$．由题设条件计算统计量$Z=\dfrac{\overline{X}-\mu_0}{\sigma/\sqrt{n}}$．

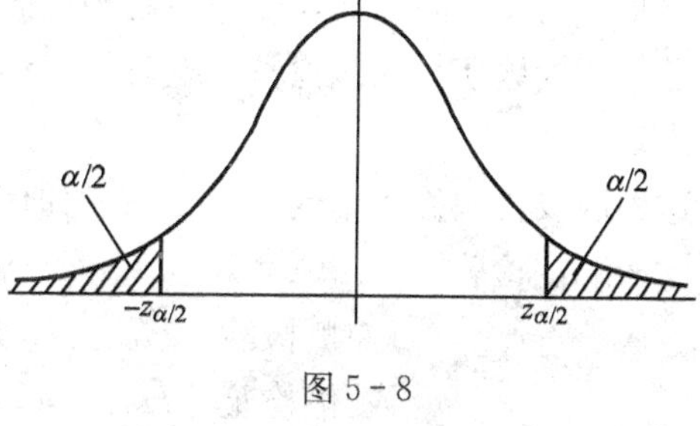

图5-8

$$|Z|=\left|\frac{\bar{x}-\mu_0}{\sigma/\sqrt{n}}\right|=\left|\frac{1.980-2}{0.05/\sqrt{10}}\right|=1.265.$$

因为$|Z|<z_{\alpha/2}=1.96$，说明小概率事件没有发生，所以没有理由怀疑原假设不成立，即接受原假设，也就是说样本的平均长度与零件的标准长度的差异（误差）是随机误差造成的，新工艺没有改变生产条件．这就回答了开始提出的问题．

通过这个例子可以看到假设检验的基本思想与基本步骤．

二、假设检验的基本思想与基本步骤

1. 假设检验的基本思想

（1）假设总体具有需要检验的属性，记为H_0．

（2）在H_0是正确的前提下，推知有一个随机事件A发生的可能性很小．

（3）根据“小概率不可能发生原理”，可以对H_0是否可信作出判断：通过样本的计算，当小概率事件A发生了，则否定H_0，认为总体不具有所要检验的属性；当事件A没有发生，则接受H_0，没有理由否认总体具有所要检验的属性．

2. 假设检验的基本步骤

（1）问题的提出．要弄明白从样本值中去检验什么样的命题，H_0是什么，H_1是什么．待检验的命题H_0与它的对立命题H_1各自的实际意义要清楚．

（2）选择检验H_0的统计量．这一点理论工作者都已准备好了各种已知分布的统计量，以供大家针对不同的问题进行选择，这一步的关键就是选择好合适的统计量．如上例根据题设条件选择统计量$Z=\dfrac{\overline{X}-\mu_0}{\sigma/\sqrt{n}}$．

（3）选择显著性水平α．α不同临界值k也不同．要恰当地选取α，然后根据统计量的分布去查相应的分布表得到相应的临界值，这个值用来判断H_0是否成立．α的统计意义在下面给予说明．

（4）根据样本的观测值，具体计算出检验所用统计量的值，看是否超过上一步得到的临界值．若超过，就判断H_0不成立，即拒绝H_0；若没有超过，就没有理由怀疑H_0的正确性，即接受H_0．

在这四步中，除了第二步以外，第一、三、四步需要自己考虑和计算．第三步选α，要根据具体问题进行选择，一般凭经验事先确定，通常有$\alpha=0.05$、0.01、0.001，也有考虑$\alpha=0.1$的．不同的α对应的临界值不同．只要仔细、耐心，不弄错表和表上的值，这没有多大的困难．第四步是数字计算，只要小心就不会有问题．而第一步不太容易掌握，因为第一步需要理解问题的实质，明白要检验的问题是什么，并能将其用假设命题准确表述，分清是单侧检验还是双侧检验．有时，我们关心的是总体均值是否增大，这时要检验的假设是

$$H_0:\ \mu\geqslant\mu_0,\quad H_1:\ \mu<\mu_0.$$

这种假设检验称为单侧检验，而形如例1的检验称为双侧检验．

双侧检验　$H_0:\ \mu=\mu_0$；$H_1:\ \mu\neq\mu_0$．

$$\text{单侧检验}\begin{cases}\text{左侧检验}\quad H_0:\ \mu\geqslant\mu_0,\ H_1:\ \mu<\mu_0;\\ \text{右侧检验}\quad H_0:\ \mu\leqslant\mu_0,\ H_1:\ \mu>\mu_0.\end{cases}$$

三、显著性水平 α 的统计含义

小概率事件表示该事件在一次试验中发生的可能性很小，小到可以认为它实际上不会发生. 显著性水平 α 的选择就是人们对小概率事件小到什么程度的一种抉择，α 越小，统计量的值超过临界值的概率越小. 也就是说在 H_0 成立时，这一事件很不容易发生. 因此这一事件一旦发生，人们有理由怀疑 H_0 的正确性. 所以 α 越小，显著性越高，所谓显著性是指实际情况与 H_0 之间是否存在显著的差异，所以假设检验也称为显著性检验. α 的选用依靠人们长期的实践经验.

显著性水平 α 还有另一层含义. 在 H_0 成立时，显著性水平 α 相应的临界值若为 k，则统计量 Z 满足不等式 $|Z|>k$ 的概率是 α. 这表示用临界值 k 来判断 H_0 是否成立还是有可能犯错误的，因为即使 H_0 是正确的，也还有 α 这么大的可能性使 $|Z|>k$，这会使我们作出错误的判断. 把"H_0 成立"错判为"H_0 不成立"的错误是以真为假，也称为"弃真"错误，这类错误称为第一类错误，α 反映了犯第一类错误概率的大小. 从这个角度看，α 越小越好. 然而，人们无法将 α 降低到 0，如果 $\alpha=0$，即对无论什么样本，总是认为 H_0 是成立的，这时就会犯另一类错误，把"H_0 不真"的总体当成"H_0 为真"的总体接受，这就是以假为真的错误，这类错误称为第二类错误. 合理的检验方法是使这两类错误发生的概率都很小，有关这方面的讨论已超出本教材讨论的范围，在这里不再讨论.

四、一个正态总体参数的假设检验

1. 总体均值的检验

(1) 总体方差 σ^2 已知，关于总体均值 μ 的检验（Z—检验法）.

提出假设 $$H_0: \mu=\mu_0; \quad H_1: \mu\neq\mu_0.$$

选取统计量 $$Z=\frac{\overline{X}-\mu_0}{\sigma/\sqrt{n}}\sim N(0, 1).$$

从而有

$$P\left\{\left|\frac{\overline{X}-\mu_0}{\sigma/\sqrt{n}}\right|\geqslant z_{\alpha/2}\right\}=\alpha.$$

故拒绝域为 $(-\infty, -z_{\alpha/2}]\cup[z_{\alpha/2}, +\infty)$，如图 5-8 中的阴影部分.

当 $Z=\dfrac{\bar{x}-\mu_0}{\sigma/\sqrt{n}}$ 落入 $(-\infty, -z_{\alpha/2}]$ 或 $[z_{\alpha/2}, +\infty)$ 时拒绝 H_0，否则接受 H_0.

例 2 某车间新上了一条奶粉包装生产线，标准是每袋奶粉的净重为 0.5 kg，设每袋奶粉的净重服从正态分布，其误差为 0.015 kg. 该包装生产线使用后为检测其工作是否正常，现从包装好的奶粉中随机抽取 9 袋，称其净重为（单位：kg）：

0.504 0.496 0.512 0.490 0.520 0.505 0.508 0.499 0.511

问在显著水平 $\alpha=0.05$ 的条件下，该包装生产线工作是否正常.

解 设包装好的奶粉每袋净重为 X，由题设知：$X\sim N(\mu, \sigma^2)$，其中 $\sigma=0.015$，样本容量 $n=9$.

$$H_0: \mu=\mu_0=0.5; \quad H_1: \mu\neq\mu_0=0.5.$$

由于总体方差 σ^2 已知，选择统计量 $Z=\dfrac{\overline{x}-\mu}{\sigma/\sqrt{n}}\sim N(0,1)$.

对于给定的 $\alpha=0.05$，由 $P(|Z|>z_{\alpha/2})=0.05$，$\Phi(z_{\alpha/2})=1-\dfrac{\alpha}{2}=0.975$，查标准正态分布表得 $z_{\alpha/2}=1.96$. 因此，拒绝域为 $(-\infty,-1.96]\cup[1.96,+\infty)$.

$$\overline{x}=\frac{1}{9}(0.504+0.496+0.512+0.490+0.520+0.505+0.508+0.499+0.511)$$
$$=0.505.$$
$$Z=\frac{\overline{x}-\mu_0}{\sigma/\sqrt{n}}=\frac{0.505-0.5}{0.015/\sqrt{9}}=1.00.$$

因为 $Z=1.00<1.96$，即统计量 Z 没有落入拒绝域内，所以接受 H_0，即认为此生产线工作正常.

(2) 总体方差 σ^2 未知，关于总体均值 μ 的检验（T—检验法）.

提出假设　　　　H_0：$\mu=\mu_0$；　H_1：$\mu\neq\mu_0$.

选取统计量
$$T=\frac{\overline{X}-\mu_0}{S/\sqrt{n}}\sim t(n-1).$$

从而有
$$P\left\{\left|\frac{\overline{X}-\mu_0}{S/\sqrt{n}}\right|\geqslant t_{\alpha/2}(n-1)\right\}=\alpha.$$

由 $|T|=\left|\dfrac{\overline{x}-\mu_0}{s/\sqrt{n}}\right|\geqslant t_{\alpha/2}(n-1)$，得到拒绝域为 $(-\infty,-t_{\alpha/2}(n-1)]\cup[t_{\alpha/2}(n-1),+\infty)$，如图 5-9 中的阴影部分.

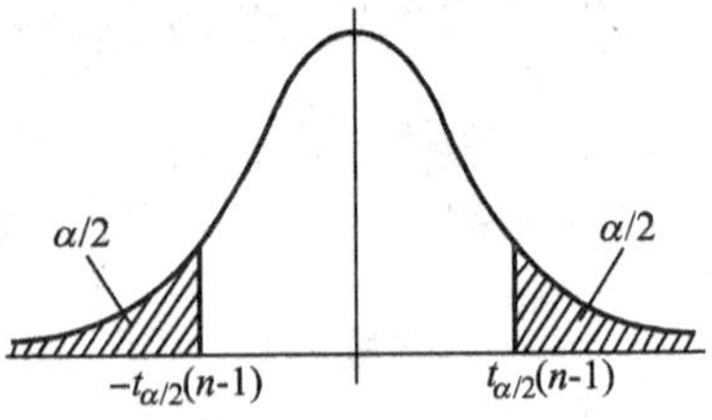

图 5-9

即当 $T=\dfrac{\overline{x}-\mu_0}{s/\sqrt{n}}$ 落入 $(-\infty,-t_{\alpha/2}(n-1)]$ 或 $[t_{\alpha/2}(n-1),+\infty)$ 时拒绝 H_0，否则接受 H_0.

例 3　根据历史资料分析，某瓷砖厂生产的瓷砖的抗断裂强度服从正态分布，现从该厂的产品中随机抽取 6 片，测其抗断裂强度（单位：MPa）如下：

3.256　2.966　3.164　3.000　3.187　3.103

检测这批瓷砖的平均抗断裂强度为 3.250 MPa 是否成立（$\alpha=0.05$）?

解　H_0：$\mu=\mu_0=3.250$；　H_1：$\mu\neq\mu_0=3.250$.

由于总体方差 σ^2 未知，选择统计量 $T=\dfrac{\overline{X}-\mu_0}{S/\sqrt{n}}\sim t(n-1)$；

对 $\alpha=0.05$，查 t 分布表可得临界值 $t_{\alpha/2}(n-1)=t_{0.025}(5)=2.57$. 因此，得拒绝域为 $(-\infty,-2.57]\cup[2.57,+\infty)$；

$$\overline{x}=\frac{1}{6}(3.256+2.966+3.164+3.000+3.187+3.103)=3.113,$$
$$S=\sqrt{\frac{1}{5}\sum_{i=1}^{6}(x_i-\overline{x})^2}=0.1123.$$

统计量 $|T|=\left|\dfrac{\overline{X}-\mu_0}{S/\sqrt{n}}\right|=\left|\dfrac{3.113-3.250}{0.1123/\sqrt{6}}\right|=2.99.$

因为 $|T|=2.99>2.57$，统计量 T 落入拒绝域内，故拒绝 H_0，不能认为这批瓷砖的平均抗断裂强度为 3.250MPa.

2. 总体方差 σ^2 的检验

总体均值 μ 未知，关于总体方差 σ^2 的检验（χ^2—检验法）.

提出假设　　H_0：$\sigma^2=\sigma_0^2$，H_1：$\sigma^2\neq\sigma_0^2$.

选取统计量　　$\chi^2=\dfrac{(n-1)S^2}{\sigma_0^2}\sim\chi^2(n-1)$.

从而有

$$P\{\chi^2_{1-\frac{\alpha}{2}}(n-1)\leqslant\chi^2\leqslant\chi^2_{\frac{\alpha}{2}}(n-1)\}=1-\alpha.$$

故拒绝域为

$$\chi^2=\frac{(n-1)s^2}{\sigma_0^2}\leqslant\chi^2_{1-\alpha/2}(n-1)\ \text{或}\ \chi^2=\frac{(n-1)s^2}{\sigma_0^2}\geqslant\chi^2_{\alpha/2}(n-1)，\text{即}$$

$[0,\chi^2_{1-\alpha/2}(n-1)]\cup[\chi^2_{\alpha/2}(n-1),+\infty)$，如图 5-10 中的阴影部分.

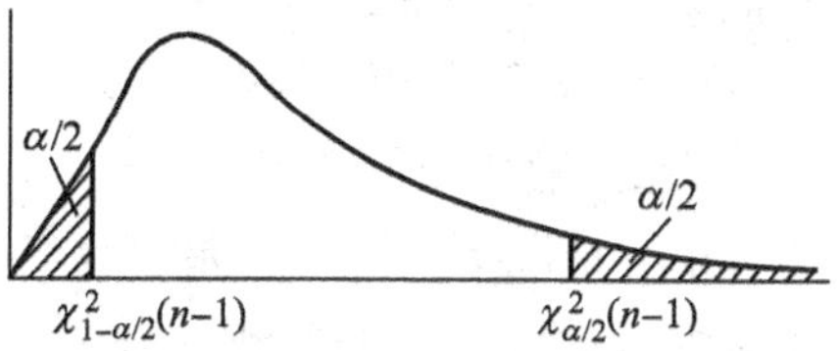

图 5-10

即当 $\chi^2=\dfrac{(n-1)S^2}{\sigma_0^2}$ 落入 $[0,\chi^2_{1-\alpha/2}(n-1)]\cup[\chi^2_{\alpha/2}(n-1),+\infty)$ 时拒绝 H_0，否则接受 H_0.

例 4　已知在正常条件下，涤纶纤维长度 $X\sim N(\mu,\sigma^2)$，$\sigma_0^2=0.044^2$. 在某日抽取 6 根纤维，测得其长度为：1.33，1.50，1.56，1.48，1.44，1.53. 问该日生产的涤纶其纤维长度的方差是否正常.（$\alpha=0.05$）

解　H_0：$\sigma^2=\sigma_0^2=0.044^2$，$H_1$：$\sigma^2\neq\sigma_0^2 0.044^2$；

由于 μ 未知，选择统计量 $\chi^2=\dfrac{(n-1)S^2}{\sigma_0^2}\sim\chi^2(n-1)$；

对 $\alpha=0.05$，查 χ^2 分布表可得临界值.

$$\chi^2_{1-\alpha/2}(n-1)=\chi^2_{0.975}(5)=0.831，\chi^2_{\alpha/2}(n-1)=\chi^2_{0.025}(5)=12.833，$$

得到拒绝域 $[0,0.831]\cup[12.833,+\infty)$.

$$\bar{x}=\frac{1}{6}\sum_{i=1}^{6}x_i=1.47,$$

$$(n-1)s^2=\sum_{i=1}^{6}(x_i-\bar{x})^2=0.0332,$$

$$\chi^2=\frac{(n-1)s^2}{\sigma_0^2}=\frac{0.0332}{0.044^2}=17.149.$$

由于 17.149>12.833，统计量落入拒绝域内，故拒绝 H_0，即总体方差有显著变化，也就是认为该日生产的涤纶纤维长度的误差超出了正常范围，认为工作不正常.

习题三

1. 某种产品的某项指标服从正态分布，均方差为 150. 现抽取了容量为 25 的一个样本，计算该项指标均值为 1 626. 问在检验水平 $\alpha=0.05$ 下，能否认为这批产品的该项指标期望值为 1 600.

2. 袋装豆粉由一条生产线自动包装，正常情况下一袋豆粉净重 $X\sim N(500, 4)$. 某一天，随机抽取了 5 袋进行检查，得其质量均值为 502.4，问生产线工作是否正常. ($\alpha=0.05$)

3. 从某天生产的灯泡中随机抽取 20 只，测得其平均使用寿命 $\overline{X}=1\ 900$，均方差 $S=490$，试在 $\alpha=0.05$ 的检验水平下，检验该批灯泡的平均使用寿命是否为 2 000.（设灯泡的使用寿命服从正态分布，寿命单位：h）

4. 已知健康人的红细胞直径服从均值为 7.20 μm 的正态分布，今在某一患者的血液中随机测得 9 个红细胞的直径（单位：μm）如下：

7.8　9.0　7.1　7.6　8.5　7.7　7.3　8.1　8.0

问该患者的红细胞的平均直径与健康人有无显著差异.

5. 在某项试验中测量温度，正常情况下，温度方差 $\sigma^2=30$，某天抽测了 25 次，得样本方差 $S^2=30.4$. 问该天的实验温度方差与正常情况相比有无显著差异.（$\alpha=0.05$，并设温度值服从正态分布）

第四节　典型例题详解

例 1　从某校高等数学的期末成绩中随机取 9 人，分数分别为 78，75，85，71，89，65，55，63，94.（1）试估计该校高等数学期末成绩的平均分和方差；（2）已知成绩服从正态分布，试估计该校高等数学期末成绩的及格率.

解　(1) $\hat{\mu}=\bar{x}=\frac{1}{n}\sum_{i=1}^{n}x_i=\frac{1}{9}\sum_{i=1}^{9}x_i=\frac{1}{9}(78+75+85+71+89+65+55+63+94)$

$=75$；

$$\hat{\sigma}^2=s^2=\frac{1}{n-1}\sum_{i=1}^{n}(x_i-\bar{x})^2=\frac{1}{8}\sum_{i=1}^{8}(x_i-75)^2$$

$$=\frac{1}{8}[(78-75)^2+(75-75)^2+(85-75)^2+(71-75)^2+(89-75)^2+(65-75)^2+(55-75)^2+(63-75)^2+(94-75)^2]$$

$=165.75$；

(2) $\hat{\sigma}=\sqrt{165.75}=12.87$，

$$P(X \geqslant 60)=1-P(X<60)=1-\Phi\left(\frac{60-75}{12.87}\right)=\Phi(1.17)=0.879.$$

该校期末高等数学的平均成绩大约是 75 分，方差是 165.75；及格率大约为 87.9%.

例 2　有一批铜，它的硬度服从正态分布. 今取 20 件样品进行硬度测试，测量的结果是这 20 件样品的平均硬度为 54.62，标准差为 5.34，假定 $\alpha=0.05$. 求这批铜的平均硬度及标准差的置信区间.

解　由题意知，$\bar{x}=54.62$，$s=5.34$，μ、σ 均未知.

选取统计量 $T=\dfrac{\overline{X}-\mu}{S/\sqrt{n}}\sim t(n-1)$，对于给定的置信度 $1-\alpha=0.95$，知

$$P\{|T|>t_{\alpha/2}(n-1)\}=\alpha.$$

查 t 分布表确定分位点（临界值）$t_{\alpha/2}(n-1)=t_{0.025}(19)=2.093$.

将其代入平均硬度 μ 的置信区间公式（5.11），得

$$\underline{\theta}=\bar{x}-\frac{s}{\sqrt{n}}t_{\alpha/2}(n-1)=54.62-\frac{5.34}{\sqrt{20}}\times 2.093=52.12,$$

$$\bar{\theta}=\bar{x}+\frac{s}{\sqrt{n}}t_{\alpha/2}(n-1)=54.62+\frac{5.34}{\sqrt{20}}\times 2.093=57.12.$$

因此，平均硬度的置信区间为 [52.12，57.12]，也就是说，这批铜的平均硬度有 95%的可能落在 52.12 到 57.12 之间.

选取统计量 $\chi^2=\dfrac{(n-1)S^2}{\sigma_0^2}\sim\chi^2(n-1)$，对于给定的置信度 $1-\alpha=0.95$，查 χ^2 分布表确定分位点（临界值）$\chi^2_{1-\alpha/2}(n-1)=\chi^2_{0.975}(19)=8.907$，$\chi^2_{\alpha/2}(n-1)=\chi^2_{0.025}(19)=32.852$，将其代入 σ 置信区间公式（5.13）.

计算置信下限　$\underline{\theta}=\sqrt{\dfrac{(n-1)s^2}{\chi^2_{\frac{\alpha}{2}}(n-1)}}=\sqrt{\dfrac{19\times 5.34^2}{32.852}}=4.06$；

计算置信上限　$\bar{\theta}=\sqrt{\dfrac{(n-1)s^2}{\chi^2_{1-\frac{\alpha}{2}}(n-1)}}=\sqrt{\dfrac{19\times 5.34^2}{8.907}}=7.80$.

因此，标准差 σ 置信区间为 [4.06，7.80]，也就是说，这批铜的平均硬度的标准差有 95% 的可能落在 4.06 到 7.80 之间.

例 3　设某工艺品厂生产的矩形工艺品的宽度与长度的比值总体服从正态分布，下面列出从中随机抽取的 20 个矩形工艺品宽度与长度的比值数据如下：

0.693　0.749　0.654　0.670　0.662　0.672　0.615　0.606　0.690　0.628

0.668　0.611　0.606　0.609　0.601　0.553　0.570　0.844　0.576　0.933

（1）假设总体的标准差为 $\sigma=0.11$，可否认为该工艺品厂生产的矩形工艺品的宽度与长度的比值为黄金分割比 0.618（$\alpha=0.01$）?

（2）假设该工艺品的宽度与长度的比值的设计要求方差不得大于 0.11^2，该厂生产的这批产品的误差是否达到设计要求（$\alpha=0.01$）?

解　（1）H_0：$\mu=0.618$，H_1：$\mu\neq 0.618$.

由于总体的标准差 $\sigma=0.11$ 已知，选取统计量 $Z=\dfrac{\overline{X}-\mu}{\sigma/\sqrt{n}}\sim N(0,\ 1)$；

对于给定的 $\alpha=0.05$，由 $P(|Z|>z_{\alpha/2})=\alpha=0.01$，得 $\Phi(z_{\alpha/2})=0.995$，查标准正态分布表得 $z_{\alpha/2}=2.58$，求得拒绝域为 $(-\infty,\ -2.58]\cup[2.58,\ +\infty)$；

$$\overline{x}=\frac{1}{20}\sum_{i=1}^{20}x_i=0.660\ 5,$$

因此，统计量 $Z=\dfrac{\overline{X}-\mu_0}{\sigma/\sqrt{n}}=\dfrac{0.660\ 5-0.618}{0.11/\sqrt{20}}=1.73.$

因为 $Z=1.73<2.58$，即统计量 Z 没有落在拒绝域内，所以接受 H_0，即认为这批工艺品的宽度与长度的比值是黄金分割比的概率为 99%.

(2) H_0：$\sigma^2\leqslant 0.11^2$，H_1：$\sigma^2>0.11^2$；

由于 μ 未知，选取统计量 $\chi^2=\dfrac{(n-1)S^2}{\sigma^2}\sim\chi^2(n-1)$；

$$s^2=\frac{1}{n-1}\sum_{i=1}^{20}(x_i-\overline{x})^2=\frac{1}{19}\sum_{i=1}^{20}(x_i-0.660\ 5)^2=0.008\ 558.$$

对于给定的置信度 $1-\alpha=0.99$，使 $P\left\{\dfrac{(n-1)s^2}{\sigma^2}>\chi_\alpha^2\right)=\alpha.$

查 χ^2 分布表确定临界值，$\chi_\alpha^2(n-1)=\chi_{0.01}^2(19)=36.191$，求得拒绝域为 $[36.191,\ +\infty)$；

由 $s^2=0.008\ 558$ 计算统计量 $\chi^2=\dfrac{(n-1)s^2}{\sigma_0^2}=\dfrac{19\times 0.008\ 558}{0.11^2}=13.438\ 6.$

因为统计量 $\chi^2=13.438\ 6<36.191$，没有落入拒绝域内，所以没有理由拒绝 H_0，也就认为这批工艺品宽度与长度的比值误差达到了设计要求的概率是 99%.

复习题五

1. 已知某种产品的使用寿命服从正态分布，先从一批产品中随机抽取 10 件，检测其寿命（单位：h）为

1 067　919　1 196　785　1 126　936　918　1 156　920　948

试用数字特征法估计使用寿命总体的均值 μ 和方差 σ^2，并估计该产品的使用寿命大于 1 300 h 的概率.

2. 设某种清漆的 9 个样品，其干燥时间（单位：h）分别为

6.0　5.7　5.8　6.5　7.0　6.3　5.6　6.1　5.0

假设干燥时间总体服从正态分布 $N(\mu,\ \sigma^2)$，求 μ 的置信水平为 0.95 的置信区间.

(1) 若 $\sigma=0.6$；(2) 若 σ 未知.

3. 求第 2 题 σ 的置信区间（$\alpha=0.05$）.

4. 某种试验性发动机取 8 台进行测定. 测定的是使用每升某种燃料的运转时间，结果（单位：min/L）分别为

28　26　31　29　25　27　28　27

根据规格要求，该发动机必须至少运转平均 30 min 以上. 问这种发动机能否满足所规定的

设计要求.（$\alpha=0.05$）

5. 某厂生产的某种圆柱形零件，其直径 $X\sim N(\mu, \sigma^2)$，从这批零件中随机抽取 26 件，测其直径得样本均值 $\bar{x}=11.2$ cm，样本标准差 $s=2.6$ cm. 问能否认为这批零件的直径是 12 cm.（$\alpha=0.01$）

6. 原有一台仪器测量电阻值时误差相应的方差是 0.06，现有一台新仪器，对一电阻测量了 10 次，测得的电阻值分别是：

1.101　1.103　1.105　1.098　1.099　1.100　1.100　1.095　1.104　1.101

问新仪器的精度是否比原来的仪器好.（$\alpha=0.05$）

（提示：H_0：$\sigma^2\leqslant\sigma_0^2=0.06$，$H_1$：$\sigma^2>\sigma_0^2$）

第六章　拉普拉斯变换

拉普拉斯变换是一种积分变换，其主要思想是通过广义积分，把一个函数变换成为另一个函数，达到化繁为简的目的，它在自动控制、无线电技术及微分方程等方面均有着广泛的应用，已经成为一种不可缺少的计算工具.

第一节　拉普拉斯变换的概念和性质

一、拉普拉斯变换的概念

定义 1　设函数 $f(t)$ 在区间 $[0, +\infty)$ 内有定义，如果广义积分

$$F(s)=\int_0^{+\infty} f(t)\mathrm{e}^{-st}\,\mathrm{d}t \tag{6.1}$$

在参数 s 的某一取值范围内收敛，则称式（6.1）为 $f(t)$ 的拉普拉斯变换，简称拉氏变换，记为 $L[f(t)]$，即

$$L[f(t)]=F(s)=\int_0^{+\infty} f(t)\mathrm{e}^{-st}\,\mathrm{d}t.$$

其中，$F(s)$ 称为 $f(t)$ 的象函数；而 $f(t)$ 称为 $F(s)$ 的象原函数，也被称为 $F(s)$ 的拉氏逆变换，记为 $L^{-1}[F(s)]$，即

$$L^{-1}[F(s)]=f(t). \tag{6.2}$$

关于定义的几点说明：

(1) 只要求 $f(t)$ 在 $t\geqslant 0$ 时有定义即可，为讨论方便，假定 $t<0$ 时，$f(t)\equiv 0$；

(2) 关于参数 s，只讨论 s 为实数的情况；

(3) 求 $f(t)$ 的拉氏变换就是通过广义积分 $F(s)=\int_0^{+\infty} f(t)\mathrm{e}^{-st}\,\mathrm{d}t$ 把 $f(t)$ 转换成为 $F(s)$的过程；

(4) 符号“L”，表示拉氏变换，是一种运算符号，L 实施于 $f(t)$ 时便得出 $F(s)$.

例 1　求函数 $f(t)=1(t\geqslant 0)$ 的拉氏变换.

解　由式（6.1）知，$f(t)=1$ 的拉氏变换为

$$L[1]=\int_0^{+\infty} 1\cdot \mathrm{e}^{-st}\,\mathrm{d}t=\left[-\frac{1}{s}\right]_0^{+\infty}=\frac{1}{s}\quad (s>0).$$

例 2　求指数函数 $f(t)=\mathrm{e}^{at}(t\geqslant 0$，$a$ 为常数）的拉氏变换.

解　由式（6.1）知，

$$L[\mathrm{e}^{at}]=\int_0^{+\infty} \mathrm{e}^{at}\mathrm{e}^{-st}\,\mathrm{d}t=\int_0^{+\infty} \mathrm{e}^{-(s-a)t}\,\mathrm{d}t=\frac{1}{s-a},\quad (s>a).$$

例 3　求 $f(t)=t(t\geqslant 0)$ 的拉氏变换.

解　$L[t]=\int_0^{+\infty} t\mathrm{e}^{-st}\mathrm{d}t=-\dfrac{1}{s}\int_0^{+\infty} t\mathrm{d}\mathrm{e}^{-st}$

$$=-\left[\frac{1}{s}t\mathrm{e}^{-st}\right]_0^{+\infty}+\frac{1}{s}\int_0^{+\infty}\mathrm{e}^{-st}\mathrm{d}t=0-\left[\frac{1}{s^2}\mathrm{e}^{-st}\right]_0^{+\infty}=\frac{1}{s^2},\quad (s>0).$$

一般地，$t^m(m\in N)$ 的拉氏变换为

$$L[t^m]=\frac{m!}{s^{m+1}}.$$

例 4　求函数 $f(t)=\sin\omega t(t\geqslant 0,\ \omega$ 为常数）的拉氏变换.

解　$L[\sin\omega t]=\int_0^{+\infty}\sin\omega t\,\mathrm{e}^{-st}\mathrm{d}t$

$$=-\left[\frac{1}{s^2+\omega^2}\mathrm{e}^{-st}(\sin\omega t+\omega\cos\omega t)\right]_0^{+\infty}=\frac{\omega}{s^2+\omega^2}\ (s>0).$$

同理

$$L[\cos\omega t]=\frac{s}{s^2+\omega^2}\ (s>0).$$

在自动控制系统中，经常会用到下面两个函数：

（1）单位阶梯函数.

$$u(t)=\begin{cases}0, & t<0,\\ 1, & t\geqslant 0.\end{cases}$$

显然，其拉氏变换为

$$L[u(t)]=\int_0^{+\infty}u(t)\mathrm{e}^{-st}\mathrm{d}t=\int_0^{+\infty}1\cdot\mathrm{e}^{-st}\mathrm{d}t=\frac{1}{s}\ (s>0).$$

（2）δ一函数（单位脉冲函数）.

在许多实际问题中，常常会遇到在极短时间内作用的量，这种瞬间作用的量不能用通常的函数表示，为此给出如下广泛意义下的函数.

定义 2　设

$$\delta_\tau(t)=\begin{cases}0, & t>0,\\ \dfrac{1}{\tau}, & 0\leqslant t\leqslant\tau,\\ 0, & t>\tau.\end{cases}$$

其中 τ 是很小的正数，并认为当 $\tau\to 0$ 时，$\delta_\tau(t)$ 有极限，且称此极限值为狄拉克函数，记为 $\delta(t)$，简称 δ一函数或单位脉冲函数，即

$$\lim_{\tau\to 0}\delta_\tau(t)=\delta(t).$$

狄拉克函数的特点是：当 $t\neq 0$ 时，$\delta(t)=0$；而 $t=0$ 时，$\delta(t)$ 的值为无穷大，即

$$\delta(t)=\begin{cases}0, & t\neq 0,\\ \infty, & t=0.\end{cases}$$

显然，对任何 $\tau>0$，有

$$\int_{-\infty}^{+\infty}\delta_\tau(t)\mathrm{d}t=\int_{-\infty}^{0}\delta_\tau(t)\mathrm{d}t+\int_0^{\tau}\delta_\tau(t)\mathrm{d}t+\int_\tau^{+\infty}\delta_\tau(t)\mathrm{d}t=\int_0^\tau\frac{1}{\tau}\mathrm{d}t=1.$$

所以规定 $\int_{-\infty}^{+\infty}\delta_\tau(t)\mathrm{d}t=1$.

一般在工程上将函数 $\delta(t)$ 用一个长度等于1的有向线段的长度表示，如图 6-1（a）所示.

一般地，还可定义

$$\delta(t-t_0)=\begin{cases}0, & t\neq t_0,\\ \infty, & t=t_0,\end{cases}$$

称为延迟的单位脉冲函数，如图 6-1（b）所示.

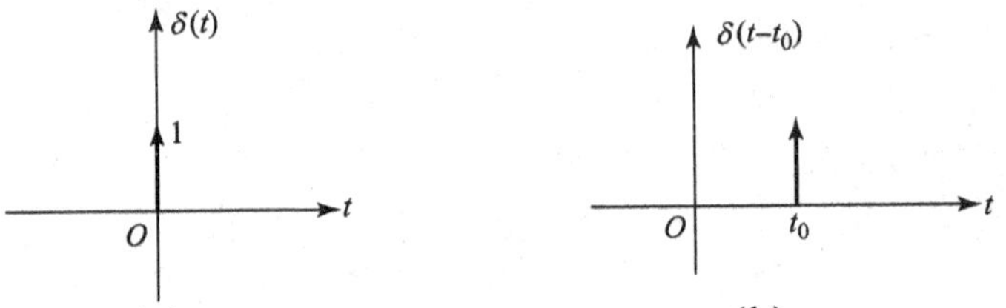

(a)　　(b)

图 6-1

另外，δ—函数有一个很重要的性质（筛选性）：

若 $f(t)$ 为无穷次可微的函数，则有

$$\int_{-\infty}^{+\infty}\delta(t)f(t)\mathrm{d}t=f(0).$$

一般有如下性质

$$\int_{-\infty}^{+\infty}\delta(t-t_0)f(t)\mathrm{d}t=f(t_0),$$

因此 $\delta(t)$ 的拉氏变换为

$$L[\delta(t)]=\int_0^{+\infty}\delta(t)\mathrm{e}^{-st}\mathrm{d}t=\mathrm{e}^{-st}\Big|_{t=0}=1.$$

由于函数 $f(t)$ 的拉氏变换为一个广义积分，可能收敛，也可能发散. 那么，在什么条件下函数的拉氏变换存在呢？下面给出拉氏变换的一个存在定理.

定理　如果函数 $f(t)$ 满足下列条件：

（1）在 $t\geqslant 0$ 的任一有限区间上分段连续；

（2）当 $t\to+\infty$ 时，$f(t)$ 的增长速度不超过某一指数函数，即存在常数 $M>0$ 及 $c\geqslant 0$，使得 $|f(t)|\leqslant M\mathrm{e}^{ct}$，$0\leqslant t<+\infty$（$c$ 为增长指数）成立.

则 $f(t)$ 的拉氏变换 $F(s)=\int_0^{-st}f(t)\mathrm{e}^{-st}\mathrm{d}t$ 在 $s>c$ 时一定存在.

说明：（1）定理的条件对于大部分函数都能满足；

（2）在拉氏变换的计算中一般不需要考虑其存在性.

二、拉普拉斯变换的性质

根据式（6.1）拉氏变换的定义，可推得拉氏变换有以下性质.

性质 1（线性性质）　设 α、β 都是常数，且 $L[f_1(t)]=F_1(s)$，$L[f_2(t)]=F_2(s)$，则

$$L[\alpha f_1(t)+\beta f_2(t)]=\alpha L[f_1(t)]+\beta L[f_2(t)]=\alpha F_1(s)+\beta F_2(s).\tag{6.3}$$

例 5　已知 $f(t)=t^2+t+1$，求 $L[f(t)]$.

解　$L[f(t)]=L[t^2+t+1]=L[t^2]+L[t]+L[1]$

$$=\frac{2}{s^3}+\frac{1}{s^2}+\frac{1}{s}.$$

例 6　求双曲正弦函数 $\mathrm{sh}\, t=\dfrac{\mathrm{e}^t-\mathrm{e}^{-t}}{2}$ 的拉氏变换.

解　$L[\mathrm{sh}\, t]=L\left[\dfrac{\mathrm{e}^t-\mathrm{e}^{-t}}{2}\right]=\dfrac{1}{2}\{L[\mathrm{e}^t]-L[\mathrm{e}^{-t}]\}=\dfrac{1}{2}\left(\dfrac{1}{s-1}-\dfrac{1}{s+1}\right)=\dfrac{1}{s^2-1}$，即

$$L[\mathrm{sh}\, t]=\frac{1}{s^2-1},\ (s>0).$$

性质 2（位移性质）　设 $L[f(t)]=F(s)$，则

$$L[\mathrm{e}^{at}f(t)]=F(s-a),\ (s>a). \tag{6.4}$$

例 7　求 $L[\mathrm{e}^{2t}\sin 3t]$.

解　因为 $L[\sin 3t]=\dfrac{3}{s^2+9}$，所以由（6.4）式知

$$L[\mathrm{e}^{2t}\sin 3t]=\frac{3}{(s-2)^2+9},\ (s>2).$$

同理

$$L[\mathrm{e}^{2t}\cos 3t]=\frac{s-2}{(s-2)^2+9}.$$

性质 3（延迟性质）　设 $L[f(t)]=F(s)$，则

$$L[f(t-a)]=F(s)\mathrm{e}^{-as},\ (a>0). \tag{6.5}$$

例 8　求 $u(t-a)=\begin{cases}0, & t<a,\\ 1, & t>a\end{cases}$ 的拉氏变换.

解　由 $L[u(t)]=\dfrac{1}{s}$ 及性质 3 可得

$$L[u(t-a)]=\frac{1}{s}\mathrm{e}^{-as}.$$

性质 4（微分性质）　设 $L[f(t)]=F(s)$，且 $f(t)$ 在 $(0,+\infty)$ 内可微，则 $f'(t)$ 的拉氏变换存在，且

$$L[f'(t)]=sF(s)-f(0). \tag{6.6}$$

推论　设 $L[f(t)]=F(s)$，则有

$$L[f''(t)]=s^2F(s)-sf(0)-f'(0). \tag{6.7}$$

一般地

$$L[f^{(n)}(t)]=s^nF(s)-s^{n-1}f(0)-s^{n-2}f'(0)-\cdots-f^{(n-1)}(0). \tag{6.8}$$

特别地，当初值 $f(0)=f'(0)=\cdots=f^{(n-1)}(0)=0$ 时，有

$$L[f^{(n)}(t)]=s^nF(s)\quad(n=1,2,\cdots). \tag{6.9}$$

利用性质 4，可将函数的微分运算化为代数运算，将微分方程化为代数方程，这是拉氏变换的一个重要特点.

此外，由拉氏变换的存在定理还可以得到象函数的微分性质：

$$F'(s)=-L[tf(t)]. \tag{6.10}$$

一般地，有

$$F^{(n)}(s)=(-1)^n L[tf(t)] \quad (n=1, 2, \cdots). \tag{6.11}$$

例 9 利用微分性质求 $L[\sin \omega t]$.

解 设 $f(t)=\sin \omega t$，则有

$$f(0)=0, \quad f'(t)=\omega\cos \omega t, \quad f'(0)=\omega, \quad f''(t)=-\omega^2 \sin \omega t.$$

由式（6.7），得

$$L[-\omega^2 \sin \omega t]=L[f''(t)]=s^2 F(s)-sf(0)-f'(0)，即$$

$$-\omega^2 L[\sin \omega t]=s^2 L[\sin \omega t]-\omega.$$

移项并化简，得

$$L[\sin \omega t]=\frac{\omega}{s^2+\omega^2}.$$

性质 5（积分性质） 设 $L[f(t)]=F(s)$，则

$$L[\int_0^t f(t)\mathrm{d}t] = \frac{1}{s}F(s) \quad (s>0). \tag{6.12}$$

例 10 求 $L\left[\int_0^t \cos 3t\mathrm{d}t\right]$.

解 $L\left[\int_0^t \cos 3t\mathrm{d}t\right]=\frac{1}{s}L[\cos 3t] = \frac{1}{s} \cdot \frac{s}{s^2+9} = \frac{1}{s^2+9}$.

此外，象函数有下述积分性质：

若 $L[f(t)]=F(s)$，则

$$L\left[\frac{f(t)}{t}\right]=\int_s^{+\infty} F(s)\mathrm{d}s. \tag{6.13}$$

例 11 求 $f(t)=\frac{\mathrm{sh}\, t}{t}$的拉氏变换.

解 因为 $L[\mathrm{sh}\, t]=\frac{1}{s^2-1}$，所以

$$\begin{aligned}L\left[\frac{\mathrm{sh}\, t}{t}\right]&=\int_s^{+\infty} \frac{1}{s^2-1}\mathrm{d}s = \frac{1}{2}\int_s^{+\infty} \left(\frac{1}{s-1}-\frac{1}{s+1}\right)\mathrm{d}s \\ &=\frac{1}{2}[\ln(s-1)-\ln(s+1)]_s^{+\infty} = \frac{1}{2}\left[\ln\frac{s-1}{s+1}\right]_s^{+\infty} \\ &=\frac{1}{2}\ln\frac{s+1}{s-1}.\end{aligned}$$

习题一

1. 求下列函数的拉普拉斯变换.

(1) $f(t)=t^3+2t^2-5t+7$；

(2) $f(t)=1-te^t$；

(3) $f(t)=\frac{t}{2a}\sin at$；

(4) $f(t)=5\sin 2t-3\cos 2t$；

(5) $f(t)=\mathrm{e}^{4t}\cos 6t$；

(6) $f(t)=t^n \mathrm{e}^{at}$.

2. 利用微分性质求 $L[\cos\omega t]$.

第二节　拉普拉斯逆变换

前面讨论了由已知函数 $f(t)$ 求其拉氏变换 $F(s)$ 的问题. 本节将讨论与此相反的问题——若已知象函数 $F(s)$，求象原函数 $f(t)$ 的变换，即拉普拉斯逆变换.

在求象原函数 $f(t)$ 时，通常要借助于拉氏变换表及拉氏变换的性质，因此把常用的拉氏变换的性质用逆变换的形式列出，如下：

性质 1（线性性质）　设 $L[f_1(t)]=F_1(s)$，$L[f_2(t)]=F_2(s)$，则

$$L^{-1}[\alpha F_1(s)+\beta F_2(s)]=\alpha L^{-1}[F_1(s)]+\beta L^{-1}[F_2(s)]=\alpha f_1(t)+\beta f_2(t).$$

性质 2（位移性质）　设 $L[f(t)]=F(s)$，则

$$L^{-1}[F(s-a)]=e^{at}L^{-1}[F(s)]=e^{at}f(t).$$

性质 3（延迟性质）　设 $L[f(t)]=F(s)$，则

$$L^{-1}[e^{-at}F(s)]=f(t-a)u(t-a).$$

例 1　已知 $F(s)=\dfrac{1}{s^2+4}$，求 $f(t)$.

解　因为 $F(s)=\dfrac{1}{s^2+4}=\dfrac{1}{2}\dfrac{2}{s^2+4}$，所以

$$f(t)=L^{-1}\left[\frac{1}{2}\frac{2}{s^2+4}\right]=\frac{1}{2}L^{-1}\left[\frac{2}{s^2+4}\right]=\frac{1}{2}\sin 2t.$$

例 2　已知 $F(s)=\dfrac{1}{s^4}$，求 $f(t)$.

解　因为 $F(s)=\dfrac{1}{3!}\dfrac{3!}{s^4}=\dfrac{1}{6}\dfrac{3!}{s^4}$，所以

$$f(t)=L^{-1}\left[\frac{1}{6}\frac{3!}{s^4}\right]=\frac{1}{6}L^{-1}\left[\frac{3!}{s^4}\right]=\frac{1}{6}t^3.$$

例 3　已知 $F(s)=\dfrac{1}{(s+1)^4}$，求 $f(t)$.

解　因为 $L^{-1}\left[\dfrac{1}{s^4}\right]=\dfrac{1}{6}t^3$，所以

$$f(t)=L^{-1}\left[\frac{1}{(s+1)^4}\right]=\frac{1}{6}t^3e^{-t}.$$

例 4　已知 $F(s)=\dfrac{2s+3}{s^2+9}$，求 $f(t)$.

解　因为 $F(s)=2\dfrac{s}{s^2+9}+\dfrac{3}{s^2+9}$，所以

$$f(t)=L^{-1}[F(s)]=2\cos 3t+\sin 3t.$$

例 5　已知 $F(s)=\dfrac{2s+5}{s^2+4s+13}$，求 $f(t)$.

解 因为 $F(s)=\dfrac{2(s+2)+1}{(s^2+2)^2+3^2}=2\dfrac{s+2}{(s+2)^2+3^2}+\dfrac{1}{3}\dfrac{3}{(s+2)^2+3^2}$，所以

$$f(t)=2\cos 3te^{-2t}+\frac{1}{3}\sin 3te^{-2t}=\left(2\cos 3t+\frac{1}{3}\sin 3te^{-2t}\right)e^{-2t}.$$

例 6 已知 $F(s)=\dfrac{s+3}{s^2-2s-3}$，求 $f(t)$.

解 先将 $F(s)$ 分解为部分分式之和

$$F(s)=\frac{s+3}{(s-3)(s+1)}=\frac{A}{s-3}+\frac{B}{s+1}.$$

用待定系数法求得

$$A=\frac{3}{2},\ B=-\frac{1}{2},$$

所以

$$F(s)=\frac{\frac{3}{2}}{s-3}+\frac{-\frac{1}{2}}{s+1}.$$

于是

$$f(t)=\frac{3}{2}e^{3t}-\frac{1}{2}e^{-t}.$$

例 7 已知 $F(s)=\dfrac{s+2}{s^3+2s^2+5s}$，求 $f(t)$.

解 先将 $F(s)$ 分解为部分分式之和.

$$F(s)=\frac{s+2}{s(s^2+2s+5)}=\frac{A}{s}+\frac{Bs+C}{s^2+2s+5}.$$

用待定系数法求得

$$A=\frac{2}{5},\ B=-\frac{2}{5},\ C=\frac{1}{5},$$

所以

$$F(s)=\frac{\frac{2}{5}}{s}+\frac{-\frac{2}{5}s+\frac{1}{5}}{s^2+2s+5}=\frac{\frac{2}{5}}{s}+\frac{-\frac{2}{5}(s+1)+\frac{3}{5}}{(s+1)^2+4}.$$

于是

$$f(t)=\frac{2}{5}-\frac{2}{5}\cos 2t\cdot e^{-t}+\frac{3}{10}\sin 2t\cdot e^{-t}.$$

习题二

求下列函数的拉普拉斯拉逆变换.

(1) $F(s)=\dfrac{1}{s+3}$；　　(2) $F(s)=\dfrac{1}{s^2+16}$；

(3) $F(s)=\frac{3s+5}{s^2+16}$；　　(4) $F(s)=\frac{1}{(s+1)^5}$；

(5) $F(s)=\frac{s+3}{s^2+4s+8}$；　　(6) $F(s)=\frac{2s+1}{s^2+6s+13}$；

(7) $F(s)=\frac{s+1}{s^2+s-6}$；　　(8) $F(s)=\frac{s+3}{(s+2)(s-5)}$；

(9) $F(s)=\frac{2s+1}{s(s+1)(s+2)}$；　　(10) $F(s)=\frac{1}{s^2(s^2-1)}$.

第三节　拉普拉斯变换的应用

拉普拉斯变换及其逆变换可用来求解一阶乃至高阶的线性微分方程，下面举例说明.

例 1　求 $x'(t)+2x(t)=0$ 满足初始条件 $x(0)=3$ 的解 $x(t)$.

解　设 $L[x(t)]=X(s)$，方程两边取拉氏变换得

$$sX(s)-x(0)+2X(s)=0.$$

将初始条件 $x(0)=3$ 代入上式，得

$$sX(s)+2X(s)=3,\text{ 即}$$

$$X(s)=\frac{3}{s+2}.$$

对 $X(s)$ 取逆变换得到方程的解为

$$x(t)=L^{-1}[X(s)]=3e^{-2t}.$$

通过上例，总结用拉普拉斯变换求解微分方程的一般步骤如下：

(1) 利用拉氏变换将微分方程化为关于象函数 $F(s)$ 的代数方程；

(2) 解代数方程求出象函数 $F(s)$；

(3) 对象函数 $F(s)$ 取逆变换求出象原函数 $f(t)$，即为所求的方程的解.

这种解法的示意如图 6-2 所示.

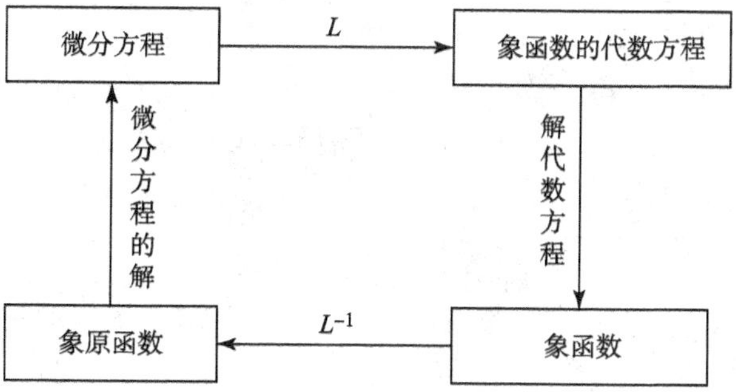

图 6-2

例 2　求 $y''-3y'+2y=2e^{-t}$ 满足初始条件 $y(0)=2$，$y'(0)=-1$ 的特解 $y(t)$.

解　设 $L[y(t)]=Y(s)$，方程两边取拉氏变换，由式 (6.6)、式 (6.7) 得

$$[s^2Y(s)-sy(0)-y'(0)]-3[sY(s)-y(0)]+2Y(s)=\frac{2}{s+1}.$$

把初始条件 $y(0)=2$，$y'(0)=-1$ 代入上式，得

$$(s^2-3s+2)Y(s)=\frac{2s^2-5s-5}{s+1},$$

所以

$$Y(s)=\frac{2s^2-5s-5}{(s+1)(s-1)(s-2)}=\frac{\frac{1}{3}}{s+1}+\frac{4}{s-1}-\frac{\frac{7}{3}}{s-2}.$$

对 $Y(s)$ 取逆变换得到方程的特解为

$$y(t)=\frac{1}{3}e^{-t}+4e^t-\frac{7}{3}e^{2t}.$$

习题三

求下列微分方程的解：

(1) $y'-y=e^{2t}$，$y(0)=0$；

(2) $y'-5y=10e^{-3t}$，$y(0)=0$；

(3) $y''+4y'+3y=e^{-t}$，$y(0)=y'(0)=1$；

(4) $y''(t)+16y(t)=32t$，$y(0)=3$，$y'(0)=-2$；

(5) $y''-2y'+2y=2e^t\cos t$，$y(0)=y'(0)=0$；

(6) $y''-y=4\sin t$，$y(0)=0$，$y'(0)=1$.

第四节　典型例题详解

例 1　求函数 $f(t)=t^n$（n 为正整数）的拉氏变换.

解　利用微分性质.

因为 $f(t)=t^n$，所以 $f'(t)=nt^{n-1}$，$f''(t)=n(n-1)t^{n-2}$，…，$f^{(n)}(t)=n!$，且 $f(0)=f'(0)=\cdots=f^{(n-1)}(0)=0$.

故由微分性质式（6.9）得

$$L[f^{(n)}(t)]=L[n!]=s^nF(s),$$

而

$$L[n!]=n!\ L[1]=\frac{n!}{s},$$

即

$$s^nF(s)=\frac{n!}{s},$$

所以

$$F(s)=L[t^n]=\frac{n!}{s^{n+1}}.$$

例 2　求函数 $f(t)=t\sin\omega t$ 的拉氏变换.

解 因为$L[\sin\omega t]=\frac{\omega}{s^2+\omega^2}=F(s)$，所以，由式（6.10）得

$$F'(s)=-L[tf(t)]=-L[t\sin\omega t].$$

于是，

$$L[t\sin\omega t]=-F'(s)=-\left(\frac{\omega}{s^2+\omega^2}\right)'=\frac{2\omega s}{(s^2+\omega^2)^2}.$$

例 3 求象函数$F(s)=\frac{s+2}{s^3+6s^2+9s}$的拉氏逆变换.

解 先将$F(s)$分解为部分分式之和.

$$F(s)=\frac{s+2}{s(s+3)^2}=\frac{A}{s}+\frac{B}{(s+3)}+\frac{C}{(s+3)^2}.$$

用待定系数法求得

$$A=\frac{2}{9},\ B=-\frac{2}{9},\ C=\frac{1}{3},$$

所以

$$F(s)=\frac{\frac{2}{9}}{s}-\frac{\frac{2}{9}}{(s+3)}+\frac{\frac{1}{3}}{(s+3)^2}.$$

于是

$$f(t)=\frac{2}{9}-\frac{2}{9}e^{-3t}+\frac{1}{3}te^{-3t}.$$

例 4 求$y''=3y$满足初始条件$y(0)=1$，$y'(0)=1$的特解.

解 设$L[y(t)]=Y(s)$，方程两边取拉氏变换，由式（6.7）得

$$[s^2Y(s)-sy(0)-y'(0)]=3Y(s).$$

把初始条件$y(0)=1$，$y'(0)=1$代入上式，得

$$Y(s)=\frac{s+1}{s^2-3}=\frac{s}{s^2-3}+\frac{1}{s^2-3}$$
$$=\frac{1}{2}\left(\frac{1}{s-\sqrt{3}}+\frac{1}{s+\sqrt{3}}\right)+\frac{1}{2\sqrt{3}}\left(\frac{1}{s-\sqrt{3}}-\frac{1}{s+\sqrt{3}}\right).$$

对$Y(s)$取逆变换得到方程的特解为

$$y=L^{-1}[Y(s)]=\frac{1}{2}(e^{\sqrt{3}t}+e^{-\sqrt{3}t})+\frac{1}{2\sqrt{3}}(e^{\sqrt{3}t}-e^{-\sqrt{3}t}).$$

复习题六

1. 拉普拉斯变换是怎样定义的？
2. 拉普拉斯变换的性质有哪些？
3. 如何用拉普拉斯变换求解微分方程？
4. 求下列函数的拉普拉斯变换：

(1) $f(t)=t^2-6t+3$；　　(2) $f(t)=3\sin at-2\cos bt$；

(3) $f(t)=(t+2)^2e^{-3t}$；　　(4) $f(t)=\sin(\omega t+\varphi)$.

5. 求下列函数的拉普拉斯逆变换：

(1) $F(s)=\dfrac{4s-3}{s^2+4}$；　　(2) $F(s)=\dfrac{1}{s(s+a)}$；

(3) $F(s)=\dfrac{s^2+2s-1}{s(s-1)^2}$；　　(4) $F(s)=\dfrac{s^2}{(s+2)(s^2+2s+2)}$.

6. 用拉普拉斯变换求解下列微分方程：

(1) $2y'+y=3$，$y(0)=10$；

(2) $y''+2y'=3e^{-2t}$，$y(0)=0$，$y'(0)=0$；

(3) $y''-2y'+2y=2e^t\sin t$，$y(0)=0$，$y'(0)=0$；

(4) $y''-3y'+2y=2e^{-t}$，$y(0)=2$，$y'(0)=-1$.

附　录

附录一　常见概率统计分布表

附表 1　标准正态分布表

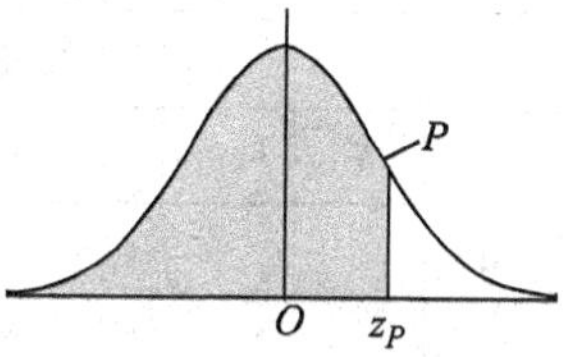

$$\Phi(x)=\int_{-\infty}^{x}\frac{1}{\sqrt{2\pi}}\mathrm{e}^{-\frac{t^2}{2}\mathrm{d}t}=P(X\leqslant x)$$

x	0.00	0.01	0.02	0.03	0.04	0.05	0.06	0.07	0.08	0.09
0.0	0.500 0	0.504 0	0.508 0	0.512 0	0.516 0	0.519 9	0.523 9	0.527 9	0.531 9	0.535 9
0.1	0.539 8	0.543 8	0.547 8	0.551 7	0.555 7	0.559 6	0.563 6	0.567 5	0.571 4	0.575 3
0.2	0.579 3	0.583 2	0.587 1	0.591 0	0.594 8	0.598 7	0.602 6	0.606 4	0.610 3	0.614 1
0.3	0.617 9	0.621 7	0.625 5	0.629 3	0.633 1	0.636 8	0.640 6	0.644 3	0.648 0	0.651 7
0.4	0.655 4	0.659 1	0.662 8	0.666 4	0.670 0	0.673 6	0.677 2	0.680 8	0.684 4	0.687 9
0.5	0.691 5	0.695 0	0.698 5	0.701 9	0.705 4	0.708 8	0.712 3	0.715 7	0.719 0	0.722 4
0.6	0.725 7	0.729 1	0.732 4	0.735 7	0.738 9	0.742 2	0.745 4	0.748 6	0.751 7	0.754 9
0.7	0.758 0	0.761 1	0.764 2	0.767 3	0.770 3	0.773 4	0.776 4	0.779 4	0.782 3	0.785 2
0.8	0.788 1	0.791 0	0.793 9	0.796 7	0.799 5	0.802 3	0.805 1	0.807 8	0.810 6	0.813 3
0.9	0.815 9	0.818 6	0.821 2	0.823 8	0.826 4	0.828 9	0.831 5	0.834 0	0.836 5	0.838 9
1.0	0.841 3	0.843 8	0.846 1	0.848 5	0.850 8	0.853 1	0.855 4	0.857 7	0.859 9	0.862 1
1.1	0.864 3	0.866 5	0.868 6	0.870 8	0.872 9	0.874 9	0.877 0	0.879 0	0.881 0	0.883 0
1.2	0.884 9	0.886 9	0.888 8	0.890 7	0.892 5	0.894 4	0.896 2	0.898 0	0.899 7	0.901 5
1.3	0.903 2	0.904 9	0.906 6	0.908 2	0.909 9	0.911 5	0.913 1	0.914 7	0.916 2	0.917 7
1.4	0.919 2	0.920 7	0.922 2	0.923 6	0.925 1	0.926 5	0.927 8	0.929 2	0.930 6	0.931 9
1.5	0.933 2	0.934 5	0.935 7	0.937 0	0.938 2	0.939 4	0.940 6	0.941 8	0.943 0	0.944 1
1.6	0.945 2	0.946 3	0.947 4	0.948 4	0.949 5	0.950 5	0.951 5	0.952 5	0.953 5	0.954 5
1.7	0.955 4	0.956 4	0.957 3	0.958 2	0.959 1	0.959 9	0.960 8	0.961 6	0.962 5	0.963 3
1.8	0.964 1	0.964 8	0.965 6	0.966 4	0.967 1	0.967 8	0.968 6	0.969 3	0.970 0	0.970 6
1.9	0.971 3	0.971 9	0.972 6	0.973 2	0.973 8	0.974 4	0.975 0	0.975 6	0.976 2	0.976 7
2.0	0.977 2	0.977 8	0.978 3	0.978 8	0.979 3	0.979 8	0.980 3	0.980 8	0.981 2	0.981 7
2.1	0.982 1	0.982 6	0.983 0	0.983 4	0.983 8	0.984 2	0.984 6	0.985 0	0.985 4	0.985 7
2.2	0.986 1	0.986 4	0.986 8	0.987 1	0.987 4	0.987 8	0.988 1	0.988 4	0.988 7	0.989 0
2.3	0.989 3	0.989 6	0.989 8	0.990 1	0.990 4	0.990 6	0.990 9	0.991 1	0.991 3	0.991 6
2.4	0.991 8	0.992 0	0.992 2	0.992 5	0.992 7	0.992 9	0.993 1	0.993 2	0.993 4	0.993 6
2.5	0.993 8	0.994 0	0.994 1	0.994 3	0.994 5	0.994 6	0.994 8	0.994 9	0.995 1	0.995 2
2.6	0.995 3	0.995 5	0.995 6	0.995 7	0.995 9	0.996 0	0.996 1	0.996 2	0.996 3	0.996 4
2.7	0.996 5	0.996 6	0.996 7	0.996 8	0.996 9	0.997 0	0.997 1	0.997 2	0.997 3	0.997 4
2.8	0.997 4	0.997 5	0.997 6	0.997 7	0.997 7	0.997 8	0.997 9	0.997 9	0.998 0	0.998 1
2.9	0.998 1	0.998 2	0.998 2	0.998 3	0.998 4	0.998 4	0.998 5	0.998 5	0.998 6	0.998 6
3.0	0.998 7	0.998 7	0.998 8	0.998 8	0.998 9	0.998 9	0.998 9	0.999 0	0.999 0	0.999 0

附表 2　二项分布表

$$P(X \leqslant x)=\sum_{k=0}^{n} \frac{n!}{k!(n-k)!} p^{k}(1-p)^{n-k}$$

n	k	P									
		0.05	0.10	0.15	0.20	0.25	0.30	0.35	0.40	0.45	0.50
2	0	0.902 5	0.810 0	0.722 5	0.640 0	0.562 5	0.490 0	0.422 5	0.360 0	0.362 5	0.250 0
	1	0.997 5	0.990 0	0.977 5	0.960 0	0.937 5	0.910 0	0.877 5	0.840 0	0.797 5	0.750 0
	2	1.000 0	1.000 0	1.000 0	1.000 0	1.000 0	1.000 0	1.000 0	1.000 0	1.000 0	1.000 0
3	0	0.857 4	0.729 0	0.614 1	0.512 0	0.421 9	0.343 0	0.274 6	0.216 0	0.166 4	0.125 0
	1	0.992 8	0.972 0	0.939 2	0.896 0	0.843 8	0.784 0	0.718 2	0.648 0	0.574 8	0.500 0
	2	0.999 9	0.999 0	0.996 6	0.992 0	0.984 4	0.973 0	0.957 1	0.936 0	0.908 9	0.875 0
	3	1.000 0	1.000 0	1.000 0	1.000 0	1.000 0	1.000 0	1.000 0	1.000 0	1.000 0	1.000 0
4	0	0.814 5	0.656 1	0.522 0	0.409 6	0.316 4	0.240 1	0.178 5	0.129 6	0.091 5	0.062 5
	1	0.986 0	0.947 7	0.890 5	0.819 2	0.738 3	0.651 7	0.563 0	0.475 2	0.391 0	0.312 5
	2	0.999 5	0.996 3	0.988 0	0.972 8	0.949 2	0.916 3	0.873 5	0.820 8	0.758 5	0.687 5
	3	1.000 0	0.999 9	0.999 5	0.998 4	0.996 1	0.991 9	0.985 0	0.974 4	0.959 0	0.937 5
	4	1.000 0	1.000 0	1.000 0	1.000 0	1.000 0	1.000 0	1.000 0	1.000 0	1.000 0	1.000 0
5	0	0.773 8	0.590 5	0.443 7	0.327 7	0.237 3	0.168 1	0.116 0	0.077 8	0.050 3	0.031 2
	1	0.977 4	0.918 5	0.835 2	0.737 3	0.632 8	0.528 2	0.428 4	0.337 0	0.256 2	0.187 5
	2	0.998 8	0.991 4	0.973 4	0.942 1	0.896 5	0.836 9	0.764 8	0.682 6	0.593 1	0.500 0
	3	1.000 0	0.999 5	0.997 8	0.993 3	0.984 4	0.969 2	0.946 0	0.913 0	0.868 8	0.812 5
	4	1.000 0	1.000 0	0.999 9	0.999 7	0.999 0	0.997 6	0.994 7	0.989 8	0.981 5	0.968 8
	5	1.000 0	1.000 0	1.000 0	1.000 0	1.000 0	1.000 0	1.000 0	1.000 0	1.000 0	1.000 0
6	0	0.735 1	0.531 4	0.377 1	0.262 1	0.178 0	0.117 6	0.075 4	0.047 6	0.022 7	0.015 6
	1	0.967 2	0.885 7	0.776 5	0.655 3	0.533 9	0.420 2	0.319 1	0.122 2	0.163 6	0.109 4
	2	0.997 8	0.984 2	0.952 7	0.901 1	0.830 6	0.744 3	0.647 1	0.544 3	0.441 5	0.343 8
	3	0.999 9	0.998 2	0.994 1	0.983 0	0.962 4	0.929 5	0.882 6	0.820 8	0.744 7	0.656 2
	4	1.000 0	0.999 9	0.999 6	0.998 4	0.995 4	0.989 1	0.977 7	0.959 0	0.930 8	0.890 6
	5	1.000 0	1.000 0	1.000 0	0.999 9	0.999 8	0.999 3	0.998 2	0.995 9	0.991 7	0.984 4
	6	1.000 0	1.000 0	1.000 0	1.000 0	1.000 0	1.000 0	1.000 0	1.000 0	1.000 0	1.000 0
7	0	0.698 3	0.478 3	0.320 6	0.209 7	0.133 5	0.082 4	0.049 0	0.028 0	0.015 2	0.007 8

续表

n	k	P									
		0.05	0.10	0.15	0.20	0.25	0.30	0.35	0.40	0.45	0.50
	1	0.955 6	0.850 3	0.716 6	0.576 7	0.444 9	0.329 4	0.233 8	0.158 6	0.102 4	0.062 5
	2	0.996 2	0.974 3	0.926 2	0.852 0	0.756 4	0.647 1	0.532 3	0.419 9	0.316 4	0.226 6
	3	0.998	0.997 3	0.987 9	0.996 7	0.929 4	0.874 0	0.800 2	0.710 2	0.608 3	0.500 0
	4	1.000 0	0.999 8	0.998 8	0.995 3	0.987 1	0.971 2	0.944 4	0.903 7	0.847 1	0.773 4
	5	1.000 0	1.000 0	0.999 9	0.999 6	0.998 7	0.996 2	0.991 0	0.981 2	0.964 3	0.937 5
	6	1.000 0	1.000 0	1.000 0	1.000 0	0.999 9	0.999 8	0.999 4	0.998 4	0.996 3	0.992 2
	7	1.000 0	1.000 0	1.000 0	1.000 0	1.000 0	1.000 0	1.000 0	1.000 0	1.000 0	1.000 0
8	0	0.663 4	0.430 5	0.272 5	0.167 8	0.100 1	0.057 6	0.031 9	0.016 8	0.008 4	0.003 9
	1	0.942 8	0.813 1	0.657 2	0.503 3	0.367 1	0.255 3	0.169 1	0.106 4	0.063 2	0.035 2
	2	0.994 2	0.961 9	0.894 8	0.796 9	0.678 5	0.551 8	0.427 8	0.315 4	0.220 1	0.144 5
	3	0.999 6	0.995 0	0.978 6	0.943 7	0.886 2	0.805 9	0.706 4	0.594 1	0.477 0	0.363 3
	4	1.000 0	0.999 6	0.997 1	0.986 9	0.972 7	0.942 0	0.893 9	0.826 3	0.739 6	0.636 7
	5	1.000 0	1.000 0	0.999 8	0.998 8	0.995 8	0.988 7	0.974 7	0.950 2	0.911 5	0.855 5
	6	1.000 0	1.000 0	1.000 0	0.999 9	0.999 6	0.998 7	0.996 4	0.991 5	0.981 9	0.964 8
	7	1.000 0	1.000 0	1.000 0	1.000 0	1.000 0	0.999 9	0.999 8	0.999 3	0.998 3	0.996 1
	8	1.000 0	1.000 0	1.000 0	1.000 0	1.000 0	1.000 0	1.000 0	1.000 0	1.000 0	1.000 0
9	0	0.630 2	0.387 4	0.231 6	0.134 2	0.075 1	0.040 4	0.020 7	0.010 1	0.004 6	0.002 0
	1	0.928 8	0.774 8	0.599 5	0.436 2	0.300 3	0.196 0	0.121 1	0.070 5	0.038 5	0.019 5
	2	0.991 6	0.947 0	0.859 1	0.738 2	0.600 7	0.462 8	0.337 3	0.231 8	0.149 5	0.089 8
	3	0.999 4	0.991 7	0.966 1	0.914 4	0.834 3	0.729 7	0.608 9	0.482 6	0.361 4	0.259 3
	4	1.000 0	0.999 1	0.994 4	0.980 4	0.951 1	0.901 2	0.828 3	0.733 4	0.621 4	0.500 0
	5	1.000 0	0.999 9	0.999 4	0.996 9	0.990 0	0.994 7	0.946 7	0.900 6	0.834 2	0.746 1
	6	1.000 0	1.000 0	1.000 0	0.999 7	0.998 7	0.995 7	0.988 8	0.975 0	0.950 2	0.910 2
	7	1.000 0	1.000 0	1.000 0	1.000 0	0.999 9	0.999 6	0.998 6	0.996 2	0.990 9	0.980 5
	8	1.000 0	1.000 0	1.000 0	1.000 0	1.000 0	1.000 0	0.999 9	0.999 7	0.999 2	0.998 0
	9	1.000 0	1.000 0	1.000 0	1.000 0	1.000 0	1.000 0	1.000 0	1.000 0	1.000 0	1.000 0
10	0	0.598 7	0.348 7	0.196 9	0.107 4	0.056 3	0.028 2	0.013 5	0.006 0	0.002 5	0.001 0
	1	0.913 9	0.736 1	0.544 3	0.375 8	0.244 0	0.149 3	0.086 0	0.046 4	0.023 3	0.010 7
	2	0.988 5	0.929 8	0.820 2	0.677 8	0.525 6	0.382 8	0.261 6	0.167 3	0.099 6	0.054 7
	3	0.999 0	0.987 2	0.950 0	0.879 1	0.775 9	0.649 6	0.513 8	0.382 3	0.266 0	0.171 9
	4	0.999 9	0.998 4	0.990 1	0.967 2	0.921 9	0.849 7	0.751 5	0.633 1	0.504 4	0.377 0

续表

n	k	P									
		0.05	0.10	0.15	0.20	0.25	0.30	0.35	0.40	0.45	0.50
	5	1.000 0	0.999 9	0.998 6	0.993 6	0.980 3	0.952 7	0.905 1	0.833 8	0.738 4	0.623 0
	6	1.000 0	1.000 0	0.999 9	0.999 1	0.996 5	0.989 4	0.974 0	0.945 2	0.898 0	0.828 1
	7	1.000 0	1.000 0	1.000 0	0.999 9	0.999 6	0.998 4	0.995 2	0.987 7	0.972 6	0.945 3
	8	1.000 0	1.000 0	1.000 0	1.000 0	1.000 0	0.999 9	0.999 5	0.998 3	0.995 5	0.989 3
	9	1.000 0	1.000 0	1.000 0	1.000 0	1.000 0	1.000 0	1.000 0	0.999 9	0.999 7	0.999 0
	10	1.000 0	1.000 0	1.000 0	1.000 0	1.000 0	1.000 0	1.000 0	1.000 0	1.000 0	1.000 0
11	0	0.568 8	0.313 8	0.167 3	0.085 9	0.042 2	0.019 8	0.008 8	0.003 6	0.001 4	0.000 5
	1	0.898 1	0.697 4	0.492 2	0.322 1	0.197 1	0.113 0	0.060 6	0.030 2	0.013 9	0.005 9
	2	0.984 8	0.910 4	0.778 8	0.617 4	0.455 2	0.312 7	0.200 1	0.118 9	0.065 2	0.032 7
	3	0.998 4	0.981 5	0.930 6	0.838 9	0.713 3	0.569 6	0.425 6	0.296 3	0.191 1	0.113 3
	4	0.999 9	0.997 2	0.984 1	0.949 6	0.885 4	0.789 7	0.668 3	0.532 8	0.397 1	0.274 4
	5	1.000 0	0.999 7	0.997 3	0.988 3	0.965 7	0.921 8	0.851 3	0.753 5	0.633 1	0.500 0
	6	1.000 0	1.000 0	0.999 7	0.998 0	0.992 4	0.978 4	0.949 9	0.900 6	0.826 2	0.725 6
	7	1.000 0	1.000 0	1.000 0	0.999 8	0.998 8	0.995 7	0.987 8	0.970 7	0.939 0	0.887 6
	8	1.000 0	1.000 0	1.000 0	1.000 0	0.999 9	0.999 4	0.998 0	0.994 1	0.985 2	0.967 3
	9	1.000 0	1.000 0	1.000 0	1.000 0	1.000 0	1.000 0	0.999 8	0.999 3	0.997 8	0.994 1
	10	1.000 0	1.000 0	1.000 0	1.000 0	1.000 0	1.000 0	1.000 0	1.000 0	0.999 8	0.999 5
	11	1.000 0	1.000 0	1.000 0	1.000 0	1.000 0	1.000 0	1.000 0	1.000 0	1.000 0	1.000 0
12	0	0.540 4	0.282 4	0.142 2	0.068 7	0.031 7	0.013 8	0.005 7	0.002 2	0.000 8	0.000 2
	1	0.881 6	0.659 0	0.443 5	0.274 9	0.158 4	0.085 0	0.042 4	0.019 6	0.008 3	0.003 2
	2	0.980 4	0.889 1	0.735 8	0.558 3	0.390 7	0.252 8	0.151 3	0.083 4	0.042 1	0.019 3
	3	0.997 8	0.974 4	0.907 8	0.794 6	0.648 8	0.492 5	0.346 7	0.225 3	0.134 5	0.073 0
	4	0.999 8	0.995 7	0.976 1	0.927 4	0.842 4	0.723 7	0.583 3	0.438 2	0.304 4	0.193 8
	5	1.000 0	0.999 5	0.995 4	0.980 6	0.945 6	0.882 2	0.787 3	0.665 3	0.526 9	0.387 2
	6	1.000 0	0.999 9	0.999 3	0.996 1	0.985 7	0.961 4	0.915 4	0.841 8	0.739 3	0.612 8
	7	1.000 0	1.000 0	0.999 9	0.999 4	0.997 2	0.990 5	0.974 5	0.942 7	0.888 3	0.806 2
	8	1.000 0	1.000 0	1.000 0	0.999 9	0.999 6	0.998 3	0.994 4	0.984 7	0.964 4	0.927 0
	9	1.000 0	1.000 0	1.000 0	1.000 0	1.000 0	0.999 8	0.999 2	0.997 2	0.992 1	0.980 7
	10	1.000 0	1.000 0	1.000 0	1.000 0	1.000 0	1.000 0	0.999 9	0.999 7	0.998 9	0.996 8
	11	1.000 0	1.000 0	1.000 0	1.000 0	1.000 0	1.000 0	1.000 0	1.000 0	0.999 9	0.999 8
	12	1.000 0	1.000 0	1.000 0	1.000 0	1.000 0	1.000 0	1.000 0	1.000 0	1.000 0	1.000 0

续表

n	k	P									
		0.05	0.10	0.15	0.20	0.25	0.30	0.35	0.40	0.45	0.50
13	0	0.513 3	0.254 2	0.120 9	0.055 0	0.023 8	0.009 7	0.003 7	0.001 3	0.000 4	0.000 1
	1	0.864 8	0.621 3	0.398 3	0.233 6	0.126 7	0.063 7	0.029 6	0.012 6	0.009 4	0.001 7
	2	0.975 5	0.866 1	0.692 0	0.501 7	0.332 6	0.202 5	0.113 2	0.057 9	0.026 9	0.012 2
	3	0.996 9	0.965 8	0.882 0	0.747 3	0.584 3	0.420 6	0.278 3	0.168 6	0.092 9	0.046 1
	4	0.999 7	0.993 5	0.965 8	0.900 9	0.794 0	0.654 3	0.500 5	0.353 0	0.227 9	0.133 4
	5	1.000 0	0.999 1	0.992 4	0.970 0	0.919 8	0.834 6	0.715 9	0.574 4	0.426 8	0.290 5
		1.000 0	0.999 9	0.998 7	0.993 0	0.975 7	0.937 6	0.870 5	0.771 2	0.643 7	0.500 0
		1.000 0	1.000 0	0.999 8	0.998 8	0.994 4	0.981 8	0.923 8	0.902 3	0.821 2	0.821 2
13	8	1.000 0	1.000 0	1.000 0	0.999 8	0.999 0	0.996 0	0.987 4	0.967 9	0.930 2	0.866 6
	9	1.000 0	1.000 0	1.000 0	1.000 0	0.999 9	0.999 3	0.997 5	0.992 2	0.979 7	0.953 9
	10	1.000 0	1.000 0	1.000 0	1.000 0	1.000 0	0.999 9	0.999 7	0.998 7	0.995 9	0.988 8
	11	1.000 0	1.000 0	1.000 0	1.000 0	1.000 0	1.000 0	1.000 0	0.999 9	0.999 5	0.998 3
	12	1.000 0	1.000 0	1.000 0	1.000 0	1.000 0	1.000 0	1.000 0	1.000 0	1.000 0	0.999 9
	13	1.000 0	1.000 0	1.000 0	1.000 0	1.000 0	1.000 0	1.000 0	1.000 0	1.000 0	1.000 0
14	0	0.487 7	0.228 8	0.102 8	0.044 0	0.017 8	0.006 8	0.002 4	0.000 8	0.000 2	0.000 1
	1	0.847 0	0.584 6	0.356 7	0.191 7	0.101 0	0.047 5	0.020 5	0.008 1	0.002 9	0.000 9
	2	0.969 9	0.841 6	0.647 9	0.448 1	0.281 1	0.160 8	0.083 9	0.039 8	0.017 0	0.006 5
	3	0.996 8	0.955 9	0.853 5	0.698 2	0.521 3	0.355 2	0.220 5	0.124 3	0.063 2	0.028 7
	4	0.999 6	0.990 8	0.953 3	0.870 2	0.741 5	0.584 2	0.422 7	0.249 3	0.167 2	0.089 8
	5	1.000 0	0.998 5	0.988 5	0.956 1	0.888 3	0.780 5	0.640 5	0.485 9	0.337 3	0.212 0
	6	1.000 0	0.999 8	0.997 8	0.988 4	0.961 7	0.906 7	0.816 4	0.692 5	0.546 1	0.395 3
	7	1.000 0	1.000 0	0.999 7	0.997 6	0.989 7	0.968 5	0.924 7	0.849 9	0.741 4	0.604 7
	8	1.000 0	1.000 0	1.000 0	0.999 6	0.997 8	0.991 7	0.975 7	0.941 7	0.881 1	0.788 0
	9	1.000 0	1.000 0	1.000 0	1.000 0	0.999 7	0.998 3	0.994 0	0.982 5	0.954 7	0.910 2
	10	1.000 0	1.000 0	1.000 0	1.000 0	1.000 0	0.999 8	0.998 9	0.996 1	0.988 6	0.971 3
	11	1.000 0	1.000 0	1.000 0	1.000 0	1.000 0	1.000 0	0.999 9	0.999 4	0.997 8	0.993 5
	12	1.000 0	1.000 0	1.000 0	1.000 0	1.000 0	1.000 0	1.000 0	0.999 9	0.999 7	0.999 1
	13	1.000 0	1.000 0	1.000 0	1.000 0	1.000 0	1.000 0	1.000 0	1.000 0	1.000 0	0.999 9
	14	1.000 0	1.000 0	1.000 0	1.000 0	1.000 0	1.000 0	1.000 0	1.000 0	1.000 0	1.000 0
15	0	0.463 3	0.205 9	0.087 4	0.035 2	0.013 4	0.004 7	0.001 6	0.000 5	0.000 1	0.000 0
	1	0.829 0	0.549 0	0.318 6	0.167 1	0.080 2	0.035 3	0.014 2	0.005 2	0.001 2	0.000 1

续表

n	k	P									
		0.05	0.10	0.15	0.20	0.25	0.30	0.35	0.40	0.45	0.50
	2	0.963 8	0.815 9	0.604 2	0.398 0	0.236 1	0.126 8	0.061 7	0.027 1	0.010 7	0.003 7
	3	0.994 5	0.944 4	0.822 7	0.648 2	0.461 3	0.296 9	0.172 7	0.090 5	0.042 4	0.017 6
	4	0.999 4	0.987 3	0.938 3	0.835 8	0.686 5	0.515 5	0.351 9	0.217 3	0.120 4	0.059 2
	5	0.999 9	0.997 8	0.983 2	0.938 9	0.851 6	0.721 6	0.564 3	0.403 2	0.260 8	0.150 9
	6	1.000 0	0.999 7	0.996 4	0.981 9	0.943 4	0.868 9	0.754 8	0.609 8	0.452 2	0.303 6
	7	1.000 0	1.000 0	0.999 4	0.995 8	0.982 7	0.950 0	0.886 8	0.786 9	0.653 5	0.500 0
	8	1.000 0	1.000 0	0.999 9	0.999 2	0.995 8	0.984 8	0.957 8	0.905 0	0.818 2	0.696 4
	9	1.000 0	1.000 0	1.000 0	0.999 9	0.999 2	0.996 3	0.987 6	0.966 2	0.923 1	0.849 1
	10	1.000 0	1.000 0	1.000 0	1.000 0	0.999 9	0.999 3	0.997 2	0.990 7	0.974 5	0.940 8
	11	1.000 0	1.000 0	1.000 0	1.000 0	1.000 0	0.999 9	0.999 5	0.998 1	0.993 7	0.982 4
	12	1.000 0	1.000 0	1.000 0	1.000 0	1.000 0	1.000 0	0.999 9	0.999 7	0.998 9	0.996 3
	13	1.000 0	1.000 0	1.000 0	1.000 0	1.000 0	1.000 0	1.000 0	1.000 0	0.999 9	0.999 5
	14	1.000 0	1.000 0	1.000 0	1.000 0	1.000 0	1.000 0	1.000 0	1.000 0	1.000 0	1.000 0
	15	1.000 0	1.000 0	1.000 0	1.000 0	1.000 0	1.000 0	1.000 0	1.000 0	1.000 0	1.000 0

附表 3　泊松分布表

$$P(X \leqslant x) = \sum_{k=0}^{n} \frac{\lambda^k}{k!} e^{-\lambda} \quad k=0, 1, 2, \cdots, n$$

x	λ									
	0.1	0.2	0.3	0.4	0.5	0.6	0.7	0.8	0.9	1.0
0	0.904 8	0.818 7	0.740 8	0.670 3	0.606 5	0.548 8	0.496 6	0.449 3	0.406 6	0.367 9
1	0.995 3	0.982 5	0.963 1	0.938 4	0.909 8	0.878 1	0.844 2	0.808 8	0.772 5	0.735 8
2	0.999 8	0.998 9	0.996 4	0.992 1	0.985 6	0.976 9	0.965 9	0.952 6	0.937 1	0.919 7
3	1.000 0	0.999 9	0.999 7	0.999 2	0.998 2	0.996 6	0.994 2	0.990 9	0.986 5	0.981 0
4		1.000 0	1.000 0	0.999 9	0.999 8	0.999 6	0.999 2	0.998 6	0.997 7	0.996 3
5				1.000 0	1.000 0	1.000 0	0.999 9	0.999 8	0.999 7	0.999 4
6							1.000 0	1.000 0	1.000 0	0.999 9
7										1.000 0

x	λ									
	1.2	1.4	1.6	1.8	2.0	2.5	3.0	3.5	4.0	4.5
0	0.301 2	0.246 6	0.201 9	0.165 3	0.135 3	0.082 0	0.049 8	0.030 2	0.018 3	0.011 1
1	0.662 6	0.591 8	0.524 9	0.462 8	0.406 0	0.287 3	0.199 2	0.135 9	0.091 6	0.061 1
2	0.879 5	0.833 5	0.783 4	0.730 6	0.676 7	0.543 8	0.423 2	0.320 9	0.238 1	0.173 6
3	0.966 2	0.946 3	0.921 2	0.891 3	0.857 1	0.757 6	0.647 2	0.536 6	0.433 5	0.352 3
4	0.992 3	0.985 8	0.976 3	0.963 6	0.947 4	0.891 2	0.815 3	0.725 4	0.628 8	0.542 1
5	0.998 5	0.996 8	0.994 0	0.989 6	0.983 4	0.958 0	0.916 1	0.857 6	0.785 1	0.702 9
6	0.999 8	0.999 4	0.998 7	0.997 4	0.995 5	0.985 8	0.966 5	0.934 7	0.889 3	0.831 1
7	1.000 0	0.999 9	0.999 7	0.999 4	0.998 9	0.995 8	0.988 1	0.973 3	0.948 9	0.913 4
8	1.000 0	1.000 0	1.000 0	0.999 9	0.999 8	0.998 9	0.996 2	0.990 1	0.978 6	0.959 7
9	1.000 0	1.000 0	1.000 0	1.000 0	1.000 0	0.999 7	0.998 9	0.996 7	0.991 9	0.982 9
10	1.000 0	1.000 0	1.000 0	1.000 0	1.000 0	0.999 9	0.999 7	0.999 0	0.997 2	0.993 3

附表 4 χ^2 分布表

$$P\{\chi^2(n)>\chi_\alpha^2(n)\}=\alpha$$

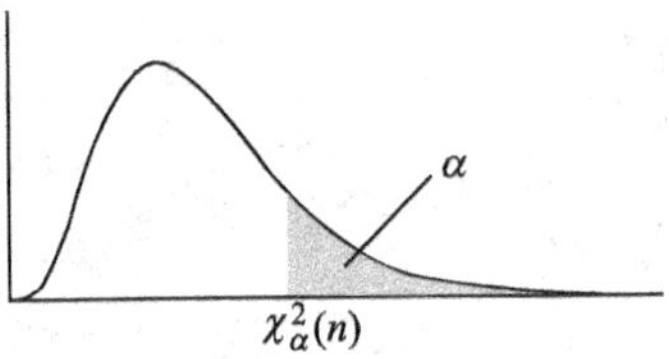

n	α											
	0.995	0.99	0.975	0.95	0.90	0.75	0.25	0.1	0.05	0.025	0.01	0.005
1	—	—	0.001	0.004	0.016	0.102	1.323	2.706	3.841	5.024	6.635	7.879
2	0.010	0.020	0.051	0.103	0.211	0.575	2.773	4.605	5.991	7.378	9.210	10.597
3	0.072	0.115	0.216	0.352	0.584	1.213	4.108	6.251	7.815	9.348	11.345	12.838
4	0.207	0.297	0.484	0.711	1.064	1.923	5.385	7.779	9.488	11.143	13.277	14.860
5	0.412	0.554	0.831	1.145	1.610	2.675	6.626	9.236	11.070	12.833	15.086	16.750
6	0.676	0.872	1.237	1.635	2.204	3.455	7.841	10.645	12.592	14.449	16.812	18.548
7	0.989	1.239	1.690	2.167	2.833	4.255	9.037	12.017	14.067	16.013	18.475	20.278
8	1.344	1.646	2.180	2.733	3.490	5.071	10.219	13.362	15.507	17.535	20.090	21.955
9	1.735	2.088	2.700	3.325	4.168	5.899	11.389	14.684	16.919	19.023	21.666	23.589
10	2.156	2.558	3.247	3.940	4.865	6.737	12.549	15.987	18.307	20.483	23.209	25.188
11	2.603	3.053	3.816	4.575	5.578	7.584	13.701	17.275	19.675	21.920	24.725	26.757
12	3.074	3.571	4.404	5.226	6.304	8.438	14.845	18.549	21.026	23.337	26.217	28.300
13	3.565	4.107	5.009	5.892	7.042	9.299	15.984	19.812	22.362	24.736	27.688	29.819
14	4.075	4.660	5.629	6.571	7.790	10.165	17.117	21.064	23.685	26.119	29.141	31.319
15	4.601	5.229	6.262	7.261	8.547	11.037	18.245	22.307	24.996	27.488	30.578	32.801
16	5.142	5.812	6.908	7.962	9.312	11.912	19.369	23.542	26.296	28.845	32.000	34.267
17	5.697	6.408	7.564	8.672	10.085	12.792	20.489	24.769	27.587	30.191	33.409	35.718
18	6.265	7.015	8.231	9.390	10.865	13.675	21.605	25.989	28.869	31.526	34.805	37.156
19	6.844	7.633	8.907	10.117	11.651	14.562	22.718	27.204	30.144	32.852	36.191	38.582
20	7.434	8.260	9.591	10.851	12.443	15.452	23.828	28.412	31.410	34.170	37.566	39.997
21	8.034	8.897	10.283	11.591	13.240	16.344	24.935	29.615	32.671	35.479	38.932	41.401
22	8.643	9.542	10.982	12.338	14.041	17.240	26.039	30.813	33.924	36.781	40.289	42.796
23	9.260	10.196	11.689	13.091	14.848	18.137	27.141	32.007	35.172	38.076	41.638	44.181
24	9.886	10.856	12.401	13.848	15.659	19.037	28.241	33.196	36.415	39.364	42.980	45.559
25	10.520	11.524	13.120	14.611	16.473	19.939	29.339	34.382	37.652	40.646	44.314	46.928
26	11.160	12.198	13.844	15.379	17.292	20.843	30.435	35.563	38.885	41.923	45.642	48.290

续表

n	α											
	0.995	0.99	0.975	0.95	0.90	0.75	0.25	0.1	0.05	0.025	0.01	0.005
27	11.808	12.879	14.573	16.151	18.114	21.749	31.528	36.741	40.113	43.195	46.963	49.645
28	12.461	13.565	15.308	16.928	18.939	22.657	32.620	37.916	41.337	44.461	48.278	50.993
29	13.121	14.256	16.047	17.708	19.768	23.567	33.711	39.087	42.557	45.722	49.588	52.336
30	13.787	14.953	16.791	18.493	20.599	24.478	34.800	40.256	43.773	46.979	50.892	53.672
31	14.458	15.655	17.539	19.281	21.434	25.390	35.887	41.422	44.985	48.232	52.191	55.003
32	15.134	16.362	18.291	20.072	22.271	26.304	36.973	42.585	46.194	49.480	53.486	56.328
33	15.815	17.074	19.047	20.867	23.110	27.219	38.058	43.745	47.400	50.725	54.776	57.648
34	16.501	17.789	19.806	21.664	23.952	28.136	39.141	44.903	48.602	51.966	56.061	58.964
35	17.192	18.509	20.569	22.465	24.797	29.054	40.223	46.059	49.802	53.203	57.342	60.275
36	17.887	19.233	21.336	23.269	25.643	29.973	41.304	47.212	50.998	54.437	58.619	61.581
37	18.586	19.960	22.106	24.075	26.492	30.893	42.383	48.363	52.192	55.668	59.893	62.883
38	19.289	20.691	22.878	24.884	27.343	31.815	43.462	49.513	53.384	56.896	61.162	64.181

附表 5　t 分布表

$$P\{t(n)>t_\alpha(n)\}=\alpha$$

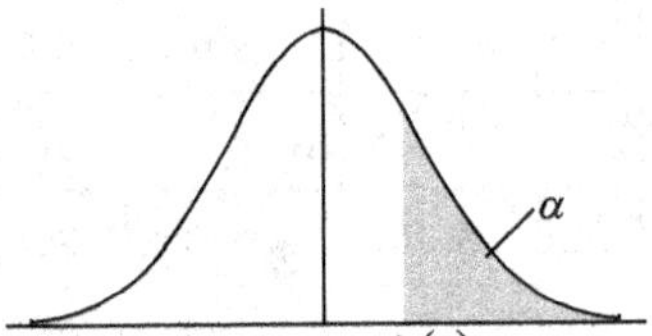

自由度 n	α				
	0.10	0.05	0.025	0.01	0.005
1	3.077 7	6.313 8	12.706 2	31.820 5	63.656 7
2	1.885 6	2.920 0	4.302 7	6.964 6	9.924 8
3	1.637 7	2.353 4	3.182 4	4.540 7	5.840 9
4	1.533 2	2.131 8	2.776 4	3.746 9	4.604 1
5	1.475 9	2.015 0	2.570 6	3.364 9	4.032 1
6	1.439 8	1.943 2	2.446 9	3.142 7	3.707 4
7	1.414 9	1.894 6	2.364 6	2.998 0	3.499 5
8	1.396 8	1.859 5	2.306 0	2.896 5	3.355 4
9	1.383 0	1.833 1	2.262 2	2.821 4	3.249 8
10	1.372 2	1.812 5	2.228 1	2.763 8	3.169 3
11	1.363 4	1.795 9	2.201 0	2.718 1	3.105 8
12	1.356 2	1.782 3	2.178 8	2.681 0	3.054 5
13	1.350 2	1.770 9	2.160 4	2.650 3	3.012 3
14	1.345 0	1.761 3	2.144 8	2.624 5	2.976 8
15	1.340 6	1.753 1	2.131 4	2.602 5	2.946 7
16	1.336 8	1.745 9	2.119 9	2.583 5	2.920 8
17	1.333 4	1.739 6	2.109 8	2.566 9	2.898 2
18	1.330 4	1.734 1	2.100 9	2.552 4	2.878 4
19	1.327 7	1.729 1	2.093 0	2.539 5	2.860 9
20	1.325 3	1.724 7	2.086 0	2.528 0	2.845 3
21	1.323 2	1.720 7	2.079 6	2.517 6	2.831 4
22	1.321 2	1.717 1	2.073 9	2.508 3	2.818 8
23	1.319 5	1.713 9	2.068 7	2.499 9	2.807 3
24	1.317 8	1.710 9	2.063 9	2.492 2	2.796 9
25	1.316 3	1.708 1	2.059 5	2.485 1	2.787 4
26	1.315 0	1.705 6	2.055 5	2.478 6	2.778 7
27	1.313 7	1.703 3	2.051 8	2.472 7	2.770 7
28	1.312 5	1.701 1	2.048 4	2.467 1	2.763 3
29	1.311 4	1.699 1	2.045 2	2.462 0	2.756 4
30	1.310 4	1.697 3	2.042 3	2.457 3	2.750 0
31	1.309 5	1.695 5	2.039 5	2.452 8	2.744 0
32	1.308 6	1.693 9	2.036 9	2.448 7	2.738 5
33	1.307 7	1.692 4	2.034 5	2.444 8	2.733 3
34	1.307 0	1.690 9	2.032 2	2.441 1	2.728 4
35	1.306 2	1.689 6	2.030 1	2.437 7	2.723 8
36	1.305 5	1.688 3	2.028 1	2.434 5	2.719 5
37	1.304 9	1.687 1	2.026 2	2.431 4	2.715 4
38	1.304 2	1.686 0	2.024 4	2.428 6	2.711 6
39	1.303 6	1.684 9	2.022 7	2.425 8	2.707 9
40	1.303 1	1.683 9	2.021 1	2.423 3	2.704 5
41	1.302 5	1.682 9	2.019 5	2.420 8	2.701 2
42	1.302 0	1.682 0	2.018 1	2.418 5	2.698 1
43	1.301 6	1.681 1	2.016 7	2.416 3	2.695 1
44	1.301 1	1.680 2	2.015 4	2.414 1	2.692 3
45	1.300 6	1.679 4	2.014 1	2.412 1	2.689 6

附录二 拉普拉斯变换简表

序号	$f(t)$	$F(s)$
1	1	$\frac{1}{s}$
2	e^{at}	$\frac{1}{s-a}$
3	$t^m(m>-1)$	$\frac{\Gamma(m+1)}{s^{m+1}}$
4	$t^m e^{at}(m>-1)$	$\frac{\Gamma(m+1)}{(s-a)^{m+1}}$
5	$\sin at$	$\frac{a}{s^2+a^2}$
6	$\cos at$	$\frac{s}{s^2+a^2}$
7	$\mathrm{sh}\, at$	$\frac{a}{s^2-a^2}$
8	$\mathrm{ch}\, at$	$\frac{s}{s^2-a^2}$
9	$t\sin at$	$\frac{2as}{(s^2+a^2)^2}$
10	$t\cos at$	$\frac{s^2-a^2}{(s^2+a^2)^2}$
11	$t\mathrm{sh}at$	$\frac{2as}{(s^2-a^2)^2}$
12	$t\mathrm{ch}at$	$\frac{s^2+a^2}{(s^2-a^2)^2}$
13	$t^m\sin at(m>-1)$	$\frac{\Gamma(m+1)}{2j(s^2+a^2)^{m+1}}[(s+ja)^{m+1}-(s-ja)^{m+1}]$
14	$t^m\cos at(m>-1)$	$\frac{\Gamma(m+1)}{2(s^2+a^2)^{m+1}}[(s+ja)^{m+1}+(s-ja)^{m+1}]$
15	$e^{-bt}\sin at$	$\frac{a}{(s+b)^2+a^2}$
16	$e^{-bt}\cos at$	$\frac{s+b}{(s+b)^2+a^2}$
17	$e^{-bt}\sin(at+c)$	$\frac{(s+b)\sin c+a\cos c}{(s+b)^2+a^2}$
18	$\sin^2 t$	$\frac{1}{2}\left(\frac{1}{s}-\frac{s}{s^2+4}\right)$

续表

序号	$f(t)$	$F(s)$
19	$\cos^2 t$	$\frac{1}{2}\left(\frac{1}{s}+\frac{s}{s^2+4}\right)$
20	$\sin at\sin bt$	$\frac{2abs}{[s^2+(a+b)^2][s^2+(a-b)^2]}$
21	$e^{at}-e^{bt}$	$\frac{a-b}{(s-a)(s-b)}$
22	$ae^{at}-be^{bt}$	$\frac{(a-b)s}{(s-a)(s-b)}$
23	$\frac{1}{a}\sin at-\frac{1}{b}\sin bt$	$\frac{b^2-a^2}{(s^2+a^2)(s^2+b^2)}$
24	$\cos at-\cos bt$	$\frac{(b^2-a^2)s}{(s^2+a^2)(s^2+b^2)}$
25	$\frac{1}{a^2}(1-\cos at)$	$\frac{1}{s(s^2+a^2)}$
26	$\frac{1}{a^3}(at-\sin at)$	$\frac{1}{s^2(s^2+a^2)}$
27	$\frac{1}{a^4}(\cos at-1)+\frac{1}{2a^2}t^2$	$\frac{1}{s^3(s^2+a^2)}$
28	$\frac{1}{a^4}(\cos at-1)-\frac{1}{2a^2}t^2$	$\frac{1}{s^3(s^2-a^2)}$
29	$\frac{1}{2a^3}(\sin at-at\cos at)$	$\frac{1}{(s^2+a^2)^2}$
30	$\frac{1}{2a}(\sin at+at\cos at)$	$\frac{s^2}{(s^2+a^2)^2}$
31	$\frac{1}{a^4}(1-\cos at)-\frac{1}{2a^3}t\sin at$	$\frac{1}{s(s^2+a^2)^2}$
32	$(1-at)e^{-at}$	$\frac{s}{(s+a)^2}$
33	$t(1-\frac{a}{2}t)e^{-at}$	$\frac{s}{(s+a)^3}$
34	$\frac{1}{a}(1-e^{-at})$	$\frac{1}{s(s+a)}$
35[1]	$\frac{1}{ab}+\frac{1}{b-a}\left(\frac{e^{-bt}}{b}-\frac{e^{-at}}{a}\right)$	$\frac{1}{s(s+a)(s+b)}$
36[1]	$\frac{e^{-at}}{(b-a)(c-a)}+\frac{e^{-bt}}{(a-b)(c-b)}+\frac{e^{-ct}}{(a-c)(b-c)}$	$\frac{1}{(s+a)(s+b)(s+c)}$
37[1]	$\frac{ae^{-at}}{(c-a)(a-b)}+\frac{be^{-bt}}{(a-b)(b-c)}+\frac{ce^{-ct}}{(b-c)(c-a)}$	$\frac{s}{(s+a)(s+b)(s+c)}$
38[1]	$\frac{a^2e^{-at}}{(c-a)(b-a)}+\frac{b^2e^{-bt}}{(a-b)(c-b)}+\frac{c^2e^{-ct}}{(b-c)(a-c)}$	$\frac{s^2}{(s+a)(s+b)(s+c)}$
39[1]	$\frac{e^{-at}-e^{-bt}[1-(a-b)t]}{(a-b)^2}$	$\frac{1}{(s+a)(s+b)^2}$

续表

序号	$f(t)$	$F(s)$
40[1]	$\dfrac{[a-b(a-b)t]e^{-bt}-ae^{-at}}{(a-b)^2}$	$\dfrac{s}{(s+a)(s+b)^2}$
41	$e^{-at}-e^{\frac{at}{2}}\left(\cos\dfrac{\sqrt{3}at}{2}-\sqrt{3}\sin\dfrac{\sqrt{3}at}{2}\right)$	$\dfrac{3a^2}{s^3+a^3}$
42	$\sin at\,\mathrm{ch}\,at-\cos at\,\mathrm{sh}\,at$	$\dfrac{4a^3}{s^4+4a^4}$
43	$\dfrac{1}{2a^2}\sin at\,\mathrm{sh}\,at$	$\dfrac{s}{s^4+4a^4}$
44	$\dfrac{1}{2a^3}(\mathrm{sh}\,at-\sin at)$	$\dfrac{1}{s^4-a^4}$
45	$\dfrac{1}{2a^2}(\mathrm{ch}\,at-\cos at)$	$\dfrac{s}{s^4-a^4}$
46	$\dfrac{1}{\sqrt{\pi t}}$	$\dfrac{1}{\sqrt{s}}$
47	$2\sqrt{\dfrac{t}{\pi}}$	$\dfrac{1}{s\sqrt{s}}$
48	$\dfrac{1}{\sqrt{\pi t}}e^{at}(1+2at)$	$\dfrac{s}{(s-a)\sqrt{s-a}}$
49	$\dfrac{1}{2\sqrt{\pi t^3}}(e^{bt}-e^{at})$	$\sqrt{s-a}-\sqrt{s-b}$
50	$\dfrac{1}{\sqrt{\pi t}}2\sqrt{at}$	$\dfrac{1}{\sqrt{s}}e^{-\frac{a}{s}}$
51	$\dfrac{1}{\sqrt{\pi t}}\mathrm{ch}\,2\sqrt{at}$	$\dfrac{1}{\sqrt{s}}e^{\frac{a}{s}}$
52	$\dfrac{1}{\sqrt{\pi t}}\sin 2\sqrt{at}$	$\dfrac{1}{s\sqrt{s}}e^{-\frac{a}{s}}$
53	$\dfrac{1}{\sqrt{\pi t}}\mathrm{sh}\,2\sqrt{at}$	$\dfrac{1}{s\sqrt{s}}e^{\frac{a}{s}}$
54	$\dfrac{1}{t}(e^{bt}-e^{at})$	$\ln\dfrac{s-a}{s-b}$
55	$\dfrac{2}{t}\mathrm{sh}\,at$	$\ln\dfrac{s+a}{s-a}=2\arctan\dfrac{a}{s}$
56	$\dfrac{2}{t}(1-\cos at)$	$\ln\dfrac{s^2+a^2}{s^2}$
57	$\dfrac{2}{t}(1-\mathrm{ch}\,at)$	$\ln\dfrac{s^2-a^2}{s^2}$
58	$\dfrac{1}{t}\sin at$	$\arctan\dfrac{a}{s}$
59	$\dfrac{1}{t}(\mathrm{ch}\,at-\cos bt)$	$\ln\sqrt{\dfrac{s^2+b^2}{s^2-a^2}}$
60[2]	$\dfrac{1}{\pi t}\sin(2a\sqrt{t})$	$\mathrm{erf}\left(\dfrac{a}{\sqrt{s}}\right)$

续表

序号	$f(t)$	$F(s)$
61[2]	$\frac{1}{\sqrt{\pi t}}e^{-2a\sqrt{t}}$	$\frac{1}{\sqrt{s}}e^{\frac{a^2}{s}}\operatorname{erfc}\left(\frac{a}{\sqrt{s}}\right)$
62	$\operatorname{erfc}\left(\frac{a}{2\sqrt{t}}\right)$	$\frac{1}{s}e^{-a\sqrt{s}}$
63	$\operatorname{erf}\left(\frac{t}{2a}\right)$	$\frac{1}{s}e^{a^2s^2}\operatorname{erfc}(as)$
64	$\frac{1}{\sqrt{\pi t}}e^{-2\sqrt{at}}$	$\frac{1}{\sqrt{s}}e^{\frac{a}{s}}\operatorname{erfc}\left(\sqrt{\frac{a}{s}}\right)$
65	$\frac{1}{\sqrt{\pi(t+a)}}$	$\frac{1}{\sqrt{s}}e^{as}\operatorname{erfc}(\sqrt{as})$
66	$\frac{1}{\sqrt{a}}\operatorname{erf}(\sqrt{at})$	$\frac{1}{s\sqrt{s+a}}$
67	$\frac{1}{\sqrt{a}}e^{at}\operatorname{erf}(\sqrt{at})$	$\frac{1}{\sqrt{s}(s-a)}$
68	$u(t)$	$\frac{1}{s}$
69	$tu(t)$	$\frac{1}{s^2}$
70	$t^m u(t)(m>-1)$	$\frac{1}{s^{m+1}}\Gamma(m+1)$
71	$\delta(t)$	1
72	$\delta^{(n)}(t)$	s^n
73	$\operatorname{sgn} t$	$\frac{1}{s}$
74[3]	$J_0(at)$	$\frac{1}{\sqrt{s^2+a^2}}$
75[3]	$I_0(at)$	$\frac{1}{\sqrt{s^2-a^2}}$
76	$J_0(2\sqrt{at})$	$\frac{1}{s}e^{-\frac{a}{s}}$
77	$e^{-bt}I_0(at)$	$\frac{1}{\sqrt{(s+b)^2-a^2}}$
78	$tJ_0(at)$	$\frac{s}{(s^2+a^2)^{3/2}}$
79	$tI_0(at)$	$\frac{s}{(s^2-a^2)^{3/2}}$
80	$J_0(a\sqrt{t(t+2b)})$	$\frac{1}{\sqrt{s^2+a^2}}e^{b(s-\sqrt{s^2+a^2})}$

续表

序号	$f(t)$	$F(s)$
81	$\frac{1}{at}J_1(at)$	$\frac{1}{s+\sqrt{s^2+a^2}}$
82	$J_1(at)$	$\frac{1}{a}\left(1-\frac{s}{\sqrt{s^2+a^2}}\right)$
83	$J_n(t)$	$\frac{1}{\sqrt{s^2+1}}(\sqrt{s^2+1}-s)^n$
84	$t^{\frac{n}{2}}J_n(2\sqrt{t})$	$\frac{1}{s^{n+1}}\mathrm{e}^{-\frac{1}{s}}$
85	$\frac{1}{t}J_n(at)$	$\frac{1}{na^n}(\sqrt{s^2+a^2}-s)^n$
86	$\int_t^{\infty}\frac{I_0(t)}{t}\mathrm{d}t$	$\frac{1}{s}\ln(s+\sqrt{s^2+1})$

注：

1. 式中 a、b、c 为不相等的实数.

2. $\mathrm{erf}(x)=\frac{2}{\sqrt{\pi}}\int_0^x \mathrm{e}^{-t^2}\mathrm{d}t$，称为误差函数.

$\mathrm{erfc}(x)=1-\mathrm{erf}(x)=\frac{2}{\sqrt{\pi}}\int_x^{+\infty}\mathrm{e}^{-t^2}\mathrm{d}t$，称为余误差函数.

3. $J_n(x)=\sum_{k=0}^{\infty}\frac{(-1)^k}{k!\Gamma(n+k+1)}\left(\frac{x}{2}\right)^{n+2k}$，称为第一类 n 阶 Bessel 函数；$I_n(x)=j^{-n}J_n(jx)$，称为第一类 n 阶变形的 Bessel 函数.

习题参考答案

第一章

习题一

1. (1) -11；(2) $c-1$；(3) -23；(4) 90.

2. (1) $M_{12}=-2$，$A_{12}=2$；$M_{23}=-3$，$A_{23}=3$；$M_{33}=6$，$A_{33}=6$.

   (2) $M_{12}=2$，$A_{12}=-2$；$M_{23}=0$，$A_{23}=0$；$M_{33}=2$，$A_{33}=2$.

3. (1) 24；(2) -834；(3) $abcd+ab+cd+ad+1$；(4) $a_1b_1c_1d_1$.

习题二

1. (1) 0；(2) -30；(3) 0；(4) $(a+3b)(a-b)^3$.

2. $x=1$，2，3.

4. $(-1)^{n+1}n!$.

习题三

1. (1) $x_1=-1$，$x_2=3$，$x_3=-1$.

   (2) $x_1=2$，$x_2=-3$，$x_3=4$，$x_4=-5$.

   (3) $x_1=1$，$x_2=2$，$x_3=3$，$x_4=-1$.

2. (1) 只有零解；(2) 有非零解.

3. 当 $k=-1$ 或 $k=4$ 时，齐次线性方程组有非零解.

复习题一

1. (1) C；(2) C；(3) D；(4) A；(5) C.

2. (1) 6；(2) 0；(3) 4；(4) 120；(5) 2 000.

3. (1) 40；(2) -21；(3) -648；(4) $4abcdef$.

5. 当 $\mu=0$ 或 $\lambda=1$ 时，齐次线性方程组确有非零解.

第二章

习题一

1. (1) $\begin{pmatrix} 3 & 6 \\ 1 & 2 \end{pmatrix}$；　　(2) $\begin{pmatrix} -1 & 2 \\ -3 & 0 \\ -8 & 2 \end{pmatrix}$；

   (3) $\begin{pmatrix} 2 & -1 & 1 \\ 4 & -2 & 2 \\ 6 & -3 & 3 \end{pmatrix}$；　　(4) (-11)；

(5) $\begin{pmatrix} 17 \\ 3 \\ -6 \end{pmatrix}$；　(6) $\begin{pmatrix} -1 & 10 \\ 0 & 7 \end{pmatrix}$；

(7) $\begin{pmatrix} 1 & 5 \\ 0 & 1 \end{pmatrix}$；　(8) $\begin{pmatrix} 7 & 2 \\ 3 & 5 \end{pmatrix}$.

2. (1) $\begin{pmatrix} 4 & -5 & 1 \\ 0 & 1 & 1 \\ 1 & -2 & -1 \end{pmatrix}$；　(2) $\begin{pmatrix} 0 & -1 & 2 \\ 0 & -4 & 6 \\ -1 & -5 & 8 \end{pmatrix}$.

3. -1.

习题二

1. (1) $\boldsymbol{A}^{-1}=\begin{pmatrix} 5 & -2 \\ -2 & 1 \end{pmatrix}$；　(2) $\boldsymbol{A}^{-1}=\begin{pmatrix} \cos\theta & \sin\theta \\ -\sin\theta & \cos\theta \end{pmatrix}$；

(3) $\boldsymbol{A}^{-1}=\begin{pmatrix} 8 & -5 & 1 \\ 9 & -6 & 1 \\ 11 & -7 & 1 \end{pmatrix}$；　(4) $\boldsymbol{A}^{-1}=\begin{pmatrix} \frac{1}{2} & 0 & 0 \\ 0 & \frac{1}{3} & 0 \\ 0 & 0 & \frac{1}{4} \end{pmatrix}$.

2. (1) $\begin{pmatrix} 2 & -23 \\ 0 & 8 \end{pmatrix}$；　(2) $\begin{pmatrix} -2 & 2 & 1 \\ -\frac{8}{3} & 5 & -\frac{2}{3} \end{pmatrix}$；　(3) $\begin{pmatrix} 1 & 1 \\ \frac{1}{4} & 0 \end{pmatrix}$.

3. (1) $x_1=5$，$x_2=0$，$x_3=3$；　(2) $x_1=1$，$x_2=2$，$x_3=-1$.

习题三

1. (1) $\begin{pmatrix} \frac{1}{2} & 0 & 0 \\ -\frac{1}{4} & \frac{1}{2} & 0 \\ \frac{1}{8} & -\frac{1}{4} & \frac{1}{2} \end{pmatrix}$；　(2) $\begin{pmatrix} -\frac{1}{2} & -\frac{3}{2} & -\frac{5}{2} \\ \frac{1}{2} & \frac{1}{2} & \frac{1}{2} \\ 0 & 1 & 1 \end{pmatrix}$；

(3) $\begin{pmatrix} 1 & -a & 0 & 0 \\ 0 & 1 & -a & 0 \\ 0 & 0 & 1 & -a \\ 0 & 0 & 0 & 1 \end{pmatrix}$；　(4) $\begin{pmatrix} -\frac{5}{2} & \frac{3}{2} & 0 & 0 \\ 2 & -1 & 0 & 0 \\ 0 & 0 & 1 & -\frac{1}{2} \\ 0 & 0 & -3 & 2 \end{pmatrix}$.

2. (1) $\boldsymbol{X}=\begin{pmatrix} -\frac{13}{5} & -\frac{2}{5} \\ -\frac{4}{5} & -\frac{11}{5} \\ -3 & -1 \end{pmatrix}$；　(2) $\boldsymbol{X}=\begin{pmatrix} \frac{6}{7} & -\frac{29}{7} \\ \frac{2}{7} & \frac{9}{7} \end{pmatrix}$.

3. (1) $\begin{pmatrix}1&1&1&-1\\0&0&3&2\\0&0&0&0\end{pmatrix}$；　　(2) $\begin{pmatrix}-1&4&5&-3\\0&8&13&2\\0&0&-1&-7\\0&0&0&0\end{pmatrix}$.

4. (1) $r(\boldsymbol{A})=3$；(2) $r(\boldsymbol{A})=3$；(3) $r(\boldsymbol{A})=3$；(4) $r(\boldsymbol{A})=2$.

复习题二

1. (1) 2；(2) -2；(3) $\begin{pmatrix}-5&3\\2&-1\end{pmatrix}$；(4) $\begin{pmatrix}0&6&-1\\5&-1&4\end{pmatrix}$.

2. (1) D；(2) B；(3) C；(4) D；(5) D.

3. $\begin{pmatrix}2&-1&-1\\3&-1&-2\\-1&1&1\end{pmatrix}$.

4. (1) $r(\boldsymbol{A})=3$；(2) $r(\boldsymbol{A})=2$.

5. $\boldsymbol{X}=\begin{pmatrix}\frac{1}{7}&\frac{20}{7}&\frac{1}{7}\\-\frac{8}{7}&\frac{57}{7}&\frac{20}{7}\end{pmatrix}$.

6. $\boldsymbol{A}^{-1}\boldsymbol{B}=\begin{pmatrix}-4\\13\\-5\end{pmatrix}$.

第三章

习题一

1. $(-2,0,4,8)^{\mathrm{T}}$；$(-2,-1,1,0)^{\mathrm{T}}$；$(-3,-1,3,4)^{\mathrm{T}}$；$(4,3,1,8)^{\mathrm{T}}$.

2. $(-5,-3,-1,9)^{\mathrm{T}}$.

3. (1) $(11,8,-2,-13)^{\mathrm{T}}$；(2) $(7,3,2,-16)^{\mathrm{T}}$.

4. (1) $\boldsymbol{\beta}=-3\boldsymbol{\alpha}_1+\boldsymbol{\alpha}_2$；(2) 不能；(3) $\boldsymbol{\beta}=3\boldsymbol{e}_1-2\boldsymbol{e}_2+\boldsymbol{e}_3+4\boldsymbol{e}_4$.

5. (1) 线性无关；(2) 线性相关；(3) 线性无关.

6. $t=-1$ 或 2.

习题二

1. (1) $r=3$；$\boldsymbol{\alpha}_1$，$\boldsymbol{\alpha}_2$，$\boldsymbol{\alpha}_3$.

   (2) $r=3$；$\boldsymbol{\alpha}_1$，$\boldsymbol{\alpha}_2$，$\boldsymbol{\alpha}_3$；且 $\boldsymbol{\alpha}_4=-3\boldsymbol{\alpha}_1+5\boldsymbol{\alpha}_2-\boldsymbol{\alpha}_3$.

   (3) $r=2$；$\boldsymbol{\alpha}_1$，$\boldsymbol{\alpha}_2$；且 $\boldsymbol{\alpha}_3=-\frac{11}{9}\boldsymbol{\alpha}_2+\frac{5}{9}\boldsymbol{\alpha}_2$，$\boldsymbol{\alpha}_4=\frac{2}{3}\boldsymbol{\alpha}_2+\frac{1}{3}\boldsymbol{\alpha}_2$.

2. (1) 线性无关；(2) 线性相关；(3) 线性相关；(4) 线性无关.

3. (1) $(10,20,-3,-4)^{\mathrm{T}}$；(2) 线性相关；(3) $r=2$；(4) α_1，α_2.

4. (1) 第 1，2，3 列；(2) 第 1，2，3 列.

习题三

1. （1）有唯一解；（2）无解；（3）有无穷多解.

2. （1）有非零解；（2）无非零解；（3）无非零解.

3. $\lambda=1$ 时有非零解.

4. （1）$\lambda\neq 1$，-2；（2）$\lambda=1$；（3）$\lambda=-2$.

5. $C(q)=50+6q+0.5q^2$.

习题四

1. （1）$\boldsymbol{\xi}_1=\begin{pmatrix}-2\\1\\0\\0\end{pmatrix}$；$k_1\boldsymbol{\xi}_1$，$k_1\in\mathbf{R}$.

（2）$\boldsymbol{\xi}_1=\begin{pmatrix}2\\-2\\1\\0\end{pmatrix}$，$\boldsymbol{\xi}_2=\begin{pmatrix}\frac{5}{3}\\-\frac{4}{3}\\0\\1\end{pmatrix}$；$k_1\boldsymbol{\xi}_1+k_2\boldsymbol{\xi}_2$，$k_1$，$k_2\in\mathbf{R}$.

（3）$\boldsymbol{\xi}_1=\begin{pmatrix}1\\1\\0\\0\end{pmatrix}$，$\boldsymbol{\xi}_2=\begin{pmatrix}-\frac{4}{3}\\0\\-\frac{1}{3}\\1\end{pmatrix}$；$k_1\boldsymbol{\xi}_1+k_2\boldsymbol{\xi}_2$，$k_1$，$k_2\in\mathbf{R}$.

（4）$\boldsymbol{\xi}_1=\begin{pmatrix}-2\\1\\1\\0\\0\end{pmatrix}$，$\boldsymbol{\xi}_2=\begin{pmatrix}-1\\-3\\0\\1\\0\end{pmatrix}$，$\boldsymbol{\xi}_3=\begin{pmatrix}2\\1\\0\\0\\1\end{pmatrix}$；$k_1\boldsymbol{\xi}_1+k_2\boldsymbol{\xi}_2+k_3\boldsymbol{\xi}_3$，$k_1$，$k_2$，$k_3\in\mathbf{R}$.

2. （1）$\lambda\neq-2$ 且 $\lambda\neq 1$ 时，只有零解；（2）$\lambda=-2$ 或 $\lambda=1$ 时，有非零解；

（3）$\lambda=-2$ 时，$\boldsymbol{X}=k_1\begin{pmatrix}1\\1\\1\end{pmatrix}$，$k_1\in\mathbf{R}$；$\lambda=1$ 时，$\boldsymbol{X}=k_1\begin{pmatrix}-1\\1\\0\end{pmatrix}+k_2\begin{pmatrix}-1\\0\\1\end{pmatrix}$，$k_1$，$k_2\in\mathbf{R}$.

3. （1）$\boldsymbol{X}=\begin{pmatrix}\frac{5}{4}\\-\frac{1}{4}\\0\\0\end{pmatrix}+k_1\begin{pmatrix}\frac{3}{2}\\\frac{3}{2}\\1\\0\end{pmatrix}+k_2\begin{pmatrix}-\frac{3}{4}\\\frac{7}{4}\\0\\1\end{pmatrix}$，$k_1$，$k_2\in\mathbf{R}$；

（2）$\boldsymbol{X}=\begin{pmatrix}-5\\0\\-6\\0\end{pmatrix}+k_1\begin{pmatrix}-2\\1\\0\\0\end{pmatrix}+k_2\begin{pmatrix}-2\\0\\-1\\1\end{pmatrix}$，$k_1$，$k_2\in\mathbf{R}$；

（3）$\boldsymbol{X}=\begin{pmatrix}3\\0\\2\\1\end{pmatrix}+k_1\begin{pmatrix}-2\\1\\0\\0\end{pmatrix}$，$k_1\in\mathbf{R}$；

（4）$\boldsymbol{X}=\begin{pmatrix}\frac{1}{2}\\0\\0\\0\end{pmatrix}+k_1\begin{pmatrix}-\frac{1}{2}\\1\\0\\0\end{pmatrix}+k_2\begin{pmatrix}\frac{1}{2}\\0\\1\\0\end{pmatrix}$，$k_1$，$k_2\in\mathbf{R}$；

（5）$\boldsymbol{X}=\begin{pmatrix}\frac{6}{5}\\\frac{4}{5}\\0\\0\\0\end{pmatrix}+k_1\begin{pmatrix}-\frac{4}{5}\\-\frac{1}{5}\\1\\0\\0\end{pmatrix}+k_2\begin{pmatrix}-\frac{4}{5}\\-\frac{1}{5}\\0\\1\\0\end{pmatrix}+k_3\begin{pmatrix}-\frac{6}{5}\\\frac{1}{5}\\0\\0\\1\end{pmatrix}$，$k_1$，$k_2$，$k_3\in\mathbf{R}$；

（6）无解.

4. $\lambda=1$ 时，$\boldsymbol{X}=\begin{pmatrix}1\\0\\0\end{pmatrix}+k_1\begin{pmatrix}1\\1\\1\end{pmatrix}$，$k_1\in\mathbf{R}$；$\lambda=-2$ 时，$\boldsymbol{X}=\begin{pmatrix}2\\2\\0\end{pmatrix}+k_1\begin{pmatrix}1\\1\\1\end{pmatrix}$，$k_1\in\mathbf{R}$.

5. 当 $a=0$ 且 $b=2$ 时，有解，通解为

$$\boldsymbol{X}=\begin{pmatrix}-2\\3\\0\\0\\0\end{pmatrix}+k_1\begin{pmatrix}1\\-2\\1\\0\\0\end{pmatrix}+k_2\begin{pmatrix}1\\-2\\0\\1\\0\end{pmatrix}+k_3\begin{pmatrix}5\\-6\\0\\0\\1\end{pmatrix},\ k_1,\ k_2,\ k_3\in\mathbf{R}.$$

复习题三

1. （1）相关的；（2）$\neq$；（3）相关；（4）极大无关组；（5）除零解以外还有非零解；（6）只有零解.

2. （1）B；（2）A；（3）B；（4）D；（5）B.

4. （1）$r=3$；（2）$r=2$.

5. $\lambda\neq1$ 时，有唯一解 $x_1=-1$，$x_2=1$，$x_3=1$；$\lambda=1$ 时，有无穷多解

$$\boldsymbol{X}=\begin{pmatrix}-1\\1\\1\end{pmatrix}+k_1\begin{pmatrix}-1\\0\\1\end{pmatrix},\ k_1\in\mathbf{R}.$$

6. $\lambda\neq-2$ 时，只有零解；$\lambda=-2$ 时，有非零解 $k_1\begin{pmatrix}0\\0\\1\\1\end{pmatrix}$，$k_1\in\mathbf{R}$.

7. (1) $b_3=b_1+b_2$ 时有解；

(2) $b_2=3b_1$ 同时 $2b_1+b_3=0$ 时有解；

(3) 无论 b_1，b_2，b_3 取何值方程组都有解.

第四章

习题一

1. (1) (正，正)，(正，反)，(反，正)，(反，反).

(2) (中，中)，(中，不中)，(不中，中)，(不中，不中).

(3) (3 件都是正品)，(1 件正品 2 件次品)，(2 件正品 1 件次品)，(3 件均是次品).

2. (1) $A_1A_2\overline{A}_3$； (2) $\overline{A}_1\overline{A}_2\overline{A}_3$； (3) $A_1\overline{A}_2\overline{A}_3+\overline{A}_1A_2\overline{A}_3+\overline{A}_1\overline{A}_2A_3$；

(4) $\overline{A}_1\overline{A}_2\overline{A}_3+A_1\overline{A}_2\overline{A}_3+\overline{A}_1A_2\overline{A}_3+\overline{A}_1\overline{A}_2A_3$；(5) $A_1+A_2+A_3$.

3. (1) $\dfrac{C_2^1\cdot C_8^2}{C_{10}^3}=\dfrac{7}{15}=0.466\ 7$； (2) $\dfrac{C_2^1\cdot C_8^2+C_2^2\cdot C_8^1}{C_{10}^3}=1-\dfrac{C_8^3}{C_{10}^3}=0.533\ 3$.

4. $\dfrac{A_6^2}{6^2}=\dfrac{5}{6}$. 5. $\dfrac{C_{13}^2}{C_{52}^2}=\dfrac{3}{51}$. 6. 0.95.

7. (1) $\dfrac{14}{14^{10}}=\dfrac{1}{14^9}$； (2) $\dfrac{1}{14^{10}}$； (3) $\dfrac{C_{10}^5\times13^5}{14^{10}}=0.000\ 323$.

习题二

1. (1) $\dfrac{1}{4}$；(2) $\dfrac{7}{12}$；(3) $\dfrac{3}{4}$.

2. (1) 0.038 8；(2) 0.921 9；(3) 0.077 6.

3. $\dfrac{5}{9}$.

4. $\dfrac{31}{60}\approx0.516\ 7$.

5. 0.957.

6. (1) $\dfrac{109}{135}\approx0.807\ 4$；(2) $\dfrac{\frac{1}{3}}{\frac{109}{135}}\approx0.412\ 8$.

7. (1) 市场上该种产品的次品率为 4.3%；(2) 由计算可知，该次品是甲厂的可能性最大.

8. 0.98.

9. (1) 0.976；(2) 0.212.

习题三

1. (1) $c=0.1$; (2) 0.6; (3) 0.9.

2.

X	0	1	2	3
P	$\frac{777}{988}$	$\frac{999}{4\,940}$	$\frac{111}{9\,880}$	$\frac{1}{9\,880}$

3.

X	1	2	3	4	5
P	0.9	0.09	0.009	0.000 9	0.000 1

4. (1) $F(x)=\begin{cases} 0, & x<-1, \\ \frac{1}{2}, & -1\leqslant x<1, \\ \frac{5}{6}, & 1\leqslant x<2, \\ 1, & x\geqslant 2; \end{cases}$　(2) $\frac{1}{2}$;　(3) $\frac{1}{3}$.

5. (1)$A=3$;　(2) $F(x)=\begin{cases} 0, & x<0, \\ x^3, & 0\leqslant x<1, \\ 1, & x\geqslant 1; \end{cases}$　(3) 0.125.

习题四

1. (1)

X	0	1
P	0.08	0.92

(2) $F(x)=\begin{cases} 0, & x<0, \\ 0.08, & 0\leqslant x<1, \\ 1, & x\geqslant 1. \end{cases}$

2. 0.245 76.　3. 0.547 0.　4. 0.908 4.　5. 0.393 5.

6. (1) 0.950 2; (2) 0.997 5.

7. (1) $f(x)=\begin{cases} \frac{1}{8}, & 0\leqslant x\leqslant 8, \\ 0, & \text{其他}; \end{cases}$　(2) $\frac{3}{8}$.

8. (1) 0.950 5; (2) 0.031 2; (3) 0.018 3.

9. 0.841 3,　0.624 7.

10. 207.3 cm.　11. 69.15%.

习题五

1. $E(X)=1.7$, $D(X)=1.41$.

2. $E(X)=\frac{2}{3}$，$D(X)=\frac{1}{18}$.

3. $E(X_{甲})=1.1$，$E(X_{乙})=1$，因此乙机床平均生产的次品数少于甲机床.

4. $E(X)=1.2$，$D(X)=0.36$.

5. 44.64 分.　　6. 0.230 4.

复习题四

1. (1) 0.042；(2) 0.35；(3) 0.446 7.

2. (1) $\frac{1}{5}$；(2) $\frac{1}{20}$；(3) $\frac{1}{n(n+1)}$.　　3. 0.027 2.

4.

X	0	1
P	0.5	0.5

5. (1) 0.027；(2) 0.028；(3) 0.972.

6. (1) 0.049 8；(2) 0.448 1.

7. (1) 0.977 2；(2) d 至少为 81.2 ℃.

8. (1) 0.158 7；(2) 因为 $P(X\leqslant 15)=0.952\,5>0.95$，所以可以保证生产连续进行.

9. 5.21 万元.

10. (1) 1.5；(2) 0.25.

11. $E(3X+5)=5$，$D(3X+5)=1.5$.

第五章

习题一

2. 0.508 75，0.000 135.

3. (1) (2) (5) (6) 为统计量，因为不含任何未知参数；而 (3) (4) 不是统计量，因为含有未知参数 μ.

4. 0.829 3.

5. $\chi^2_{0.975}(10)=3.247$，表示随机变量 X 服从自由度为 10 的 χ^2 分布且满足 $P(X>3.247)=0.975$；

$\chi^2_{0.05}(5)=11.071$，表示随机变量 X 服从自由度为 5 的 χ^2 分布且满足 $P(X>11.071)=0.05$.

$t_{0.025}(9)=2.262\,2$，表示随机变量 X 服从自由度为 9 的 t 分布且满足 $P(X>2.262\,2)=0.025$；

$t_{0.05}(10)=1.812\,5$，表示随机变量 X 服从自由度为 10 的 t 分布且满足 $P(X>1.812\,5)=0.05$.

习题二

1. $\mu=\overline{X}=33$℃，$\sigma^2=S^2=18.8$.

2. [17.18, 21.82]. 3. [9.928, 10.255].

4. [5.236, 5.635]. 5. [0.023 6, 0.085 2].

6. [2 818, 3 295], [266, 637]. 7. 0.102.

习题三

1. 接受 H_0，可以认为这批产品的该项指标期望值为 1 600.
2. 拒绝 H_0，认为该生产线工作不正常.
3. 接受 H_0，认为该批灯泡的平均使用寿命为 2 000 h.
4. 拒绝 H_0，认为该患者的红细胞的平均直径与健康人有显著差异.
5. 接受 H_0，可以认为该天的实验温度方差与正常情况相比无显著差异.

复习题五

1. $\mu=\overline{X}=997.1$ h，$\sigma^2=S^2=17\ 304.77$ h^2，0.010 7.
2. (1) [5.608, 6, 392]; (2) [5.558, 6.442].
3. [0.151, 1.211].
4. 拒绝 H_0，认为这种发动机不能满足所规定的设计要求.
5. 接受 H_0，认为这批零件的直径是 12 cm.
6. 接受 H_0，认为新仪器的精度不比原来的仪器差.

第六章

习题一

1. (1) $\frac{6}{s^4}+\frac{4}{s^3}-\frac{5}{s^2}+\frac{7}{s}$; (2) $\frac{s^2-3s+1}{s(s-1)^2}$; (3) $\frac{s}{(s^2+a^2)^2}$;

(4) $\frac{10-3s}{s^2+4}$; (5) $\frac{s-4}{(s-4)^2+36}$; (6) $\frac{n!}{(s-a)^{n+1}}$.

2. $\frac{s}{s^2+\omega^2}$.

习题二

(1) e^{-3t}; (2) $\frac{1}{4}\sin 4t$;

(3) $3\cos 4t+\frac{5}{4}\sin 4t$; (4) $\frac{1}{24}t^4e^{-t}$;

(5) $\left(\cos 2t+\frac{1}{2}\sin 2t\right)e^{-2t}$; (6) $\left(2\cos 2t-\frac{5}{2}\sin 2t\right)e^{-3t}$.

(7) $\frac{1}{5}(3e^{2t}+2e^{-3t})$; (8) $\frac{8}{7}e^{5t}-\frac{1}{7}e^{-2t}$;

(9) $\frac{1}{2}(1+2e^{-t}-3e^{-2t})$; (10) $-t+\frac{1}{2}(e^t-e^{-t})$.

习题三

1. $e^{2t}-e^t$. 2. $\frac{5}{4}(e^{5t}-e^{-3t})$. 3. $\frac{1}{4}[(7+2t)e^{-t}-3e^{-3t}]$.

4. $2t+3\cos 4t-\sin 4t$.　5. $te^t\sin t$.　6. $-2\sin t+\frac{3}{2}(e^t-e^{-t})$.

复习题六

4. (1) $\frac{2}{s^3}-\frac{6}{s^2}+\frac{3}{s}$;　(2) $\frac{3a}{s^2+a^2}-\frac{2s}{s^2+b^2}$;

(3) $\frac{2}{(s+3)^3}+\frac{4}{(s+3)^2}+\frac{4}{s+3}$;　(4) $\frac{\omega\cos\varphi+s\sin\varphi}{s^2+\omega^2}$.

5. (1) $4\cos 2t-\frac{3}{2}\sin 2t$;　(2) $\frac{1}{a}(1-e^{-at})$;

(3) $2te^t+2e^t-1$;　(4) $2e^{-2t}-(\cos t+\sin t)e^{-t}$.

6. (1) $7e^{-\frac{1}{2}t}+3$;　(2) $\frac{3}{4}-\frac{3}{4}e^{-2t}-\frac{3}{2}te^{-2t}$;

(3) $e^t(\sin t-t\cos t)$;　(4) $\frac{1}{3}e^{-t}+4e^t-\frac{7}{3}e^{2t}$.

参 考 文 献

［1］顾静相. 经济数学［M］. 北京：高等教育出版社，2003.

［2］同济大学数学教研室. 线性代数［M］. 北京：高等教育出版社，2000.

［3］阎章航，等. 高等数学与工程数学［M］. 北京：化学工业出版社，2003.

［4］侯风波. 应用数学［M］. 北京：科学出版社，2007.

［5］彭玉芳. 线性代数［M］. 北京：高等教育出版社，2001.

［6］石宁，等. 工程数学［M］. 北京：中国水利水电出版社，2010.

［7］阎章航，等. 高等数学与工程数学［M］. 北京：化学工业出版社，2003.

［8］吴素敏，等. 高等数学［M］. 北京：化学工业出版社，2004.

［9］钱椿林. 线性代数训练教程［M］. 北京：高等教育出版社，2001.

［10］常柏林，等. 概率论与数理统计［M］. 北京：高等教育出版社，2001.

［11］盛骤，等. 概率与数理统计［M］. 北京：高等教育出版社，2003.

［12］郭建英. 概率统计［M］. 北京：北京大学出版社，2005.

［13］梁凤珍，等. 应用概率统计［M］. 天津：天津大学出版社，2004.

［14］易敏. 应用高等数学［M］. 北京：北京理工大学出版社，2007.

［15］朴南德，等. 高等应用数学［M］. 沈阳：辽宁教育出版社，2010.

［16］张元林. 积分变换习题全解指南［M］. 北京：高等教育出版社，2004.